民航运输类专业"十二五"规划教材
国家级精品课程

航空液压与气动技术

简引霞 主编

国防工业出版社
·北京·

内容简介

本书根据高等职业教育的要求而编写,在编写理念上力求基础理论以应用为目的,以必须、够用为度,贯彻理论联系实际的原则,着重基本概念和原理的阐述,突出理论知识的应用,加强针对性和实用性,注重引入新技术。

全书共分9个模块,主要介绍液压与气动技术概述,液压流体力学基础,各类液压和气动元件的功用、结构、工作原理、特性、应用、常见故障及其排除方法,液压与气动基本回路、典型液压与气动系统的功用、组成、原理、特点和常见故障及其排除方法。每个模块后附有习题与思考题,以便于学生巩固提高;全书配有大量的工业应用图例,有利于提高学生分析问题和解决问题的能力。

本书既可作为高职高专院校航空机电设备维修专业的教材,也可作为高职高专院校、成人教育(如职大、夜大、函大等院校)机械类、机电类专业的教材,还可供从事液压与气动技术的教师、工程技术人员与使用维护人员参考。

图书在版编目(CIP)数据

航空液压与气动技术/简引霞主编. —北京:国防工业出版社,2022.1 重印
民航运输类专业"十二五"规划教材. 国家级精品课程
ISBN 978-7-118-05512-2

Ⅰ.航… Ⅱ.简… Ⅲ.①航空器 – 液压传动 – 高等学校:技术学校 – 教材②航空器 – 气压传动 – 高等学校:技术 – 学校 – 教材 Ⅳ. V227

中国版本图书馆 CIP 数据核字(2008)第 006129 号

※

*国防工业出版社*出版发行
(北京市海淀区紫竹院南路23号 邮政编码100048)
北京富博印刷有限公司印刷
新华书店经销

*

开本 787×1092 1/16 印张 17¼ 字数 397 千字
2022 年 1 月第 8 次印刷 印数 19501—22500 册 定价 32.00 元

(本书如有印装错误,我社负责调换)

国防书店:(010)88540777　　　发行邮购:(010)88540776
发行传真:(010)88540755　　　发行业务:(010)88540717

高等职业教育航空机电设备维修专业教材建设委员会

主 任 委 员 蔡昌荣（广州民航职业技术学院副院长）
副主任委员 （按姓氏笔画排序）
     王俊山（海航集团总裁助理）
     关云飞（长沙航空职业技术学院副院长）
     李永刚（西安航空职业技术学院副院长）
     杨　征（上海交通职业技术学院南校区主任）
     杨涵涛（三亚航空旅游职业学院执行副院长）
     张同怀（西安航空技术高等专科学校副校长）
     陈玉华（成都航空职业技术学院副院长）
     赵淑荣（中国民航大学职业技术学院院长）
     贾东林（沈阳航空职业技术学院副院长）
     唐庆如（中国民航飞行学院航空工程学院院长）
     唐汝元（张家界航空工业职业技术学院院长）
     雷建鸣（中国试飞院工学院副院长）
委　　员 （按姓氏笔画排序）
     于　飞　付尧明　白冰如　刘建超　李长云
     杨　杉　杨　勇　杨俊花　吴梁才　汪宏武
     宋文学　张学君　陈　律　陈浩军　林列书
     易磊隽　罗玉梅　罗庚合　夏　爽　郭紫贵
     章　健　彭卫东

《航空液压与气动技术》
编委会

主　编　简引霞
副主编　孙兆元　周小勇　徐兰宝
编　委　田　巨　田　伟　郭军宏　赵忠宪
主　审　张嘉桢

前　言

液压与气动技术是一种历史悠久、发展成熟、应用极其广泛的技术，特别是近年来与微电子技术、计算机技术相结合，使液压与气动技术进入了一个崭新的历史阶段。液压与气动技术已成为包括传动、控制、检测在内的，对现代机械装备技术进步有重要影响的基础技术，由于独特的原理与性能，其应用遍布国民经济各个领域，如在机床、工程机械、交通运输、冶金机械、农业机械、塑料机械、锻压机械、航空、航天、航海、兵器、石油与煤炭等方面广泛采用。由于液压与气动技术的采用对机电产品质量和水平的提高起到了极大的促进和保证作用，因此采用液压与气动技术的程度已成为衡量一个国家工业水平的重要标志。

《航空液压与气动技术》一书根据国防工业出版社"高等职业教育航空机电设备维修专业规划教材研讨会"的会议精神——建设一套航空机电设备维修专业的经典教材，并随着航空业的高速发展，不断地进行改进和修订，使其成为常盛不衰的经典教材和品牌——而编写的。全书共分9个模块，主要介绍液压与气动技术概述，液压流体力学基础，各类液压和气动元件的功用、结构、工作原理、特性、应用、常见故障及其排除方法，液压与气动基本回路、典型液压与气动系统的功用、组成、原理、特点和常见故障及其排除方法。

本书既可作为高职高专院校航空机电设备维修专业的教材，也可作为高职高专院校、成人教育（如职大、夜大、函大等院校）机械类、机电类专业的教材，还可供从事液压与气动技术的教师、工程技术人员与使用维护人员参考。

本书在编写过程中，主要考虑了以下几点。

1. 特色鲜明

本书的编写力求基础理论以应用为目的，以必须、够用为度，以掌握概念、强化应用为教学重点，增加生产现场的应用性知识，具有明显的航空职业教育特色，有利于高素质专门人才的培养。

2. 内容适当

在编写过程中，采用高校教师与企事业工程技术人员共同参与，贯彻理论联系实际的原则，着重基本概念和原理的阐述，突出理论知识的应用，加强针对性和实用性。既兼顾了现有液压与气动元件，又反映了液压与气动技术的新发展；既兼顾了航空液压与气动技术的应用特点，又反映了一般行业液压与气动技术的应用。具有内容适当、浅显易懂、实践性强的特点。

3. 应用性强

为加强学生实际应用能力的培养，本书主要介绍了各种液压与气压元件的结构、原理、特性、应用和各种元件的常见故障及排除方法，以及通用和航空液压与气压传动的基本回路和系统。全书配有大量的工业应用图例，具有很强的实用性，有利于提高学生分析问题和解决问题的能力。

本书采用国际单位制，专业名词术语和图形符号均符合我国制定的相应标准。书中带"*"部分的内容其他专业可以不讲。

本书由西安航空技术高等专科学校简引霞任主编，西安航空技术高等专科学校孙兆元、周小勇和中国第一飞机设计研究院徐兰宝任副主编，广州民航职业技术学院田巨、西安航空职工大学试飞院工学院田伟、陕西国防工业职业技术学院郭军宏、兰州石油化工职业技术学院赵忠宪等参编。全书编写分工如下：简引霞编写模块一、模块五、模块八；田巨编写模块二、模块五、模块八；孙兆元编写模块三；郭军宏编写模块四；田伟编写模块六、模块八；赵忠宪编写模块七；徐兰宝编写模块八、模块九；周小勇编写模块九。

西北工业大学张嘉桢教授对本书原稿进行了细致的审阅，提出了许多宝贵的意见，在此深表谢意。

由于编者水平有限，疏漏之处在所难免，欢迎广大读者批评指正。

编者

目 录

模块一 概述 ……………………………………………………………… 1
    学习单元一 液压传动的工作原理 ………………………………………… 1
    学习单元二 液压传动系统的组成及图形符号 …………………………… 2
    学习单元三 液压传动的优缺点及其应用 ………………………………… 4
    习题与思考题 ………………………………………………………………… 5

模块二 液压流体力学基础 ………………………………………………… 7
    学习单元一 液压油 …………………………………………………………… 7
    学习单元二 液体静力学 …………………………………………………… 14
    学习单元三 液体动力学 …………………………………………………… 18
    学习单元四 管路内液体的压力损失 ……………………………………… 23
    学习单元五 液体流经小孔及缝隙的流量 ………………………………… 26
    学习单元六 液压冲击及空穴现象 ………………………………………… 29
    习题与思考题 ………………………………………………………………… 31

模块三 液压泵和液压马达 ………………………………………………… 34
    学习单元一 液压泵和液压马达概述 ……………………………………… 34
    学习单元二 齿轮泵 ………………………………………………………… 38
    学习单元三 叶片泵 ………………………………………………………… 42
    学习单元四 柱塞泵 ………………………………………………………… 52
    学习单元五 其他类型液压泵简介 ………………………………………… 56
    学习单元六 液压泵的选用 ………………………………………………… 58
    学习单元七 液压泵常见故障及其排除方法 ……………………………… 60
    学习单元八 液压马达 ……………………………………………………… 61
    习题与思考题 ………………………………………………………………… 65

模块四 液压缸 ……………………………………………………………… 67
    学习单元一 液压缸的分类及特点 ………………………………………… 67
    学习单元二 液压缸的结构设计 …………………………………………… 76
    *学习单元三 液压缸的设计计算 …………………………………………… 80
    习题与思考题 ………………………………………………………………… 85

模块五 液压控制阀 ………………………………………………………… 87
    学习单元一 概述 …………………………………………………………… 87
    学习单元二 方向控制阀 …………………………………………………… 88
    学习单元三 压力控制阀 …………………………………………………… 99

学习单元四　流量控制阀……107
　　学习单元五　电液比例控制阀……112
　　学习单元六　插装阀与叠加阀……113
　　学习单元七　电液数字控制阀……116
　　＊学习单元八　液压伺服阀……117
　　习题与思考题……124
模块六　辅助元件……127
　　学习单元一　蓄能器……127
　　学习单元二　过滤器……131
　　学习单元三　油箱和热交换器……135
　　学习单元四　密封装置……140
　　学习单元五　管件和压力表……143
　　习题与思考题……149
模块七　液压基本回路……150
　　学习单元一　速度控制回路……150
　　学习单元二　方向控制回路……160
　　学习单元三　压力控制回路……163
　　学习单元四　多缸动作控制回路……170
　　习题与思考题……175
模块八　典型液压系统……178
　　学习单元一　组合机床液压系统……178
　　学习单元二　液压机液压系统……181
　　学习单元三　数控加工中心液压系统……185
　　＊学习单元四　飞机液压系统……187
　　＊学习单元五　液压系统的常见故障及排除方法……211
　　习题与思考题……213
模块九　气压传动技术……215
　　学习单元一　气压传动系统的组成和工作原理……215
　　学习单元二　气压传动的特点……217
　　学习单元三　气动元件……218
　　学习单元四　气动基本回路……242
　　学习单元五　气压传动系统……250
　　＊学习单元六　气动系统的安装调试和使用维护……254
　　习题与思考题……260
附录　常用液压与气动元件图形符号（GB/T 786.1—93 摘录）……262
参考文献……268

模块一 概　述

□ **模块学习目标**

了解液压技术的类型和定义；
掌握液压传动的工作原理、特点、组成和作用；
理解液压传动系统的表示方法和图形符号；
熟悉液压技术的发展方向和在国民经济特别是在航空中的应用。

□ **模块学习内容**

液压技术是在水力学、工程力学和机械制造基础上发展起来的一门应用科学技术，它包括液压传动技术和液压控制技术两大部分。利用液体压力能来传递运动和动力的方式称为液压传动，以液压动力元件作驱动装置所组成的反馈控制系统即自动控制系统称为液压控制。液压技术至今已有200多年的发展历史，但是，用于飞机工业则开始于20世纪40年代。

目前，飞机上的收放系统、舵面控制系统、刹车系统、发动机的控制与操纵系统等，几乎都应用了液压技术。飞机和发动机的液压系统在飞机维修工作中占有很重要的位置。据统计，军用飞机中液压系统的故障约占机械总故障的30%，液压系统的维修工作量占机械维修工作量的1/3。因此，保持飞机液压系统的良好性能，是航空机电设备维修工作的重要内容。

学习单元一　液压传动的工作原理

一、液压千斤顶

液压千斤顶是一种简单的液压传动装置，其工作原理如图1-1所示。图中大小两个液压缸6和3内分别装有活塞7和2，活塞和缸体之间保持一种良好的配合关系，既可使活塞在缸体内滑动，又能实现可靠密封；4和5是单向阀，用来控制油液的流动方向；9为截止阀；10为油箱，然后用管件连接在一起。工作时，首先将杠杆1提起，缸3下腔的密封容积增大，腔内压力下降，形成局部真空，此时单向阀5关闭，油箱中的油液在大气压力的作用下，经过吸油管顶开单向阀4的钢球，进入并充满缸3的下腔，完成一次吸油动作。接着，压下杠杆1，活塞2下移，缸3下腔的密封容积减小，腔内压力升高，迫使单向阀4关闭，并使单向阀5的钢球受到一个向上的作用力。当这个作用力大于缸6下腔油液对它的作用力时，缸3中的油液便顶开单向阀5挤入大缸6的下腔，推动活塞7上升，顶起重物G。如此反复提压杠杆，就可以使重物不断升起，达到起重的目的。将截止阀9旋转

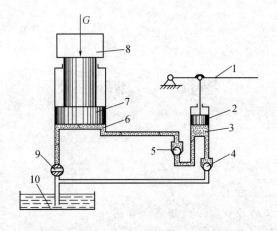

图 1-1 液压千斤顶工作原理图
1—杠杆；2—小活塞；3、6—液压缸；4、5—单向阀；
7—大活塞；8—重物；9—截止阀；10—油箱。

90°，使缸 6 的下腔与油箱接通，在重物 G 作用下缸 6 下腔的油液流回油箱，活塞下降到原位。

二、液压传动的特点

从液压千斤顶的工作原理可以看出，液压传动是利用具有一定压力的液体来传递运动和动力的；液压传动装置本质上是一种能量转换装置，它首先将机械能转换为便于输送的液压能，然后又将液压能转换为机械能而做功；液压传动必须在密封容器内进行，而且容积要发生变化。

学习单元二　液压传动系统的组成及图形符号

一、机床工作台液压系统

对于机床和其他液压机械，由于工作过程中动作复杂、性能要求比较高，所以液压传动系统也就复杂得多。图 1-2(a) 所示为一台简单的机床工作台直线往复运动液压传动系统原理图。液压泵 3 由电动机（图中未画出）带动旋转，油液经过滤器 2 过滤后被吸入液压泵，液压泵输出的压力油经节流阀 5 和换向阀 6 进入液压缸 7 的左腔，推动活塞连同工作台 8 向右移动，液压缸右腔的油液通过回油管排回油箱。液压系统中设置了手动换向阀 6，用于改变进入液压缸油液的流动方向，以使工作台换向。为了改变工作台的运动速度，设置了节流阀 5，用于调节进入液压缸的流量以达到改变工作台运动速度的目的。为了克服工作台运动时所遇到的阻力即负载，如磨削力和摩擦阻力等，设置了溢流阀 4，用于调节液压泵出口油液的压力以克服负载，并让多余的油液在相应压力下打开溢流阀，经回油管流回油箱，达到稳定液压泵供油压力的目的。图 1-2(a) 中 1 为油箱，用于储存压力油，2 为过滤器，用于过滤油中杂质，保持油液清洁。若把这些元件用油管和管接头连接起来，便组成了机床工作台液压传动系统。

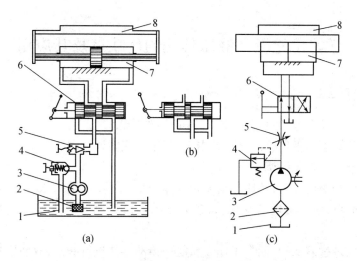

图 1-2 机床工作台液压传动系统

若将换向阀的手柄置于图 1-2(b)所示位置,则压力油经换向阀进入液压缸的右腔,推动活塞连同工作台 8 向左移动,这时,液压缸左腔的油液通过回油管排回油箱。

由上述可知,改变换向阀阀芯的位置,可以改变油液的流动方向,从而达到工作台换向的目的。调节节流阀,可以改变进入液压缸内油液的流量,以控制工作台的运动速度。调节溢流阀,可控制液压泵的出口压力。

二、液压传动的组成和作用

通过上述分析可以看出,液压传动系统由以下五个部分组成。

(1) 动力元件——液压泵。将原动机输入的机械能转换为液体的压力能,是一种能量转换装置,为液压系统提供压力油,作为整个系统的供油能源。

(2) 执行元件——液压缸或液压马达。将液体的压力能转换为驱动工作部件的机械能而驱动负载。它也是一种能量转换装置。

(3) 控制元件——各种阀类元件,如方向阀、压力阀、流量阀等。用以控制液压系统中油液的压力、流量和流动方向,保证执行元件完成预期的工作任务。控制元件在系统中占有很重要的地位。

(4) 辅助元件——包括油箱、油管、过滤器、各种指示器和控制仪表等。创造必要条件保证液压系统能够正常工作并便于监测控制。

(5) 工作介质——液压油。作为传递运动和动力的载体。

三、液压传动系统的图形符号

液压系统图有半结构式原理图和图形符号原理图两种。结构式原理图如图 1-2(a)所示,这种图形直观性强,较易理解,但难于绘制,系统中元件数量多时更是如此。在工程实际中,除某些特殊情况外,一般都用国家标准规定的图形符号来绘制液压系统原理图。对于图 1-2(a)所示液压系统,其按国标(GB/T 786.1—93)规定的图形符号绘制的液压系统原理图如图 1-2(c)所示。图中的符号只表示元件的功能,不表示元件的结构和参数。因此,液压系统简单明了,便于绘制。GB/T 786.1—93 图形符号见本书附录。

学习单元三　液压传动的优缺点及其应用

一、液压传动的优点

液压传动与其他传动方式相比较,有如下主要优点。
(1) 液压传动工作平稳、反应快、冲击小,便于实现频繁换向和高速启动。
(2) 能方便地实现无级调速且调速范围大。
(3) 在相同功率情况下,液压传动装置的体积小、质量小、结构紧凑。
(4) 操纵简单,便于实现自动化,特别是电液联合控制时易于实现复杂的自动工作循环。
(5) 便于实现过载保护,而且工作介质能使传动零件自行润滑,故使用寿命较长。
(6) 液压元件易于实现系列化、标准化和通用化。

二、液压传动的缺点

液压传动与其他传动方式相比,有如下主要缺点。
(1) 液压传动中的泄漏和液体的可压缩性无法保证严格的传动比。
(2) 较大能量损失(泄漏损失、摩擦损失等)使液压传动效率不高,不宜作远距离传动。
(3) 对油温的变化比较敏感,不宜在很高和很低的温度下工作。
(4) 发生故障不易检查。
总之,液压传动的优点十分突出,其缺点将随着科学技术的发展而逐渐得到克服。

三、液压技术的应用和发展

液压技术是近年来发展最快的技术之一,也是衡量一个国家工业水平高低的标志。液压技术有着悠久的发展历史,从1795年世界上第一台水压机诞生,到现在已有200多年的历史。但由于当时工艺制造水平低下,液压技术发展缓慢,几乎停滞不前。随着工艺制造水平的提高,到20世纪30年代,开始生产系列液压元件并首先应用于机床。第二次世界大战的爆发,推动了军事工业的发展,同时也推动了液压技术的发展。当时,液压技术已广泛应用于航空、船舶、车辆、机床等各种机械上。第二次世界大战后,军事工业的巨大成就迅速转入民用工业,到20世纪50年代至20世纪70年代,液压技术已渗透到国民经济的各个领域。它是机械设备中发展速度最快的技术之一,其发展速度仅次于电子技术,也是实现现代传动控制的关键技术,目前,国外生产的95%的工程机械、95%以上的自动生产线、90%的数控加工中心,都采用了液压技术。

我国液压技术从20世纪60年代开始发展较快,并以其独有的强力输出的特点渗透到国民经济的各个领域,如航空航天、交通运输、机械制造、工程建筑、石油化工、农林机械、矿山机械、冶金机械、纺织机械以及海洋开发、地震预测等部门。正可谓"从蓝天到水下,从军用到民用,从重工业到轻工业,到处都有液压技术。"

机电液一体化作为液压技术的发展目标,将信号检测、变换和运算交给电子部分承担,液压元件则主要作为执行机构,承受各种负载。液电互相结合,取长补短,达到系统优化。飞机的飞行控制系统是机电液一体化的典型应用,飞机姿态的检测、放大、运算综合以及操纵输入由电气部分完成,而舵面动力操纵由液压舵机完成。又如,机轮刹车系统、机轮的转速、旋转加速度都是由电气部分完成检测、运算并进行综合,再控制电液伺服阀,电液伺服阀控制刹车系统,使机轮在滑跑过程中得到最有效的刹车,又使机轮的磨损相应减小。

随着信息技术的发展,以可靠性为中心的维修得以发展和完善。以可靠性为中心的维修归根到底就是视情维修,即应用信息技术及时监测掌握系统附件的工作状态,在系统附件发生故障或将要发生故障时,提供告警信号或维修指示,充分发挥系统部件的固有可靠性,节省维修费用。美国飞机液压系统新规范已正式列入了状态监控与故障诊断,其状态监控与故障诊断设备以微机为中心,包括状态信号采集、数字信号处理、系统附件状态特征量提取以及故障诊断专家系统等。我国的新型飞机研制也将采用相应规范。

当前,液压技术正向着高压、高速、大功率、高效率、低噪声、低能耗、经久耐用、高度集成化方向发展,并与微电子技术、计算机技术、传感器技术等为代表的新技术紧密结合,形成一个完善高效的控制中枢,成为包括传动、控制、检测、显示乃至校正、预报在内的综合自动化技术。

习题与思考题

1. 什么叫液压传动?液压传动的特点是什么?
2. 液压传动系统通常由哪几部分组成?各起什么作用?
3. 如题3图所示,已知 $F_1 = 10 \times 10^3 \text{N}$,$F_2 = 15 \times 10^3 \text{N}$,液压缸活塞直径为25cm,当液压泵压油时,两缸活塞能否同时动作?为什么?液压泵的出口压力是多少?

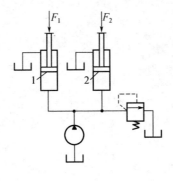

题3图

4. 如题4图所示,设杠杆尺寸 $a = 30\text{cm}$、$b = 2.5\text{cm}$,小活塞直径 $d = 1.6\text{cm}$,液压缸活塞直径 $D = 12\text{cm}$,若手的作用力 $F = 20 \times 10^2 \text{N}$,求液压缸活塞向上顶起的作用力是多少?力放大了多少倍?

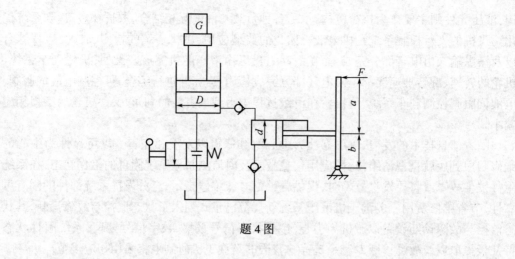

题 4 图

模块二　液压流体力学基础

☐ 模块学习目标

了解液压流体力学基础知识；
掌握液压油的物理性质，液体静、动力学，小孔和缝隙流量计算；
理解液压传动系统压力损失的基本形式、液压冲击和气穴现象；
熟悉液压流体力学在液压传动系统中的应用。

☐ 模块学习内容

本章主要讲述液压油的物理性质、液压油的使用与污染控制；液体静力学的基本特性、液体流动时的运动特性、管路的压力损失以及流经小孔和缝隙的流量等液压传动的基础知识。

学习单元一　液　压　油

☐ 单元学习目标

了解液压油的密度、可压缩性和工作任务；
掌握液压油的黏性、黏度和选用原则。

☐ 单元学习内容

一、液压油

1. 液体的密度

单位体积液体的质量称为液体的密度，以 ρ 表示，即

$$\rho = \frac{m}{V} \qquad (2-1)$$

密度是液体的一个重要物理参数，随着液体温度和压力的变化，其密度也会发生变化，但是在一般使用条件下，温度和压力引起的密度变化很小，所以液体的密度可近似视为常数，计算时可取 $\rho = 900\text{kg}/\text{m}^3$。

2. 液体的可压缩性

液体受压力作用而发生体积减小的性质称为液体的可压缩性。液体的可压缩性可以用体积压缩系数 β 或其倒数（液体的体积模量）K 来表示，即

$$\beta = -\frac{\Delta V/V_0}{\Delta p} \qquad (2-2)$$

$$K = \frac{1}{\beta} = -\frac{\Delta p}{\Delta V / V_0} \qquad (2-3)$$

式中　V——压力变化前的液体体积；

　　　Δp——压力变化量；

　　　ΔV——在压力作用下液体体积的变化量。

液体体积压缩系数的物理意义是指单位压力所引起的液体体积的相对变化量，而体积模量是产生单位体积相对变化量所需要的压力增量。当压力增大时，Δp 为正值，ΔV 为负值，为使体积压缩系数和体积模量值为正值，所以式(2-2)、式(2-3)中加入了负号。

实际上，液体的可压缩性很小，液压系统中液体 $K = 0.7 \times 10^9 \text{N/m}^2$。在分析中低压液压系统时，允许把液体看成是不可压缩的。但在分析液压系统动态性能或压力变化很大的高压系统时，必须考虑液体的可压缩性。另外，值得注意的是，由于空气的可压缩性很大，所以当工作介质中有游离气泡时，K 值将大大减小，这会严重影响液压系统的工作性能。故应采取措施尽量减少液压系统工作介质中游离空气的含量。

3. 液体的黏性

当液体在外力作用下流动时，由于液体分子之间的内聚力和液体分子与容器壁面之间附着力的作用，导致液体分子之间相对运动而产生内摩擦力，这种特性称为液体的黏性。

如果把水和油放置在两个同样的管道中，会发现二者的流动速度是不同的。这说明水和油的黏性不同。黏性是液体的重要物理性质，也是液压系统中选用油液的主要依据之一。

1) 黏性的定义及物理意义

如图 2-1 所示，设两平行平板之间充满油液，上平板以速度 u 向右运动，而下平板则固定不动时，紧贴上平板的液体以相同的速度 u 随平板向右移动。紧贴下平板的液体则黏附于下平板而保持静止。当两平板之间的距离较小时，中间流体的速度呈线性分布。若将这种流动看作许多薄流体层的运动，由于各层的流动速度不同，流动快的流层会拖动慢的流层，而流动慢的流层又会阻滞流动快的流层。各层之间相互制约，即产生内摩擦力。

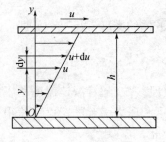

图 2-1　液体的黏性

实验结果表明：液体流动时，相邻流层之间的内摩擦力 F 与流层间的接触面积 A、流层间的相对运动速度 du 成正比，而与流层间的距离 dy 成反比，即

$$F = \mu A \frac{du}{dy} \qquad (2-4)$$

式中 μ——比例系数,称为黏性系数或动力黏度;

$\dfrac{\mathrm{d}u}{\mathrm{d}y}$——相对运动速度对液层间距离的变化率,也称速度梯度或剪切率。

在静止液体中,由于速度梯度 $\mathrm{d}u/\mathrm{d}y=0$,内摩擦力为零,因此液体在静止状态时不呈现黏性。

2) 黏度

黏性的大小可以用黏度来衡量,黏度是选择液压油的主要指标。我国液体常用的黏度有动力黏度、运动黏度和相对黏度。

(1) 动力黏度。将式(2-4)中内摩擦力 F 除以接触面积 A,得剪切应力为

$$\tau = \frac{F}{A} = \mu \frac{\mathrm{d}u}{\mathrm{d}y} \qquad (2-5)$$

剪切应力是单位面积上的内摩擦力。由式(2-5)可得动力黏度为

$$\mu = \frac{\tau}{\dfrac{\mathrm{d}u}{\mathrm{d}y}} \qquad (2-6)$$

动力黏度是一种绝对黏度,动力黏度的物理意义是液体在单位速度梯度下流动时,单位面积上的内摩擦力。因为它的单位中有动力学的要素,所以称为动力黏度。

动力黏度的法定计量单位为帕·秒($\mathrm{Pa \cdot s}$,$\mathrm{N \cdot s/m^2}$),它与以前沿用的单位泊(P,$\mathrm{dyn \cdot s/cm^2}$)之间的关系为

$$1\mathrm{Pa \cdot s} = 10\mathrm{P}$$

(2) 运动黏度。将动力黏度与液体密度的比值称为运动黏度 ν,即

$$\nu = \frac{\mu}{\rho} \qquad (2-7)$$

运动黏度的法定计量单位是米²/秒($\mathrm{m^2/s}$),常用单位为斯(St、$\mathrm{cm^2/s}$)或者厘斯(cSt、$\mathrm{mm^2/s}$)。三者之间的关系为

$$1\mathrm{m^2/s} = 10^4 \mathrm{cm^2/s(St)} = 10^6 \mathrm{mm^2/s(cSt)}$$

运动黏度也是一种绝对黏度,因为它的单位只有长度和时间的量纲,类似于运动学的量,所以称为运动黏度。

国产液压油的牌号,就是该液压油在40℃时运动黏度 ν 的平均值。例如,牌号为 L-HL46 就是指这种液压油在40℃时,其运动黏度的平均值为 $46\mathrm{mm^2/s}$。

(3) 相对黏度。相对黏度又称条件黏度,有恩氏黏度°E、商用雷氏秒 R、通用赛氏秒 SSU 及巴氏度°B。中国、苏联及德国等采用恩氏黏度,美国采用通用赛氏秒,英国采用商用雷氏秒,法国采用巴氏度。

恩氏黏度可以直接用仪器来测量,恩氏黏度是被测液体与蒸馏水黏度的相对比较值。其测量方法如下:将 200mL 被测液体装入底部开有 ϕ2.8mm 小孔的恩氏黏度计中,在保持某一特定温度的条件下,测定液体在自重作用下流过小孔所需的时间 t_1,将其与同体积的蒸馏水在20℃时通过同一小孔所需的时间 t_2 相比,其比值就是被测液体在该温度

下的恩氏黏度°E_t。恩氏黏度表示为

$$°E_t = \frac{t_1}{t_2} \tag{2-8}$$

工业上常以 20℃ 和 50℃ 作为测量恩氏黏度的标准温度，并用相应符号 °E_{20}、°E_{50} 表示。

动力黏度和运动黏度难以直接测量。在工程实际中，常采用先测出液体的相对黏度，然后再换算成绝对黏度的方法来确定。恩氏黏度与运动黏度之间可用下列经验公式换算，即

$$\nu = \left(7.31°E - \frac{6.31}{°E}\right) \times 10^{-6} \tag{2-9}$$

3) 温度对黏度的影响

黏度对温度的变化十分敏感，当温度升高时，液体分子间的内聚力减小，其黏度降低，这一特性称为黏温特性。不同种类的液压油有不同的黏温特性，图 2-2 为几种典型液压油的黏温特性曲线图。

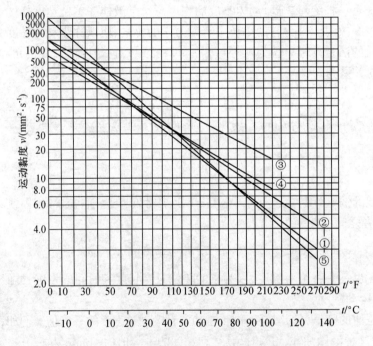

图 2-2 几种典型液压油的黏温特性曲线图
①—石油型普通液压油；②—石油型高黏度指数液压油；
③—油包水乳化液；④—水-乙二醇液压液；⑤—磷酸酯液压液。

液体的黏温特性常用黏度指数 VI 来度量。黏度指数高，说明黏度随温度的变化小，其黏温特性好。通常在各种工作介质的质量标准中都给出黏度指数。一般要求工作介质的黏度指数应在 90 以上，优异的在 100 以上。几种常用工作介质的黏度指数列于表 2-1 中。

表 2-1　几种常用工作介质的黏度指数

介质种类	矿物型液压油	高黏度指数液压油	水包油乳化液	油包水乳化液	水-乙二醇液压液	磷酸酯液压液
黏度指数 VI	70~100	160	130~170	180	140~170	130~180

4) 压力对黏度的影响

液体所受的压力增大时,其分子间的距离将减小,其内聚力增加,黏度亦随之增大。但对于一般的液压系统,当压力在 32MPa 以下时,压力对黏度的影响很小,可以忽略不计。

液压系统的工作介质还有许多性质,物理性质有润滑性、防锈性、闪点、凝点、抗燃性、抗凝性、抗泡沫性以及抗乳化性等;化学性质有热稳定性、氧化稳定性、水解稳定性和相容性等,请参阅有关手册。

二、液压油的种类

1. 液压油的种类

液压油的种类很多,主要分为三大类型:矿油型、乳化型和合成型。液压油的主要品种及其特性和用途如表 2-2 所列。

表 2-2　液压油的主要品种及其特性和用途

类型	名　称	ISO代号	特 性 和 用 途
矿油型	普通液压油	L-HL	精制矿油加添加剂,提高抗氧化和防锈性能,适用于室内一般设备的中低压系统
	抗磨液压油	L-HM	L-HL油加添加剂,改善抗磨特性,适用于工程机械、车辆液压系统
	低温液压油	L-HV	Z-HM油加添加剂,改善黏温特性,可用于环境温度在 -20℃ ~ -40℃ 的高压系统
	高黏度指数液压油	L-HR	L-HL油加添加剂,改善黏温特性,VI 值达 175 以上,适用于对黏温特性有特殊要求的低压系统,如数控机床液压系统
	液压导轨油	L-HG	L-HM油加添加剂,改善黏—滑性能,适用于机床中液压和导轨润滑合用的系统
	全损耗系统用油	L-HH	浅度精制矿油,抗氧化性、抗泡沫性较差,主要用于机械润滑,可作液压代用油,用于要求不高的低压系统
乳化型	水包油乳化液	L-HFA	又称高水基液,特点是难燃、黏温特性好,有一定的防锈能力,润滑性差,易泄漏。适用于有抗燃要求、油液用量大且泄漏严重的系统
	油包水乳化液	L-HFB	既具有矿油型液压油的抗磨、防锈性能,又具有抗燃性,适用于有抗燃要求的中压系统
合成型	水-乙二醇液	L-HFC	难燃,黏温特性和抗蚀性好,能在 -30℃ ~60℃ 温度下使用,适用于有抗燃要求的中低压系统
	磷酸酯液	L-HFDR	难燃,润滑抗磨性能和抗氧化性能良好,能在 -54℃ ~135℃ 温度范围内使用;缺点是有毒。适用于有抗燃要求的高压精密液压系统

*2. 航空液压油

航空液压油属于专用液压油。为了保证飞机系统正常工作和避免液压系统中的非金属元件的损坏，必须选用正确的油液。当向液压系统加油时，应使用飞机维护手册中所规定的液压油的牌号，或者使用油箱或附件的说明书上所规定的油液牌号。

飞机上通常使用的液压油有以下三种。

1) 植物基液压油

植物基液压油（MIL-H-7644）由蓖麻油和酒精组成，有强烈的酒精气味。它与汽车刹车油液相似，但它们不能互换。这种油液用在最初的较老式的飞机上。油染成蓝色，以便识别。天然橡胶密封件适用于植物基液压油。假如这些密封件上沾染有石油基液压油或磷酸酯基液压油，则密封件将发生膨胀、损坏以及堵塞系统。系统可用酒精冲洗。这种类型的油液是易燃油。

2) 矿物基液压油

矿物基液压油（如 MIL-H-5606）是从石油中提炼出来的，被染成红色，以便识别，因而也称红油。它基本上是煤油类型的石油产品，具有好的润滑性能，加入各种添加剂，能阻止泡沫产生，防止腐蚀生成。它的化学性质非常稳定，随着温度变化，黏度很少变化。使用这种油液的系统可用石油、矿物油、溶剂油来清洗。氯丁橡胶密封件和软管可以用 MIL-H-5606 油液，这种类型的油液也是易燃油。使用中不能与植物基和磷酸酯基液压油混合。

矿物基液压油广泛用于轻型飞机刹车系统、液压动力系统和减震器中。

3) 磷酸酯基液压油（合成液压油）

这种非石油基的合成液压油具有防火特性，它于1948年才用于高性能的活塞发动机和涡轮螺旋桨飞机上。将这种液压油喷向 6000℃ 的焊接火焰进行耐火实验，不会持续燃烧，偶尔会出现闪燃。实验证明，非石油基液压油（Skydrol^R）不助燃，仅在超高温的情况下出现闪燃。这种液压油之所以不会传播火焰是因为它的燃烧被限定在热源附近，一旦除去热源或油液流动离开热源，就不会发生闪燃或持续燃烧。

当今常用的磷酸酯基液压油主要有 Skydrol^R—500B，浅紫色，具有较好的低温工作特性和低腐蚀性；Skydrol^R—LD，浅紫色，低质量液压油，主要用于质量为主要因素的大型运输机上。

SKYDROL 液压油浅紫色，比水的密度大，具有非常好的防火特性，在 $-65°F \sim 225°F$（$1K = \frac{5}{9}(°F + 459.67)$）的温度范围内可持续工作。但 SKYDROL 液压油对大气中水的污染非常敏感，必须严加密封。当将 SKYDROL 用于系统中时，必须极度小心，只能使用正确型号的密封件和软管。SKYDROL 系统可以用三氯乙烯来冲洗。

磷酸酯基液压油广泛用于现代飞机的液压系统。

三、对液压油的要求

为了保证液压系统正常工作，所用液压油应满足以下要求。

(1) 适当的黏度及良好的黏温特性。

(2) 润滑性能好，防锈能力强。

(3) 质地纯净，杂质少。
(4) 良好的抗泡沫性、抗乳化性。
(5) 对金属和密封材料有良好的相容性。
(6) 体积膨胀系数小、比热容大。
(7) 流动点及凝点低，闪点及燃点高。
(8) 对人体无害，对环境污染小，价格便宜。

四、液压油的选择

正确合理地选择液压油，对提高液压系统适应各种环境条件和工作状况的能力、延长系统和元件的寿命、增强设备运转的可靠性以及防止事故的发生等都有重要影响。

选择液压油时，首先应选择油液的品种（参照表2-2），其次选择油液的黏度。油液的黏度选择十分重要，因为黏度对液压系统工作的稳定性、可靠性、效率、温升及磨损都有显著影响。选择黏度时应考虑以下几个方面。

1. 工作压力

工作压力较高的液压系统，应选择黏度较大的液压油，以减少泄漏。

2. 运动速度

当液压系统工作部件运动速度较高时，应选用黏度较小的液压油，以减少液体摩擦损失。

3. 环境温度

环境温度较高时，应选用黏度较大的液压油，以减少泄漏。

在液压系统的所有元件中，以液压泵对液压油的性能最为敏感。因为泵内零件的运动速度最高，工作压力也最高，而且承压时间长、温升高。因此，常将系统中液压泵对液压油的要求作为选择液压油的重要依据（有伺服阀的系统除外）。各类液压泵适用的黏度范围如表2-3所列。

表2-3 各种液压泵适用的液压油黏度范围

液压泵类型		黏度/($mm^2 \cdot s^{-1}$)(40℃)		液压泵类型	黏度/($mm^2 \cdot s^{-1}$)(40℃)	
		5℃~40℃[①]	40℃~80℃[①]		5℃~40℃[①]	40℃~80℃[①]
叶片泵	7MPa以下	30~50	40~75	齿轮泵	30~70	95~165
	7MPa以上	50~70	50~90	径向柱塞泵	30~50	65~240
螺杆泵		30~50	40~80	轴向柱塞泵	30~70	70~150

① 5℃~40℃、40℃~80℃系指液压系统温度

五、液压油的污染及其控制

液压油受到污染，常常是液压系统发生故障的主要原因。因此，控制液压油的污染是十分重要的。

1. 污染的危害

液压油被污染是指油中有水分、空气、微小固体颗粒和胶状生成物等杂质。液压油污

染对液压系统造成的危害主要有以下几点。

(1) 固体颗粒和胶状生成物堵塞过滤器,使液压泵运转困难,产生噪声;堵塞阀类元件的小孔和缝隙,使阀动作失灵。

(2) 微小固体颗粒会加速零件磨损,使元件不能正常工作;同时,也会损坏密封件,使泄漏增加。

(3) 水分和空气的混入会降低液压油的润滑能力,并使其氧化变质;产生汽蚀,使元件加速损坏;使液压系统出现振动、爬行现象。

2. 污染的原因

液压油被污染的原因主要有以下几个方面。

(1) 残留物的污染。系统及元件在加工、装配、包装、储存和运输等过程中残留的污染物,如金属切屑、焊渣、型砂、棉纱、锈片、尘埃及清洗溶剂等。

(2) 生成物的污染。如元件磨损产生的磨屑,管道内的锈蚀剥落物,以及油液氧化和分解产生的颗粒与胶状物质等。

(3) 侵入物的污染。如通过液压缸活塞杆密封和油箱呼吸孔侵入系统的污染物,以及注油和维修过程中带入的污染物等。

(4) 化学物质和微生物。油液中的化学污染物有溶剂、表面活性剂、油液提炼过程中残留的化学杂质,以及油液分解或添加剂作用产生的有害化学物质等。微生物一般常见于水基工作液中,因为水是微生物生存和繁殖的必要条件。

(5) 以能量形式存在的污染物质。静电可引起对元件的电流腐蚀,并且可能引起矿物油的挥发物(碳氢化合物)燃烧而造成火灾。磁场的吸引可使铁磁性磨屑吸附在零件表面或间隙内,引起元件的污染磨损和堵塞、卡紧等故障。系统中过多的热能使油温升高,引起油液润滑性能下降和元件泄漏增大,并加速油液变质和密封老化失效。

3. 污染的控制

由于污染的原因很复杂,因此要彻底防止污染是很困难的,实践中常采取以下几方面措施来控制污染。

(1) 力求减少外来污染。液压元件、油箱和各种管件在组装前后必须严格清洗,油箱通大气处要加空气过滤器,向油箱灌油应通过过滤器,拆装维护元件应在无尘区进行。

(2) 滤除系统产生的杂质。应在系统的有关部位设置适当的过滤器,并且要定期检查、清洗和更换滤芯。

应采用适当措施(如水冷、风冷等)控制系统的工作温度,以防止温度过高,造成工作介质氧化变质,产生各种生成物。

(3) 定期检查更换液压油。应根据液压设备使用说明书的要求和维护保养规程的规定,定期检查更换液压油。换油时必须对整个液压系统进行彻底的清洗。

学习单元二 液体静力学

□ 单元学习目标

了解液体静力学研究内容;

掌握液体处于静止状态或相对静止状态下的力学规律和这些规律的实际应用。

□ 单元学习内容

液体静力学是研究液体处于静止状态或相对静止状态下的力学规律和这些规律的实际应用。液体处于静止或相对静止状态时,内部质点之间无相对运动,因此液体不呈现黏性。

一、液体的静压力及其特性

1. 静压力

静止液体在单位面积上所受到的法向作用力称为静压力。

设静止液体中某一微小面积 ΔA 上所受的法向作用力为 ΔF,则静压力 p 表示为

$$p = \lim_{\Delta A \to 0} \frac{\Delta F}{\Delta A} \tag{2-10}$$

若液体在面积 A 上所受的法向作用力 F 均匀分布,此时静压力可表示为

$$p = \frac{F}{A} \tag{2-11}$$

这里所讲的静压力在物理学中称为压强,而在液压传动中习称压力。

压力的法定单位称为帕斯卡或帕($Pa, N/m^2$)。由于帕这个单位很小,在工程实际应用中常用其倍单位千帕(kPa)或兆帕(MPa)。它们的换算关系为

$$1MPa = 10^3 kPa = 10^6 Pa$$

2. 静压力的特性

(1) 液体静压力垂直于承压表面,方向与该面的内法线方向一致。否则,如果液体受到拉力或剪切力作用,必然引起质点间的相对运动,这就破坏了液体静止的条件。所以,静止液体只能承受法向压力。

(2) 静止液体内任一点所受到的静压力在各个方向都相等。如果液体中某点受到的各个方向的压力不等,那么液体就要流动,这同样破坏了液体静止的条件。

二、液体静力学基本方程

如图 2-3(a)所示,某一容器内盛有的液体在外力作用下处于静止。液体水平面上的表面压力为 p_0,现研究距液面 h 深处某点的压力。在液体中取出一底部通过该点的垂直小液柱,液柱的高为 h,底面积为 dA,如图 2-3(b)所示。作用在静止液体上的力可分为成两部分:质量力和表面力。处于平衡状态时,液柱在垂直方面的力平衡方程为

$$p dA = p_0 dA + \rho g h dA \tag{2-12}$$

式中　$p_0 dA$——表面力;
　　　$\rho g h dA$——质量力。

化简后得

$$p = p_0 + \rho g h \tag{2-13}$$

式(2-13)即为液体静力学基本方程式,它描述了静止液体中,任一点的压力分布规

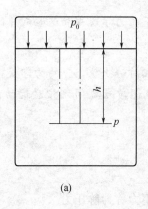 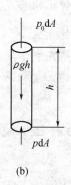

(a)   (b)

图 2-3 静止液体压力分布规律

律。该压力分布规律具有以下特征。

(1) 静止液体内任一点处的压力由两部分组成:一部分是液面上的压力 p_0;另一部分是液体自重所形成的压力 $\rho g h$。当液面上只受大气压力 p_0 作用时,则液体内任一点的静压力为 $p = p_0 + \rho g h$。

(2) 静止液体内压力沿深度呈线性规律分布。

(3) 液体内深度相同处的压力都相等。由压力相等的点组成的面称为等压面。重力作用下,静止液体中的等压面是一个水平面。

三、压力的表示方法

压力的表示方法有两种:绝对压力与相对压力。以绝对真空为基准进行度量的压力称为绝对压力。以大气压力 p_0 为基准进行度量的压力称为相对压力。

绝对压力、相对压力和大气压力的关系为

绝对压力 = 相对压力 + 大气压力

或

相对压力 = 绝对压力 - 大气压力

大多数工业测压仪表测得的压力都是相对压力,因此相对压力又称为表压力。当绝对压力大于大气压力时,表压力为正;当绝对压力小于大气压力时,表压力为负。工程上把比大气压力小的那部分压力数值称为真空度,即

真空度 = 大气压力 - 绝对压力

绝对压力、相对压力和真空度的相对关系如图 2-4 所示,由图可知,以大气压力为基准计算压力时,基准以上的正值是相对压力,基准以下负值的绝对值就是真空度。

四、压力的传递

由静压力基本方程 $p = p_0 + \rho g h$ 可知,静止液体中任一点的压力都包含有液面压力 p_0 和自重所形成的压力 $\rho g h$。但在液压系统中,通常由液体自重所产生的压力可以忽略不计,故液体内部各点的压力也就处处相等了。因此,在密闭容器中,当静止液体内任何一点的压力发生变化时,该压力的变化值将等值地传递到液体内部所有各点。这就是帕斯卡原理或称静压力传递原理。

如图 2-5 所示的密闭容器,两个活塞面积分别为 A_1、A_2。大活塞上放重物 G,当在

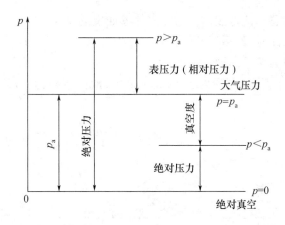

图 2-4 绝对压力、相对压力与真空度的相互关系

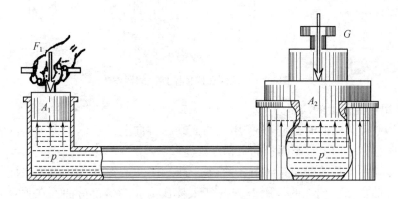

图 2-5 帕斯卡原理应用实例

小活塞上施加外力 F_1 时,则在小活塞下面的液体所受压力为

$$p = \frac{F_1}{A_1} \qquad (2-14)$$

根据帕斯卡原理,压力 p 将等值地传递到液体内部所有各点上,即大活塞下面的液体压力也等于 p。这时大活塞上所受的液体总作用力 F_2 为

$$F_2 = pA_2 \qquad (2-15)$$

如果 $F_2 = G$ 时,即 F_2 值大到足以克服重物 G 的重力时,大活塞就能将重物抬起。这说明液压装置具有力的放大作用。液压机、液压千斤顶等都是利用该原理工作的。

值得注意的是,重物 G 质量越大,则相应要求 p 值越大;当加在大活塞上的负载为零,即 $G = 0$ 时,则 $p = 0$,即压力建立不起来。这时无论怎样推动小活塞,也不能在液体中形成压力。这种现象说明液压系统中的工作压力取决于外负载的大小。这是液压传动中的一个基本概念。

五、作用在固体壁面上的液压力

1. 作用在平面上的液压力

根据静压力的特性,流体对固体壁面产生的压力是垂直压向作用面的,固体壁面上各点所受静压力作用的总和便是液体作用在固体壁面上的总作用力。

当固体壁面为平面时,若不计液体自重对压力的影响,静压力在该平面上的总作用力 F 等于液体工作压力与该平面面积 A 的乘积。

如图 2-6(a)所示,活塞直径为 D 的液压缸中,液体压力为 p,此时液压油作用在活塞上的总作用力 F 为

$$F = pA = p\frac{\pi D^2}{4} \tag{2-16}$$

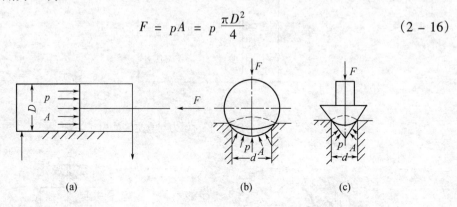

图 2-6 液体在固体壁面上的作用力

2. 作用在曲面上的液压力

当固体壁面为曲面时,液压力作用在曲面某一方向上的总作用力等于液体压力与曲面在该方向垂直平面上投影面积的乘积。

液压传动中常见的曲面有如图 2-6(b)、图 2-6(c)所示的球面和圆锥面。液压力作用在该部分曲面产生向上的作用力 F 等于液体压力 p 与该部分曲面在垂直方向的投影面积 A 乘积,即

$$F = pA = p\frac{\pi d^2}{4} \tag{2-17}$$

式中 d——承压部分曲面在垂直方向投影圆的直径。

学习单元三 液体动力学

□ 单元学习目标

了解液体动力学研究内容;
掌握液体处于流动状态下的力学规律和这些规律的实际应用。

□ 单元学习内容

液体动力学的主要内容是研究液体流动时流速和压力的变化规律。流动液体的连续性方程、伯努利方程反映了压力、流量或流速与能量损失之间的关系。

一、基本概念

1. 理想液体和稳定流动

所谓理想液体是一种既无黏性又不可压缩的假想液体。实际上理想液体并不存在,

为研究问题方便起见,常先把液体看作理想液体,然后借助对实际液体的分析及实验来进行修正。

当液体在流动时,其内部任意一点处的压力、速度和密度都不随时间而变化,这种流动称为稳定流动。反之,当液体在流动时,其内部任意一点处的压力、速度和密度中有一个参数随时间的变化而变化,这种流动称为非稳定流动。同样,为研究问题简便,也常假设液体在做稳定流动。

2. 通流截面、流量和平均流速

液体在管道中流动时,其垂直于流动方向的截面称为通流截面。对于等径直管,通流截面就是管道的横截面。

单位时间内流过某通流截面的液体的体积称为流量,用"q"表示,如图2-7(a)所示。在计算整个通流截断面的流量时,从通流截面上取一微小面积dA,通过该微小断面dA的流量为$dq = udA$,则流过整个通流截面的流量q为

$$q = \int_A u \, dA \qquad (2-18)$$

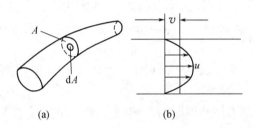

图2-7 流量和平均流速

由于实际液体具有黏性,在通流截面上各点的流速u并不相同。靠近管壁处流速为0;距通流截面中心越近,液体的流速越大,如图2-7(b)所示。因而,利用该式计算流量q常存在一定的困难,为此在工程实际中常假定通流截面上各点的流速均匀分布,从而引入平均流速的概念。

平均流速v是指通流截面通过的流量q与该通流截面面积A的比值,即

$$v = \frac{q}{A} \qquad (2-19)$$

在实际工程中,平均流速才具有应用价值。例如,液压缸工作时,活塞的运动速度与液压缸中平均流速相同,因而由式(2-19)可建立起液压缸的运动速度与液压缸有效面积和流量之间的关系,当液压缸的有效面积一定时,液压缸的运动速度取决于进入液压缸的流量。

二、连续性方程

连续性方程是刚体力学中质量守恒定律在流体力学中的具体应用。理想液体在密闭管道内稳定流动时,单位时间流过任一通流截面的液体质量相等,这就是液流连续性原理。

设液体在图2-8所示的管道中稳定流动。若任取的1、2两个通流截面的面积分别为 A_1 和 A_2,平均流速分别为 v_1、v_2,液体密度为 ρ(忽略液体的可压缩性),根据液流连续性原理,单位时间内流过两个断面的液体质量相等,即

$$m_1 = m_2 \qquad (2-20)$$

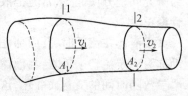

图2-8 流体的连续性原理

则有

$$\rho v_1 A_1 = \rho v_2 A_2 = 常数 \qquad (2-21)$$

$$v_1 A_1 = v_2 A_2 = q = 常数 \qquad (2-22)$$

式(2-22)就是液流连续性原理在单一管路中的应用表达式。它说明:

(1) 液体在管道中流动时,流经管道每一截面的流量是相等的;

(2) 同一管道中各个截面的平均流速与通流截面面积成反比,管径细的地方流速大,管径粗的地方流速小;

(3) 当通流截面面积不变时,流量 q 越大,流速越快。

三、伯努利方程

伯努利方程是刚体力学中能量守恒定律在流体力学中的一种表达形式。

1. 理想液体伯努利方程

流动液体不仅具有压力能和位能,而且由于它有一定的流速,因而还具有动能。理想液体没有黏性,它在管内做稳定流动时没有能量损失。根据能量守恒定律,在同一管道内各个截面上液体的总能量是相等的。

假设质量为 m、体积为 V 的理想液体在如图2-9所示的管道中做稳定流动。任意取两个通流截面,其面积分别为 A_1、A_2。设两通流截面处的平均流速分别为 v_1、v_2,压力为 p_1、p_2,两通流截面中心距基准水平线的高度分别为 h_1、h_2,则液体在两通流截面处的能量分别为

总能量　　　动能　　　　位能　　　压力能

$$W_{A1} = \frac{1}{2}mv_1^2 + mgh_1 + p_1\frac{m}{\rho}(p_1\Delta V)$$

$$W_{A2} = \frac{1}{2}mv_2^2 + mgh_2 + p_2\frac{m}{\rho}(p_2\Delta V)$$

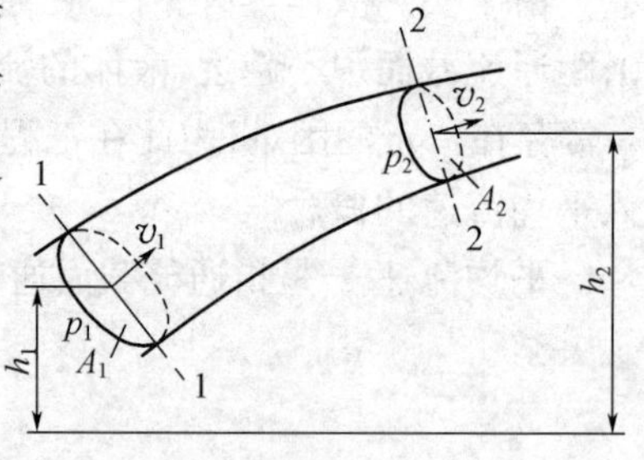

图2-9 理想液体的伯努利方程

根据能量守恒定律得

$$W_{A1} = W_{A2}$$

即

$$\frac{1}{2}mv_1^2 + mgh_1 + p_1\frac{m}{\rho} = \frac{1}{2}mv_2^2 + mgh_2 + p_2\frac{m}{\rho} \qquad (2-23)$$

化简后得

$$\frac{1}{2}v_1^2 + gh_1 + p_1\frac{1}{\rho} = \frac{1}{2}v_2^2 + gh_2 + p_2\frac{1}{\rho} \qquad (2-24)$$

或

$$\frac{v_1^2}{2g} + h_1 + \frac{p_1}{\rho g} = \frac{v_2^2}{2g} + h_2 + \frac{p_2}{\rho g} \qquad (2-25)$$

因为两个通流截面是任意选取的，故式(2-25)可以改写为

$$\frac{v^2}{2g} + h + \frac{p}{\rho g} = 常数 \qquad (2-26)$$

式(2-26)称为理想液体伯努利方程，也称为理想液体的能量方程。

伯努利方程的物理意义是：理想液体在管道中稳定流动时具有三种形式的能量，即动能、位能和压力能。液体在流动过程中，三种能量之间可以互相转化，但任一截面处三种能量之和始终不变。

2. 实际液体伯努利方程

实际液体在管道中流动时，由于液体具有黏性，因此，液体与液体、液体与固体壁面之间都会产生内摩擦力，引起能量损失；当管道的尺寸和局部形状发生变化时，液体内产生扰动，也引起能量消耗。因此，实际液体流动时存在能量损失，设单位质量液体在管道中流动时的压力损失为 Δp_w。另外，实际液体在管道中流动时，管道通流截面上的流速分布是不均匀的，若用平均流速计算动能，必然会产生误差。为了修正这个误差，需要引入动能修正系数 α。层流时，$\alpha=2$；紊流时，$\alpha=1$。

因此，实际液体的伯努利方程为

$$\frac{\alpha_1 v_1^2}{2g} + h_1 + \frac{p_1}{\rho g} = \frac{\alpha_2 v_2^2}{2g} + h_2 + \frac{p_2}{\rho g} + \frac{\Delta p_w}{\rho g} \qquad (2-27)$$

例 2-1 用伯努利方程计算液压泵吸油口处的真空度。

解：液压泵从油箱吸油如图 2-10 所示，设油箱的液面为基准面，取基准面 1—1 和泵吸油口处的管道截面 2—2 为研究的通流截面，从基准面 1—1 到断面 2—2 的能量损失为 Δp_w，列出实际液体的伯努利方程为

$$\frac{\alpha_1 v_1^2}{2g} + h_1 + \frac{p_1}{\rho g} = \frac{\alpha_2 v_2^2}{2g} + h_2 + \frac{p_2}{\rho g} + \frac{\Delta p_w}{\rho g}$$

式中

$$p_1 = p_0, h_1 = 0, v_1 \approx 0, h_2 = h, \alpha_1 = \alpha_2 = 1$$

代入上式后可写成

$$\frac{p_0}{\rho g} + 0 + 0 = \frac{v_2^2}{2g} + h + \frac{p_2}{\rho g} + \frac{\Delta p_w}{\rho g}$$

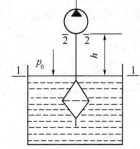

图 2-10 液压泵装置

整理得

$$p_0 - p_2 = \frac{\rho v_2^2}{2} + \rho gh + \Delta p_w$$

由上式可知，当泵的安装高度 $h > 0$ 时，等式右边的值均大于零，所以 $p_0 - p_2 > 0$，即 $p_2 < p_0$。这时，泵吸油口处的绝对压力低于大气压力，形成真空，油箱中的油液在其液面

上大气压力的作用下被泵吸入液压系统中。

值得注意的是：液压泵吸油口处真空度不能太大，否则溶于油液中的空气就会析出，甚至液压油产生气化，这样形成大量气泡，产生噪声和振动，影响液压泵和系统的正常工作及产生汽蚀。因此，液压泵的安装高度 h 越小，越容易吸油，所以在一般情况下，液压泵的安装高度 h 不应大于 $0.5m$；为了减少液体的 Δp_w，液压泵一般应采用直径较粗的吸油管。

四、动量方程

动量方程是动量定理在流体力学中的具体应用。在液压传动中，要计算液体对固体壁面的作用力时，应用动量方程比较方便。

刚体力学动量定理指出：作用在物体上的外力等于该物体在单位时间内的动量变化量，即

$$\Sigma F = \frac{mv_2}{\Delta t} - \frac{mv_1}{\Delta t} \qquad (2-28)$$

对于稳定流动的液体，若忽略其可压缩性，将 $m = \rho q \Delta t$ 代入式(2-28)，并考虑以平均流速代替实际流速会产生误差，因而引入动量修正系数 β，则可写出如下形式的动量方程，即

$$\Sigma F = \rho q (\beta_2 v_2 - \beta_1 v_1) \qquad (2-29)$$

式中 ΣF ——作用在液体上所有外力的矢量和；

v_1、v_2 ——液流在前后通流截面上的平均流速；

β_1、β_2 ——动量修正系数，紊流时 $\beta = 1$，层流时 $\beta = 1.33$；

ρ、q ——分别为液体的密度和流量。

式(2-29)为矢量方程，使用时应根据具体情况将式中的各个矢量分解为指定方向的投影值，再列出该方向上的动量方程，如在 x 指定方向的动量方程可写成如下形式，即

$$\Sigma F_x = \rho q (\beta_2 v_{2x} - \beta_1 v_{1x}) \qquad (2-30)$$

工程中往往要求液流对固体壁面的作用力，即动量方程中 ΣF 的反作用力 F'，称稳态液动力。在 x 指定方向的稳态液动力计算公式为

$$F'_x = -\Sigma F_x = \rho q (\beta_1 v_{1x} - \beta_2 v_{2x}) \qquad (2-31)$$

例 2-2 求图 2-11 中滑阀阀芯所受的轴向稳向液动力。

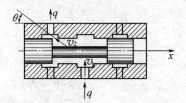

图 2-11 滑阀阀芯上的稳态液动力

解：取阀的进出口之间的液体为所要研究的控制体积，并根据式(2-31)计算 x 轴方向液动力，即

$$F'_x = \rho q [\beta_1 v_1 \cos 90° - (-\beta_2 v_2 \cos\theta)] = \rho q \beta_2 v_2 \cos\theta$$

取 $\beta_2 = 1$，得液动力为

$$F'_x = \rho q \beta_2 v_2 \cos\theta$$

当液流反向通过该阀时，同理可得相同的结果。因为所得 F'_x 始终为正值，说明两种情况下的 F'_x 方向皆向右。可见，在上述情况下，作用在滑阀阀芯上的稳态液动力总是力图使阀口关闭。

学习单元四　管路内液体的压力损失

□ 单元学习目标

了解管路内液体压力损失的类型；
掌握管路内液体压力损失的产生原因和减小的措施。

□ 单元学习内容

实际液体在管道中流动时，因其具有黏性而产生摩擦力，故有能量损失。另外，液体在流动时会因管道尺寸或形状变化而产生撞击和出现漩涡，也会造成能量损失；液体在管路中的能量损失表现为液体的压力损失，管路内液体压力损失可分为两种，一种是沿程压力损失，另一种是局部压力损失。压力损失的大小和流体的流动状态有关。

一、液体的流动状态及雷诺判据

19 世纪末，英国物理学家雷诺通过大量实验发现液体在管道中流动时存在两种流动状态：层流和紊流。当液体流速发生变化时，其流动状态也将发生变化。在流速较低时，液体各质点互不干扰，液流做规则的、层次分明的稳定流动，此时即为层流状态；在流速较高时，液体各质点互相碰撞，液流做不规则的、杂乱无章的紊乱流动，此时即为紊流状态。

可以通过下面的实验观察到液体的两种流动状态。如图 2-12 所示的实验装置，保持水箱 1 水位不变，稍微打开阀 7，水箱中的清水缓慢流出。将小阀门 3 打开，使容器 2

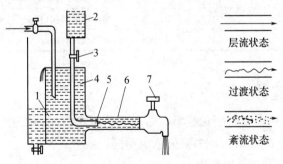

图 2-12　层流和紊流实验

中装有的颜色水流入玻璃管6中。当玻璃管6中流速较小时,可看到其中的颜色水呈明显的直线状,即层流状态。若将阀7渐渐开大,水在管中的流速逐渐增大,则颜色水的直线流束便产生抖动而成波纹状,此时为过渡阶段。进一步将阀7开大,管6中的流速也随之增大。

当管中流速超过一定数值后,颜色水流束和大玻璃管中的清水流束完全混杂,此时的流动状态为紊流状态。若再将7逐渐关小,当流速减小到一定大小后,水流又从紊流恢复为层流。

实验证明:液体的流动状态不仅取决于液体的流速v,还与管径d及液体的运动黏度ν有关。在流体力学中,把由这三个参数组成的一个无因次数称为雷诺数,用Re来表示。雷诺数与上述三个参数的关系为

$$Re = \frac{vd}{\nu} \qquad (2-32)$$

式中　v——液体的平均流速;
　　　d——圆管内径;
　　　ν——液体的运动黏度。

管道中液体的流态随雷诺数的不同而改变,因而可以用雷诺数作为判别液体在管道中流态的依据。

实验表明:Re大时,液流流动惯性力起主导作用,流体微团具有速度脉动,能冲出流层的黏性约束而呈紊流;Re小时,液流流动黏性力起主导作用,流体微团只能沿着流层作层次分明的稳定的轴向运动,即层流。液体由层流转变为紊流时的雷诺数和由紊流变成层流时的雷诺数是不同的。前者称为上临界雷诺数$Re_{上}$,后者称为下临界雷诺数$Re_{下}$,$Re_{上} > Re_{下}$。一般用$Re_{下}$作为判别液流流态的依据,称为临界雷诺数$Re_{临}$。

当$Re < Re_{临}$时,液体做层流流动;当$Re > Re_{临}$时,液体做紊流流动。常见管道的临界雷诺数如表2-4所列。

表2-4　管道的临界雷诺数

管道的材料与形状	临界雷诺数$Re_{临}$	管道的材料与形状	临界雷诺数$Re_{临}$
光滑的金属圆管	2000~2320	带环槽的同心环状缝隙	700
橡胶软管	1600~2000	带环槽的偏心环状缝隙	400
光滑的同心环状缝隙	1100	圆柱形滑阀阀口	260
光滑的偏心环状缝隙	1000	锥状阀口	20~100

二、沿程压力损失

液体在等径直管中流动时因黏性摩擦而产生的压力损失,称为沿程压力损失。液体的流动状态不同,所产生的沿程压力损失值也不同。

1. 层流状态下的沿程压力损失

液体在等径直管中流动时多数情况下为层流。当管道中流动的液体为层流时,液体质点在做有规则的流动。通过理论推导和实验验证得沿程压力损失的计算公式为

$$\Delta p_l = \lambda \frac{l}{d} \frac{\rho v^2}{2} \qquad (2-33)$$

式中 λ——沿程阻力系数,对圆管层流,其理论值 $\lambda = 64/Re$,实际计算时,光滑金属圆管 $\lambda = \dfrac{75}{Re}$,橡胶软管 $\lambda = \dfrac{80}{Re}$;

l——油管长度;

d——油管内径;

ρ——液体的密度;

v——液体的平均流速。

2. 紊流状态下的沿程压力损失

紊流流动现象是很复杂的,至今没有得到很满意的理论计算方法。在工程中,紊流状态下的沿程压力损失仍用式(2-33)来计算,而沿程阻力系数则采用实验的方法来研究。λ 值除与雷诺数 Re 有关外,还与管壁的粗糙度有关。实用中对于光滑管进行计算时,λ 可取

$$\lambda = 0.3164 Re^{-0.25} \qquad (2-34)$$

其他液压管路的 λ 取可参考有关资料。

三、局部压力损失

液体流经管道的弯头、接头、突变截面以及过滤网等局部装置时,会使液流的方向和大小发生剧烈的变化,形成漩涡、湍流,液体质点产生相互撞击而造成能量损失,这种能量损失称为局部压力损失。由于其流动状况极为复杂,影响因素较多,局部压力损失值不易从理论上进行分析计算。因此,一般是先用实验来确定局部压力损失的阻力系数,再按下式计算,即

$$\Delta p_r = \zeta \frac{\rho v^2}{2} \qquad (2-35)$$

式中 ζ——局部压力损失的阻力系数;

v——局部结构处液体的平均流速;

ρ——液体的密度。

四、标准阀类元件的压力损失

液体流经各种液压控制阀的局部压力损失可由液压控制阀产品技术规格中查得。查得的压力损失为其额定流量 q_n 下的最大压力损失 Δp_n。当实际通过阀的流量 q 不等于额定流量 q_n 时,局部压力损失可按下式计算,即

$$\Delta p_f = \Delta p_n \left(\frac{q}{q_n}\right)^2 \qquad (2-36)$$

式中 q_n——阀的额定流量;

Δp_n——阀在额定流量下允许的最大压力损失;

q——通过阀的实际流量;

Δp_f——阀通过实际流量的压力损失。

五、管路内液体的总压力损失

管路内液体的总压力损失等于所有直管的沿程压力损失和所有的局部压力损失之和，即

$$\Delta p = \sum \Delta p_l + \sum \Delta p_\xi = \sum \lambda \rho \frac{l}{d} \cdot \frac{v^2}{2} + \sum \xi \cdot \rho \cdot \frac{v^2}{2} \qquad (2-37)$$

液压系统的压力损失，绝大部分转换成热能，造成系统油温升高，泄漏增大，使系统的效率降低，因此应尽量减小压力损失。

减小压力损失的措施主要有以下几点。
(1) 尽量缩短管路长度，减少管道弯曲和截面的突然变化。
(2) 管道内壁力求光滑，油液黏度要适当。
(3) 管道应有足够大的通流面积，采用较低的流速。

学习单元五　液体流经小孔及缝隙的流量

□ 单元学习目标

了解液压系统中小孔及缝隙的类型；
掌握薄壁小孔流量计算公式和结论及缝隙流量的结论。

□ 单元学习内容

液压传动中常利用液体流经小孔或缝隙来控制流量和压力，达到调速和调压的目的，而缝隙流动直接影响液压元件的泄漏。因此，讨论小孔和缝隙的流量计算，了解其影响因素，对于合理设计液压系统，正确分析液压元件和系统的工作性能是很有必要的。

一、液体流经小孔的流量

液压传动中的小孔按其长径比可分为薄壁小孔、短孔和细长小孔。

1. 薄壁小孔的流量

所谓薄壁小孔是指孔的长度和直径之比 $l/d \leqslant 0.5$。液体流经薄壁小孔的流量，可以用伯努利方程求出。

如图 2-13 所示，取截面 1-1 和截面 2-2 为计算截面，两截面处的压力、流速和通流截面面积分别为 $p_1 v_1 A_1$ 和 $p_2 v_2 A_2$，根据实际液体伯努利方程可得

$$p_1 + h_1 + \frac{1}{2}\rho \alpha_1 v_1^2 = p_2 + h_2 + \frac{1}{2}\rho \alpha_2 v_2^2 + \Delta p_w \qquad (2-38)$$

式(2-38)中的 Δp_w 主要是局部压力损失，可由下式求得

$$\Delta p_w = \zeta \frac{\rho v_2^2}{2}$$

由于 $h_1 = h_2, A_1 \gg A_2, v_1 \ll v_2$，故 v_1 可忽略不

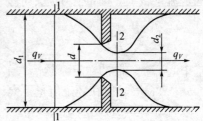

图 2-13　薄壁小孔的流动状态

计,则

$$p_1 = p_2 + \frac{1}{2}\rho\alpha_2 v_2^2 + \zeta\frac{\rho v_2^2}{2} \qquad (2-39)$$

将式 $\Delta p_w = \zeta\frac{\rho v_2^2}{2}$ 代入式(2-39)中,并令 $\Delta p = p_1 - p_2$,求得液体流经薄壁小孔的速度 v_2 为

$$v_2 = \frac{1}{\sqrt{\alpha_2 + \zeta}}\sqrt{\frac{2}{\rho}\Delta p} \qquad (2-40)$$

令 $C_v = \frac{1}{\sqrt{\alpha_2 + \zeta}}$ 为小孔的速度系数,则流经小孔的流量为

$$q = A_2 v_2 = C_v A_T v_2 = C_c C_v A_T \sqrt{\frac{2}{\rho}\Delta p} = C_q A_T \sqrt{\frac{2\Delta p}{\rho}} \qquad (2-41)$$

式中　C_q——流量系数,$C_q = C_c C_v$ 当 $Re > 10^5$ 时,C_q 可视为常数,取值为 $C_q = 0.60 \sim 0.62$;

　　　C_c——收缩系数,$C_c = \frac{A_2}{A_T}$;

　　　A_2——最小收缩面积;

　　　A_T——薄壁小孔面积,$A_T = \pi d^2/4$;

　　　Δp——薄壁孔前后压力差,$\Delta p = p_1 - p_2$。

从式(2-41)可以看出,通过薄壁小孔的流量 q 与小孔的通流面积 A_T 及小孔前后压力差 Δp 的平方根成正比。由于通过薄壁小孔时摩擦阻力作用很小,所以流量受油温和粘度变化的影响很小,这是薄壁小孔流量的一个重要特点。

2. 细长小孔的流量

当小孔的长度和直径之比 $l/d > 4$ 时,称为细长小孔。

流经细长小孔的液流,由于其黏性作用而流动不畅,一般呈层流状态,与液流在等径直管中流动相当,通过细长小孔的流量可用下面公式计算,即

$$q = \frac{\pi d^4}{128\mu l}\Delta p \qquad (2-42)$$

式中　d——细长小孔的直径;

　　　μ——液体的动力黏度;

　　　l——细长小孔的长度;

　　　Δp——细长小孔两端的压力差。

从式(2-42)可以看出,通过细长小孔的流量与小孔前后的压力差成正比,与液体的动力黏度成反比,因此流量会受油液黏度的影响,当油温升高时,流经细长小孔的流量会因黏度变小而增加。

3. 短孔的流量

当小孔的长度和直径之比满足 $0.5 \leqslant l/d \leqslant 4$ 时,称为短孔。

薄壁小孔加工比较困难,实际应用较多的是短孔,液体流经短孔时的流量计算公式与薄壁小孔的流量计算公式相同,但其流量系数不同,一般取 $C_q = 0.82$。

4．流量通用方程

上述各种流量计算,可概括为如下通用形式,即

$$q = CA_T \Delta p^\varphi \tag{2-43}$$

式中　C——由孔的形状和液体性质决定的系数;

　　　A_T——小孔的通流面积;

　　　φ——与小孔形状有关的指数 $0.5 \leqslant \varphi \leqslant 1$,薄壁小孔接近于 0.5,细长小孔接近于 1。
流量特性曲线如图 2-14 所示。

二、液体流经缝隙的流量

液压元件在装配后,各零件之间可能存在缝隙。常见的缝隙有两种,即两个平行平面形成的缝隙和内外圆柱表面形成的环形缝隙。油液流经缝隙的流量称为缝隙流量。

1．平面缝隙的流量计算

造成液体在缝隙中流动的原因有两个:一个是由缝隙两端的压力差引起的流动,称为压差流动;另一个是由组成缝隙的两壁面相对运动而造成的流动,称为剪切流动。图 2-15 所示为液体在两固定平行平板间流动的情形。两固定平行平板缝隙高度为 δ,长度为 l,宽度为 b。通常,b 和 l 比 δ 大得多。液体在缝隙中流动时,缝隙两端压力差为 $\Delta p = p_1 - p_2$。不考虑侧漏,经理论推导可得出液体流经该平行平板缝隙的流量为

$$q = \frac{b\delta^3}{12\mu l}\Delta p \tag{2-44}$$

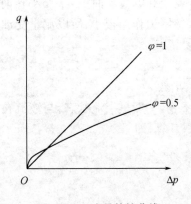

图 2-14　流量特性曲线

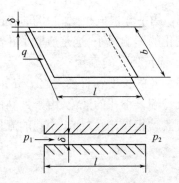

图 2-15　平面缝隙的流量

从式(2-44)可以看出,减小 b、Δp、δ,增大 μ、l,均可减小缝隙液体的流量。但由于该流量 q 与缝隙的高度 δ 的三次方成正比,所以减小缝隙的高度 δ 是减小泄漏量的最有效措施。

若图 2-15 所示的上平板以一定速度 u 相对下平板运动,在无压差作用下,由于液体的黏性,紧贴于运动平板的液体以速度 u 运动,紧贴于固定平板的液体保持静止,中间各层液体的流速呈线性分布,即液体作剪切流动。这种情况下通过该缝隙的流量为

$$q = vA = \frac{ub\delta}{2} \tag{2-45}$$

液体流经相对运动平行平板缝隙的流量应为压差流动和剪切流动两种流量的叠加,即

$$q = \frac{\delta^3 b}{12\mu l}\Delta p \pm \frac{ub\delta}{2} \qquad (2-46)$$

式(2-46)中,剪切流动与压差作用下液体流向相同时取"+";反之,取"-"。

2. 液体流经环形缝隙的流量

在液压元件中,如液压缸的活塞与缸体的内孔之间、液压阀的阀芯与阀孔之间,都存在环形缝隙,如图 2-16 所示。设环形缝隙的长度为 l、缝隙为 δ、内圆直径为 d、内外环沿轴线方向的相对运动速度为 u。通过该缝隙的流量为

$$q = \frac{\pi d \delta^3 \Delta p}{12\mu l} \pm \frac{\pi d \delta u}{2} \qquad (2-47)$$

实际上,由于活动圆柱体(活塞或阀芯)自重的影响或制造、装配等原因,圆柱体与孔的配合缝隙不均匀,存在一定的偏心度,这对液体流过缝隙时的流量(泄漏量)有相当大的影响。如图 2-17 所示,其偏心距为 e,通过该缝隙的流量为

$$q = \frac{\pi d \delta^3 \Delta p}{12\mu l}(1 + 1.5\varepsilon^2) \pm \frac{\pi d \delta u}{2} \qquad (2-48)$$

式中 $\varepsilon = \dfrac{e}{\delta}$ ——相对偏心率。

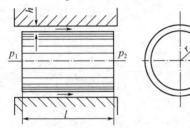
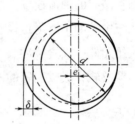

图 2-16 同心环形缝隙流量图　　图 2-17 偏心环形缝隙流量图

如果内外圆之间没有相对运动,即没有剪切流动时,则

$$q = \frac{\pi d \delta^3 \Delta p}{12\mu l}(1 + 1.5\varepsilon^2) \qquad (2-49)$$

由式(2-48)和式(2-49)可以看出,环形缝隙流量的影响因素除了与平板缝隙相同外,还和偏心距有关。

在式(2-48)中,当 $\varepsilon = 0$(即偏心距 $e = 0$)时,得到的是同心圆环缝隙的流量公式。当 $\varepsilon = 1$(即 $\varepsilon = e$)时,偏心圆环缝隙的流量最大,为同心圆环缝隙流量的 2.5 倍。

学习单元六　液压冲击及空穴现象

单元学习目标

了解液压冲击及空穴现象产生的原因;
掌握液压冲击及空穴现象减小的措施。

□ 单元学习内容

一、液压冲击现象

液压系统中,由于某种原因导致系统或局部压力瞬时急剧上升,形成压力峰值的现象称为液压冲击现象。当迅速换向或关闭油路时,由于液体急速变换流向或停止运动,流动液体的惯性或运动部件的惯性,在系统内会产生很大的液压冲击,其冲击时的峰值压力比正常工作压力高出几倍。

液压冲击所产生的巨大压力峰值有时会使液压元件、管路,尤其是液压密封件遭受破坏;使某些液压元件(如顺序阀、压力继电器等)发生误动作,影响液压系统的正常工作。因此,应采取相应的措施减小液压冲击。

造成液压冲击的本质原因是液体流速的突然变化。要减小液压冲击对液压系统造成的危害,一方面要设法降低液流速度的突变值,另一方面要设法吸收或释放冲击能量,防止瞬时压力的升高。其具体措施如下。

(1) 减小系统的换向速度。
(2) 限制管路中的液流速度。
(3) 在系统中的冲击源附近设置蓄能器或安全阀。
(4) 在液压元件中设置缓冲装置、阻尼孔、卸荷槽等。
(5) 采用橡胶软管吸收一定的液压冲击能量。

二、气穴现象

液压系统中,由于某种原因导致压力降低而使气泡产生的现象,称为气穴(空穴)现象。

一般液体中溶解有空气,水中溶解有约2%体积的空气,液压油中溶解有6%~12%体积的空气。成溶解状态的气体对油液体积弹性模量没有影响,成游离状态的小气泡则对油液体积模量产生显著的影响。空气的溶解度与压力成正比。在液压系统中,如果某处的压力低于空气分离压时,原先溶解在液体中的空气就会分离出去,导致液体中出现大量气泡;如果液体中的压力进一步降低到相应温度下的饱和蒸气压时,液体将迅速汽化,产生大量蒸气气泡。

管道中发生气穴现象时,气泡随着液流进入高压区时,体积急剧缩小或破灭,周围液体质点以极大速度来填补这一空间,从而产生局部压力冲击,其动能迅速转化成压能和热能,压力可高达数十兆帕,温度高达近千度,同时会引起强烈的振动及噪声。如果这个局部液压冲击作用在管壁或零件表面,在反复的液压冲击和高温的作用以及油液中游离出来的空气中的氧气的侵蚀下,零件表面将会出现麻点,以致表面剥落,这种现象称为汽蚀现象。

气穴现象引起系统的振动,产生冲击、噪声,对液压系统的工作性能影响很大。预防气穴及汽蚀应采取如下措施。

(1) 减小小孔或缝隙前后压力差,使小孔或缝隙前后压力差之比小于 3.5。

(2) 限制泵吸油口至油箱油面的安装高度,尽量减少吸油管道中的压力损失。

(3) 提高各元件接合处管道的密封性,尽量防止空气渗入到液压系统中。

(4) 对于易产生汽蚀的零件采用抗腐蚀性强的材料,增加零件的机械强度,并降低表面粗糙度。

(5) 当拖动大负载运动的液压执行元件因换向或制动在回油腔产生液压冲击的同时,会使原进油腔压力下降而产生真空。为防止气穴,应在系统中设置补油回路。

习题与思考题

1. 什么是液体的黏性?液体黏性的大小用黏度来表示,常用的黏度有哪三种?它们的表示符号和单位各是什么?

2. 用恩氏黏度计测得某液压油($\rho = 850 \text{kg/m}^3$)200mL,流过的时间为 $t_1 = 153\text{s}$,20℃时 200mL 的蒸馏水流过的时间为 $t_2 = 51\text{s}$,求该液压油的恩氏黏度$°E$、运动黏度ν和动力黏度μ各为多少?

3. 说明飞机液压系统中使用液压工作介质的种类有哪几种?

4. 液压工作介质中的污染物是如何产生的?为了减少液压工作介质的污染,应采取哪些措施?

5. 什么是压力?压力有哪几种表示方法?静止液体内的压力是如何传递的?

6. 如题 6 图所示,液压缸直径 $D = 150\text{mm}$,柱塞直径 $d = 100\text{mm}$,负载 $F = 5 \times 10^3 \text{N}$,若不计液压油及活塞或缸体质量,求(a)、(b)两种情况下的液压缸内的压力。

7. 某压力控制阀如题 7 图所示,当 $p_1 = 6\text{MPa}$ 时,阀动作,若 $d_1 = 10\text{mm}$,$d_2 = 15\text{mm}$,$p_2 = 0.5\text{MPa}$ 时,试求:

(1) 弹簧的预压力 F_t;

(2) 当弹簧刚度 $k = 10\text{N/mm}$ 时的弹簧预压缩量 x。

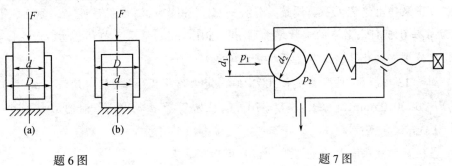

题 6 图　　　　　　　　　　题 7 图

8. 如题 8 图所示，油管水平放置，截面 1—1、截面 2—2 处的内径分别为 $d_1 = 5$mm，$d_2 = 20$mm，在管内流动油液的密度 $\rho = 900$kg/m³，运动黏度 $\nu = 20$mm²/s，若不计油液流动时的能量损失，试解答：(1)截面 1—1、截面 2—2 哪一处的压力较高？为什么？

(2) 若管内通过的流量 $q = 30$L/min，求两截面间的压力差？

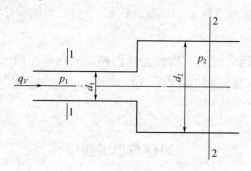

题 8 图

9. 如题 9 图所示，一具有一定真空度的容器用一根管子倒置于一液面与大气相通的水槽中，液体在管中上升的高度 $h = 1$m，设液体的密度为 $\rho = 1000$kg/m³，试求容器内的真空度。

10. 如题 10 图所示，液压泵从油箱内吸油，油面压力为 1 个标准大气压，已知吸油管直径为 $d = 6$cm，流量 $q = 150$L/min，液压泵吸油口处的真空度为 0.2×10^5N/m²，油的运动黏度为 $\nu = 30 \times 10^{-6}$m²/s，$\rho = 900$kg/m³，弯头处的局部阻尼系数 $\zeta_1 = 0.2$，管子入口处的局部阻尼系数 $\zeta_2 = 0.5$，管道长度等于 H，试求泵的安装高度 h。

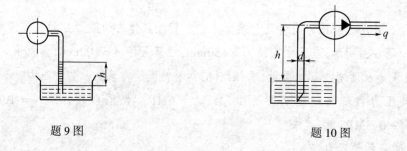

题 9 图   题 10 图

11. 液压管路中的压力损失有哪几种？

12. 液压泵输出流量可手动调节，当 $q_1 = 25$L/min 时，测得阻尼孔 R_1（题 13 图）前的压力为 $p_1 = 0.5$MPa；若泵的流量增加到 $q_2 = 50$L/min，阻尼孔前的压力 p_2 将是多大（阻尼孔 R 分别按细长孔和薄壁孔两种情况考虑）？

13. 如题 13 图所示，柱塞受 $F = 100$N 的固定力作用而下落，缸中油液经缝隙泄出，设缝隙厚度 $\delta = 0.05$mm，缝隙长度 $L = 70$mm，柱塞直径 $d = 20$mm，油的动力黏度 $\mu = 50 \times 10^{-2}$Pa·s，试计算：

(1) 当柱塞和缸孔同心时，下落 0.1m 所需时间是多少？

(2) 当柱塞和缸孔完全偏心时，下落 0.1m 所需时间又是多少？

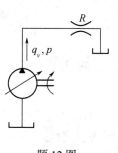

题 12 图　　　　　　　　题 13 图

14．根据液体流经平行平板缝隙流量的计算公式分析，采用哪些措施可以减少缝隙的漏油量？其中最有效的措施是什么？

15．什么是液压冲击？可采取哪些措施来减小液压冲击？

16．什么是气穴现象？它有哪些危害？通常采取哪些措施防止气穴及气蚀？

模块三　液压泵和液压马达

学习单元一　液压泵和液压马达概述

□ 单元学习目标

了解液压泵和液压马达的功用和类型；
掌握液压泵和液压马达的工作原理和性能参数。

□ 单元学习内容

液压泵和液压马达都是液压传动系统中的能量转换装置。液压泵把电动机或其他原动机输入的机械能转换为液体的压力能,向液压系统供油;液压马达则将液体的压力能转换为机械能,驱动液压系统的负载。航空发动机的燃油系统或润滑系统中,液压泵是不可缺少的重要元件。据统计,在一架普通喷气式飞机上携带的液压泵就有10个以上,因此液压泵广泛应用于飞机液压系统中。

液压泵和液压马达的种类很多,目前常见的结构形式有齿轮式、叶片式、柱塞式和螺杆式等类型;按其允许使用的压力有低压、中压、中高压、高压、超高压等之分;按其排量能否调节有定量和变量之分;按其输油方向能否改变有单向和双向之分。

1. 液压泵的工作原理和特点

图3-1所示为一单柱塞液压泵的工作原理图。柱塞2安装在泵体3内,并可做左右移动,柱塞在弹簧4的作用下压紧在偏心轮1的外表面上。当原动机带动偏心轮旋转时,柱塞2便在泵体3内往复运动,柱塞底部和泵体所形成的密封工作腔容积发生变化。密封容积增大时形成局部真空,油箱中的油液在大气压力的作用下顶开单向阀6进入泵体内,实现吸油。反之,当密封容积减小时,其中的油液将顶开单向阀5流入系统而实现压油。偏心轮不断旋转,泵就不断地吸油和压油。

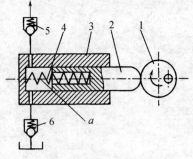

图3-1　单柱塞液压泵工作原理图
1—偏心轮；2—柱塞；3—缸体；
4—弹簧；5—单向阀；6—单向阀。

由于这种泵是依靠密封容积的变化来实现吸油和压油的,其输出流量的大小取决于密封工作腔容积变化的大小,输出压力取决于油液从密封工作腔排出时所遇到的阻力,所以这种泵又被称为容积式液压泵,液压传动系统中常用容积式液压泵作为供油能源。容积式液压泵工作时必须满足如下三个必要条件。

(1) 结构上能形成具有密封性的工作腔(即密封容积)。当柱塞2不动时,两只单向阀均关闭,此时泵腔即为一密封容积。

(2) 密封容积能周而复始发生变化。密封容积增大时与吸油口连通,减小时与压油口连通。密封容积的变化是泵吸压油的根本原因。由于这种泵是依靠容积变化而进行工作的,所以称为容积式液压泵。

(3) 吸油腔和压油腔要互相隔开,以保证液压泵能正常工作。

2. 液压泵的主要性能参数

1) 排量与流量

液压泵的排量是指在没有泄漏的情况下,泵每一循环或每转所能排出液体的体积。显然,排量取决于泵的结构参数。例如,在图3-1所示的单柱塞液压泵中,设柱塞的直径为 d,行程为 s,则其排量为

$$V = \frac{\pi d^2}{4}s(\text{ml}/\text{每循环}) \tag{3-1}$$

液压泵的理论流量是指在没有泄漏的情况下,单位时间内输出油液的体积。它除了取决于泵的结构参数外,还和单位时间内体积变化的次数有关,其法定计量单位为 m^3/s,常用单位为 L/min。设图3-1所示单柱塞液压泵柱塞每分钟往复的次数为 n,则该液压泵的理论流量为

$$q = \frac{\pi d^2}{4}sn \times 10^{-3}(\text{L}/\text{min}) \tag{3-2}$$

或

$$q = Vn \tag{3-3}$$

液压泵的排量和理论流量都与泵的工作压力无关。

2) 压力

根据工作情况不同,液压泵的出口压力有下列几项指标。

(1) 工作压力是指泵在实际工作过程中的压力。其值取决于负载,也即取决于系统中阻止油液流动的阻力。当负载增加时,工作压力升高;当负载减小时,工作压力降低;当负载为0时,工作压力也为0。

(2) 额定压力是指泵在正常工作条件下,按实验标准规定连续运转的最高压力,其值取决于密封性能和有关零件的强度。工作压力超过额定压力就是过载。

(3) 最高允许压力是指泵按实验标准规定,超过额定压力作短暂运行的最高压力。

3) 功和功率

液压泵的输出功和功率计算如下。

设图3-1所示液压泵的输出压力为 p,柱塞的面积为 A,则作用在柱塞上的液压力为

$$F = pA(\text{N}) \tag{3-4}$$

当柱塞的移动量为 s 时,根据物理学中功等于力和距离的乘积,可得原动机带动偏心轮对柱塞所做的功为

$$W = Fs = pAs(\text{N} \cdot \text{m}) \tag{3-5}$$

在理想情况下,上述功就是液压泵所输出的功。

液压泵的功率,亦即单位时间内所作的功,可以用下式来表示,即

$$P = W/t = pAs/t = pAv$$

由流体力学可知

$$q = Av$$

所以液压泵的功率为

$$P = pq(\text{W}) \tag{3-6}$$

式中　p——液压泵的输出压力；
　　　q——液压泵的输出流量。

由于液压泵有泄漏和机械摩擦，所以存在功率损失，泵的输入功率（即电动机驱动功率）应考虑泵的总效率，其表达式为

$$P_i = \frac{P_o}{\eta} = \frac{pq}{\eta} \tag{3-7}$$

在选用液压泵配套用电机时，常用泵的额定压力和额定流量代入。

4）效率

液压泵的效率 η 也与其他机器的效率相同，是指它的输出功率与输入功率之比，即

$$\eta = \frac{P_o}{P_i} \tag{3-8}$$

由于功率损失不可避免，所以输出功率总是小于输入功率，因此效率永远小于1。

在液压泵中，一般存在着两种功率损失，即容积损失和机械损失。因此，存在两种效率，即容积效率和机械效率。两种效率组合起来，称作泵的总效率。

（1）容积损失和容积效率。在图3-1所示液压泵中，柱塞和缸体有相对运动，在压差作用下，产生泄漏，由于泄漏所引的功率损失称为液压泵的容积损失，容积损失的严重程度一般用容积效率 η_v 来表示。例如，某液压泵的理论流量为 q_t，由于泄漏使泵的实际流量为 q，泵经过溶积损失后的实际输出功率与泵的理论输出功率之比，称为容积效率，其表达式为

$$\eta_v = \frac{P}{Pt} = \frac{pq}{pq_t} = \frac{q}{q_t} = \frac{q_t - \Delta q}{q_t} = 1 - \frac{\Delta q}{q_t} \tag{3-9}$$

或

$$q = q_t \eta_v \tag{3-10}$$

式中　Δq——泵腔向外部或低压腔泄漏而损失的流量，其中也包括液体受压缩等原因而损失的流量；
　　　p——泵的出口压力。

液压泵的理论流量 q_t 与出口压力无关。由于泵的泄漏流量 Δq 随着出口压力的上升而增加，所以泵的实际流量随着出口压力的上升而减少，其关系如图3-2所示。

（2）机械损失与机械效率。在各种液压泵中，由于都有相对运动的零件存在，而零件与零件间及零件与液体间又必然存在摩擦，因此产生功率损失，称为液压泵的机械损失。机械损失的严重程度通常用机械效率 η_m 来表示，它定义为液压泵的理论输出功率与实际输入功率之比，其表达式为

$$\eta_m = \frac{P_t}{P_i} = \frac{pq_t}{P_i} \qquad (3-11)$$

式中 P_i——驱动泵轴的机械功率,即泵的输入功率。

(3) 泵的总效率。泵的实际输出功率与输入功率之比称为泵的总效率,即

$$\eta = \frac{P_o}{P_i} = \frac{pq}{P_i} \qquad (3-12)$$

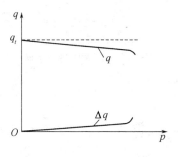

图 3-2 流量与压力关系曲线

将式(3-10)、式(3-11)代入式(3-12),得

$$\eta = pq_t\eta_v/P_i = \eta_v\eta_m \qquad (3-13)$$

由式(3-13)可知,泵的总效率等于容积效率与机械效率的乘积。

3. 液压马达的主要性能参数

液压马达的主要性能参数与液压泵相同,但因其工作情况相反,所以其含义不同。

1) 排量和流量

液压马达的排量是指在没有泄漏的情况下,马达每转一转所需输入的液体体积。

液压马达的理论流量是指在不考虑泄漏的情况下,单位时间内输入的液体体积,它也是排量与转速的乘积。

液压马达的排量和理论流量与马达的工作压力无关。

2) 压力

(1) 工作压力是指液压马达在实际工作时输入油液的压力。由于该压力所产生的转矩要能克服负载转矩,所以其值取决于马达的负载。

(2) 额定压力是指液压马达允许的最大工作压力。

3) 转矩和转速

液压马达的理论转矩为液体压力作用于马达转子形成的转矩,即

$$T_t = pV/2\pi \qquad (3-14)$$

液压马达的实际输出转矩为理论转矩克服摩擦转矩后的实际输出转矩,即

$$T = T_t\eta_m = \frac{pV}{2\pi}\eta_m \qquad (3-15)$$

液压马达的理论转速为输入马达的实际流量与排量的比值,即

$$n_t = q/V \qquad (3-16)$$

液压马达的实际转速为考虑泄漏以后马达输出的实际转速,即

$$n = n_t\eta_v = \frac{q}{V}\eta_v \qquad (3-17)$$

4) 功率

液压马达的输入功率,等于输入马达的实际流量和输入压力的乘积,即

$$P_i = pq(\text{W}) \qquad (3-18)$$

同样,因为液压马达也存在功率损失,所以液压马达的实际输出功率为

$$P = P_i\eta = pq\eta(\text{W}) \qquad (3-19)$$

式中　η——液压马达的总效率。

5）效率

液压马达的容积效率为理论流量与实际流量之比，即

$$\eta_v = \frac{q_t}{q} = \frac{q - \Delta q}{q} = 1 - \frac{\Delta q}{q} \tag{3-20}$$

液压马达的机械效率为实际输出转矩与理论输出转矩之比，即

$$\eta_m = \frac{T}{T_i} = \frac{T 2\pi}{p V} \tag{3-21}$$

液压马达的为实际输出功率与输入功率之比，即

$$\eta = \frac{P_o}{P_i} = \frac{2\pi T_t}{pq} = \frac{Vn}{q} \cdot \frac{2\pi T}{pq} = \eta_v \eta_m \tag{3-22}$$

可见，液压马达的总效率也为容积效率和机械效率的乘积。

学习单元二　齿轮泵

□ 单元学习目标

了解齿轮泵的功用和分类；
掌握齿轮泵的工作原理和结构特点。

□ 单元学习内容

齿轮泵是一种常用的液压泵，和其他类型泵相比，齿轮泵结构简单、制造方便、工作可靠、抗污染性强，自吸性能好且价格低廉，由于齿轮泵是轴对称的旋转体，故允许转速较高。因此，在机床工业、国防工业及工程机械中得到了非常广泛的应用。但其流量脉动和困油现象比较严重，径向液压力不平衡，噪声大且排量不可改变。

低压齿轮泵工作压力为 0MPa~2.5MPa，常用于各种补油、润滑及冷却装置中。中压齿轮泵工作压力为 2.5MPa~8MPa，常用于机床液压系统和航空发动机燃油系统中。中高压齿轮泵的工作压力为 8MPa~16MPa，用于航空发动机燃油系统中。高压齿轮泵的工作压力为 16MPa~32Mpa，用于飞机液压系统和各种工程机械、农业机械中。

目前，齿轮泵的流量范围为 $q = 2.5 \text{L/min} \sim 750 \text{L/min}$；压力范围为 $p = 1\text{MPa} \sim 31.5\text{MPa}$；转速范围为 $n = 1300 \text{r/min} \sim 4000 \text{r/min}$，个别情况下（如飞机用齿轮泵）最高转速可达 8000r/min；容积效率 $\eta_v = 0.88 \sim 0.96$，总效率 $\eta = 0.78 \sim 0.92$。

齿轮泵利用齿轮的啮合运动进行工作，按其啮合形式，可分为外啮合和内啮合齿轮泵两种，航空液压系统中最常用的是具有两个齿轮的外啮合齿轮泵。由于外啮合齿轮泵较内啮合齿轮泵而言优点更为突出，使用更为广泛，因此本书主要介绍外啮合齿轮泵。

一、结构和工作原理

图 3-3 所示为我国自行设计的低压齿轮泵。该系列泵的额定压力为 2.5MPa。系列流量为 2.5L/min~125L/min，转速为 1500r/min。它是由后泵盖 1、滚针轴承 2、泵体

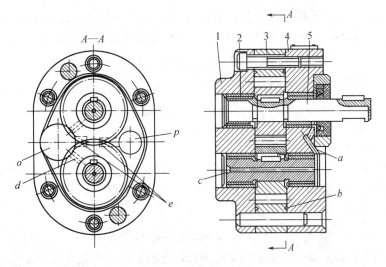

图 3-3 齿轮泵结构图
1—后端盖；2—滚针轴承；3—泵体；4—前泵盖；5—传动轴；
a、c、d—孔道；b—卸荷槽；e—困油卸荷槽。

3、前泵盖 4、传动轴 5 及主、从动齿轮等组成,也称三片式齿轮泵。a、c、d 为泄油通道,b 为端面卸荷槽,主要用以降低泵体与泵盖接合面上的油压对泵盖造成的推力,减小螺钉载荷。

图 3-4 所示为齿轮泵的工作原理图。一对齿数、模数和齿形完全相同的渐开线齿轮互相啮合,安装在泵体内部,齿轮的两端面靠泵盖密封。由传动轴带动的叫主动齿轮,由主动齿轮带动的叫从动齿轮。齿轮把泵体内部分成左、右两个互不相通的油腔。

当传动轴逆时针方向转动时,齿轮啮合点右侧原来啮合着的轮齿逐渐退出啮合,使右油腔容积逐渐增大,形成局部真空,油箱中的油液在大气压力的作用下进入此腔,该腔为吸油腔。吸入到齿间的油液随齿轮的转动,沿泵体内壁被带到左腔,填满油腔的齿间,在齿轮啮合点左侧因轮齿逐渐进入啮合,使左油腔容积逐渐减小,把齿间的油液挤出去,该腔为压油腔。当齿轮不断旋转时,左右两腔就不断地吸油和压油。这就是齿轮泵的吸油和压油过程。

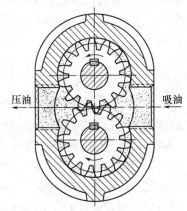

图 3-4 齿轮泵的工作原理图

二、流量和流量脉动

根据齿轮泵的工作原理,可以得知泵的排量是:主动齿轮转动一周,泵无泄漏时所排出的容积。该容积近似等于两个齿轮齿间容积之和。由于精确计算齿间容积比较麻烦,所以工程上常采用较实用的近似公式。

假设齿间的容积等于轮齿的体积,则齿轮泵排量等于一个齿轮的齿间容积和轮齿体积之和,即等于一个齿轮的齿顶圆与齿根圆之间的圆环体积。又设齿顶高和齿根高相等且都等于齿轮的模数,齿轮的重叠系数 ε=1,则泵每转排量的近似值为

$$V = \pi D 2mB = 2\pi Z m^2 B (\text{ml/r}) \tag{3-23}$$

式中 D——齿轮的分度圆直径 $D = mZ$;
$\quad\quad m$——模数(cm);
$\quad\quad Z$——齿数;
$\quad\quad B$——齿宽(cm)。

考虑到实际上齿间容积稍大于轮齿体积,所以按式(3-23)计算所得理论排量值偏小,而且齿数越少差值越大。因此,通常在式(3-23)中乘以修正系数 k 以补偿其误差,则齿轮泵排量为

$$V = 2\pi kZBm^2 (\text{ml/r}) \tag{3-24}$$

其中,$k = 1.0 \sim 1.115$,即 $2\pi k = 6.66 \sim 7$。齿数少时取大值,齿数多时取小值。

当泵的转速为 n、容积效率为 η_v 时,齿轮泵的理论流量和实际流量分别为

$$q_t = Vn = 2\pi kZBm^2 n \tag{3-25}$$

$$q = q_t \eta_v = 2\pi kZBm^2 n \eta_v \tag{3-26}$$

由此可见,齿轮泵的理论流量取决于齿轮的几何参数和转速。

上述齿轮泵的流量是指平均流量,实际上,在齿轮啮合的各个瞬间,密封容积的变化量不同,因而瞬时流量并不均匀,它具有一定的脉动性。在每一对轮齿啮合时,随着啮合点的变化,瞬时流量也从最小变到最大,又从最大变到最小,如图3-5所示,这即为齿轮泵的流量脉动。流量脉动是容积式泵的共同弊病,它不但会引起系统的压力脉动,而且会影响传动的平稳性。

三、困油现象及其卸荷措施

为了保证齿轮泵齿轮平稳地啮合运转、吸压油腔严格地密封且均匀而连续地供油,就要求齿轮啮合的重叠系数 ε≥1。因此,齿轮旋转时有时会出现前一对轮齿尚未脱开啮合之前,后一对轮齿便已经进入啮合,这时,两啮合轮齿之间形成一个封闭的容积,留在两齿间的油液就被困在这个封闭容积中(图3-6(a))。齿轮旋转时,这一封闭容积逐渐减小,直到两啮合点 C、D 处于节点 P 两侧的对称位置时(图3-6(b)),封闭容积

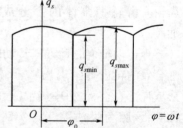

图3-5 齿轮泵流量脉动

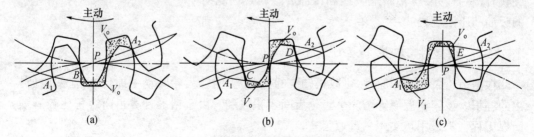

图3-6 齿轮泵的困油现象原理图

为最小,由于液体几乎不可压缩,因而压力急剧升高,使齿轮轴和轴承受到很大的冲击载荷,使泵剧烈振动,同时,被封闭的液体从零件缝隙强行挤出,造成功率损失,使油液发热等。齿轮再继续转动,当封闭容积逐渐增大,直到图3-6(c)所示为最大位置,由于没有油液补充,因而形成局部真空,使原来混溶于油液中的气体析出,形成气泡,引起噪声、汽蚀等。以上所述就是齿轮泵的困油现象,极为严重地影响着齿轮泵的工作性能和使用寿命。

为了消除困油现象,可在齿轮泵两侧端盖(或轴承座)上开卸荷槽,其几何关系如图3-7(a)所示。其中一个通吸油腔,一个通压油腔。当封闭容积缩小时,保持与压油腔相通,当封闭容积增大时,保持与吸油腔相通,卸荷槽之间的距离 a 需保证在任何时候都不能使吸、压油腔互通。

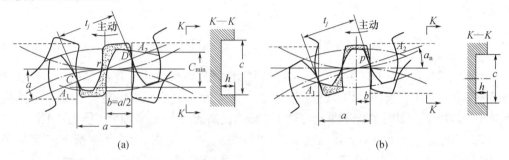

图3-7 齿轮泵消除困油现象卸荷槽

上述对称开设的卸荷槽,解决了封闭容积互通的齿轮泵的困油现象。但当齿侧间隙很小时,封闭容积分为互不相通的两部分。当右边的封闭容积由大变至最小前(图3-7(a)),早已与压油腔一侧的卸荷槽脱开,且因齿侧间隙很小,油液难以顺利流入左边的封闭腔,困油问题还不能完全解决。为此,通常采用将卸荷槽向吸油腔一侧偏移的不对称形式(图3-7(b)),在保证吸、压油腔互不相通的前提下,使右边封闭腔在压缩到图3-6(c)以前始终和压油腔相通,基本上解决了困油问题,同时还可以多压出一部分压力油,提高了泵的容积效率。但卸荷槽偏移后,左边封闭腔不能立即与吸油腔相通,又因齿侧间隙较小,在左侧封闭腔中会出现局部真空。实践证明,这种真空现象不是矛盾的主要方面,所以在我国自行设计的低压齿轮泵中,采用了其他尺寸不变,只将位置向吸油腔侧平移了一段距离,使尺寸 $b=0.8m$ 的不对称卸荷槽,收到了振动和噪声明显降低的结果,进一步改善了齿轮泵的工作条件。

四、径向不平衡力及改善措施

齿轮泵工作时,径向力主要有两个来源:啮合力和液压力。由于啮合力产生的径向力比液压力产生的径向力小得多,所以着重分析液压力的作用。

由图3-8可知,齿轮泵右腔为吸油腔,其压力一般低于大气压;左腔为压油腔,其压力为工作压力。因此,处于压油腔一侧的轮齿受到较大的液压力作

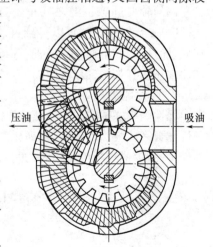

图3-8 沿齿轮圆周液体压力分布情况

用;同时,由于泵体与齿顶间存在径向间隙,压油腔的压力油会依次向各齿间产生泄漏流动,每流过一个齿,产生一个压力降,最后流到吸油腔,降为吸油压力,所以在齿轮外圆上从压油腔到吸油腔油液的压力是逐齿分级降低的,也对齿轮产生作用力。这两方面的合力使齿轮和轴承受到径向不平衡力,泵的工作压力越高,径向不平衡力越大,其结果不但会加速轴承磨损,降低轴承寿命,还可能使齿轮轴弯曲,造成齿顶和泵体内表面产生摩擦而影响正常工作。

为了改善齿轮泵的受力情况,有些泵上采用了开压力平衡槽的方法来减小径向不平衡力,但这将使泄漏增大,容积效率降低;我国的低压齿轮泵,采用缩小压油口的方法,以减少压油腔所含齿轮齿数,减小压力油作用面积,从而减小了径向不平衡力(图3-3),但泵则不能反转。

五、泄漏问题及高压化措施

由于低压齿轮泵存在间隙,所以随着工作压力的提高,泄漏急剧增加,其中尤以经过端面间隙的泄漏更为严重,占齿轮泵总泄漏量的75%~80%,使容积效率显著下降,以致达到不能允许的程度;又由于径向不平衡力随工作压力提高而增大,以致轴承不能正常工作。

高压齿轮泵主要是针对上述问题采取了相应措施,如尽量减小径向不平衡力,提高轴和轴承的刚度,采用自动补偿装置补偿轴向间隙。下面对轴向间隙补偿装置作一简单介绍。

1. 浮动轴套式

图3-9所示为浮动轴套式的轴向间隙补偿装置。齿轮轴支承在滚针轴承里,浮动轴套和轴承外套可以在泵体内作轴向移动。轴承外套又紧贴支承环。在支承环右侧环形面积上作用着从泵的压油腔引入的高压油,高压油对浮动轴套产生一个向左的压紧力,使浮动轴套压在齿轮右端面上,以消除齿轮的轴向间隙。由于齿轮左侧的轴套静止不动,因此当齿轮受到向左的轴向力后,齿轮左侧的轴向间隙也随之减小。当齿轮和轴套的端面磨损后,轴向间隙可以得到自动补偿。由于泵在启动时压油腔不存在高压油,因此浮动轴套的右侧通常还装有弹簧,以保证在泵启动时,轴向间隙也能得到减小。

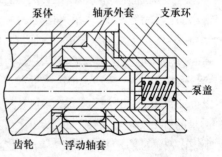

图3-9 浮动轴套结构原理图

2. 弹性侧板式

弹性侧板式轴向间隙补偿装置的工作原理与前述的浮动轴套一样,只不过后者是以弹性侧板来代替浮动轴套,把高压油引到弹性侧板的背部,侧板在高压油的作用下产生弹性变形,减少侧板与齿轮端面的间隙,起到轴向间隙补偿作用。

学习单元三 叶片泵

□ 单元学习目标

了解叶片泵的功用和分类;
掌握叶片泵的工作原理和结构特点。

□ 单元学习内容

叶片泵也称旋板泵,具有结构紧凑、运转平稳、流量均匀、噪声低、体积小、质量小、寿命长等优点。广泛应用于机床、工程机械、船舶、压铸及冶金设备中。但与齿轮泵相比,它对油液的污染较为敏感,另外,结构也比齿轮泵复杂。

叶片泵按作用次数和轴承上所受径向力情况,分为单作用非卸荷式和双作用卸荷式两大类。前者一般为变量泵,后者为定量泵。

一、双作用叶片泵的组成和工作原理

图 3-10 所示为我国自行设计、性能较好的一种双作用(YB 型)叶片泵,其额定工作压力为 6.3MPa,流量从 $0.67 \times 10^{-4} m^3/s \sim 3.33 \times 10^{-4} m^3/s$,共 15 种规格并形成系列。它主要由转子 4、叶片 9、定子 5、左右配油盘 2 和 7、泵体 6 等零件组成。左右泵体用四个螺钉连接在一起,配油盘 2、7 和定子的外径与泵体 6 的内孔相配合,并用圆柱销定位。转子 4 上均匀地开有 12 条狭槽(小流量泵为 10 条槽),叶片 9 装在槽内,保证配合间隙为 0.01mm ~ 0.02mm,因此叶片可在槽内自由滑动。转子连同叶片装在由配油盘和定子围成的空腔内,并和两配油盘端面保持适当间隙。转子 4 由花键轴 3 带动旋转,花键轴由滚针轴承 1 和滚珠轴承 8 支承。泵体与泵盖之间以及配油盘 7 与泵盖之间采用"O"型密封圈密封。盖板和花键轴之间用密封圈来密封,以防止油液泄漏和空气进入。

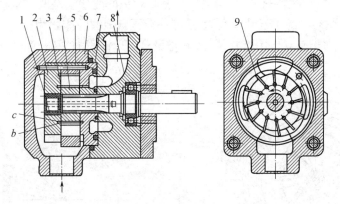

图 3-10 双作用叶片泵的结构图

这种叶片泵主要有两个地方漏油:一是配油盘与转子及叶片之间的轴向间隙;二是叶片与定子内表面之间的径向间隙。在双作用叶片泵中,两个配油盘在螺钉的夹紧力作用下,端面紧密地与定子、转子和叶片的端面相接触,在压力油的作用下,配油盘也不会被推离定子,因此保证了配油盘和转子等端面间的一定间隙。为了使叶片顶部和定子内表面紧密接触,以减少泄漏,在配油盘的端面上做成一个与压油腔相通的环形槽,环形槽又和叶片槽底相通,这样压力油就可以进入到叶片底部,叶片在压力油和本身离心力的作用下,压向定子内表面,保证了紧密接触。处于压油区的叶片,由于叶片顶部有压力油作用,叶片和定子之间的接触应力并不太大,但处于吸油区的叶片,底部为压力油,顶部为低压油,因此叶片和定子之间的接触应力很大,使吸油区定子内表面和叶片顶端磨损加剧,影响叶片泵的使用寿命。

这种叶片泵性能较好,容积效率高,一般可达 0.90 以上。转子、配油盘都为圆盘形,便于加工。泵体做成分离式,油槽漏在外面,使铸造和清砂工作大为简化。

图 3-11 所示为双作用叶片泵的工作原理图。由定子 1、转子 3 和配油盘 6 所形成的空间,被顶紧在定子内表面上的叶片 4 分隔成一定数量的密封容积。当电动机带动转子顺时针方向旋转时,叶片由小半径 r 处向大半径 R 处移动时,两叶片间的密封容积逐渐增大,形成局部真空,油箱中的油液在大气压力的作用下经配油盘上的腰形孔进入两叶片之间的密封容积而吸油,当叶片转至大半径圆弧段时,密封容积最大,吸油完毕;转子继续旋转,叶片由大半径 R 处向小半径 r 处移动时,两叶片间的密封容积逐渐减小,油液被迫从压油口压出,当叶片转至小半径圆弧段时,密封容积最小,压油完毕。转子连续旋转,相邻两叶片之间的密封容积不断变化,叶片泵便连续吸油和压油。

这种叶片泵由于有两个吸油口、两个压油口,因此转子每转一周,每两叶片间形成的密封容积吸、压油各两次,所以称双作用式叶片泵。又由于两个吸油口和两个压油口对称于旋转轴且各自的中心角对称,作用在转子上的径向液压力平衡,因此这种泵又称卸荷式叶片泵。

二、双作用叶片泵的流量计算

由叶片泵工作原理可知,当相邻两叶片处于定子曲线的小圆弧段时,密封容积最小,而处于大圆弧段时,密封容积最大,所以每个密封容积的变化量是两个扇形面积之差乘以叶片的宽度 B(图 3-12)。若叶片数为 z,则一转压出油液的体积为 z 个密封容积,即等于一环形体积。由于是双作用叶片泵,故其排量是环形体积的 2 倍,即

$$V_t = 2\pi(R^2 - r^2)B \text{(ml/r)} \tag{3-27}$$

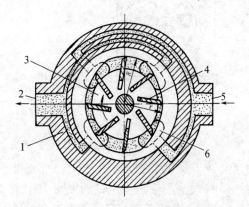
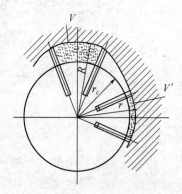

图 3-11 双作用叶片泵工作原理图

1—定子;2—压油口;3—转子;
4—叶片;5—吸油口;6—配油盘。

图 3-12 双作用叶片泵平均流量计算原理图

实际上,由于叶片有一定厚度 δ 且以一定的倾角 θ 安装,所以叶片在圆环中所占体积为

$$V' = 2\frac{R-r}{\cos\theta}\delta z \text{(ml)} \tag{3-28}$$

叶片所占体积并不能提供油液,因此双作用叶片泵的实际排量为

$$V = V_t - V' = 2B\left[\pi(R^2 - r^2) - \frac{(R-r)}{\cos\theta}\delta z\right] \quad (3-29)$$

当叶片泵的转速为 n,容积效率为 η_v 时,双作用叶片的理论流量和实际流量分别为

$$q_t = Vn = 2B\left[\pi(R^2 - r^2) - \frac{(R-r)}{\cos\theta}\delta z\right]n \times 10^{-3}(\text{L/min}) \quad (3-30)$$

$$q = q_t\eta_v = 2B\left[\pi(R^2 - r^2) - \frac{(R-r)}{\cos\theta}\delta z\right]n\eta_v \times 10^{-3}(\text{L/min}) \quad (3-31)$$

由此可知,双作用叶片的理论流量和齿轮泵一样,也取决于泵的几何参数和转速。

三、双作用叶片泵的定子曲线及叶片数

双作用叶片泵定子内表面曲线如图 3-13(a)所示。它由两段大圆弧、两段小圆弧,以及四段过渡曲线组成。圆弧段夹角为 β,过渡曲线段夹角为 α。转子带动叶片沿过渡曲线滑动的同时,叶片还沿叶片槽作往复运动。叶片沿叶片槽运动的性质,由过渡曲线的性质而定。所以,过渡曲线对泵的性能,如流量均匀性、磨损和噪声、吸入性能和使用寿命等有很大影响。

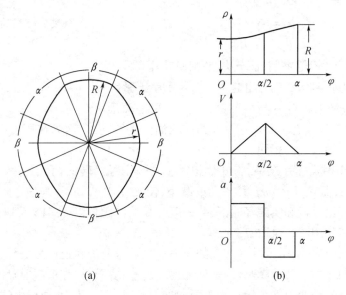

图 3-13 定子内表面曲线及叶片径向运动规律

双作用叶片泵常用定子过渡曲线有阿基米德螺线和等加速等减速曲线等。如采用阿基米德螺线为过渡曲线,其径向速度为常数,瞬时流量比较均匀。但这种曲线与圆弧连接处不可能有公共切线,当叶片在圆弧段工作时,其径向速度为零,经连接处便发生速度突变,以致产生加速度过大的情况,造成刚性冲击,使连接处磨损严重。若采用等加速等减速曲线为过渡曲线,叶片离开圆弧段后,先以等加速使径向速度由零逐渐增至最大,然后以等减速使径向速度减小到零而进入下一圆弧段,其加速度为常量,减小了刚性冲击。过渡曲线的极径 ρ 叶片沿过渡曲线的径向运动速度 v 和加速度 a 的变化如图 3-13(b)所示,图中 φ 角为过渡曲线在定子上对应的圆心角。由此可见,在转角 $\varphi = 0$、$\varphi = \alpha/2$、$\varphi =$

α 三个点上,加速度还有一定的突变,因此还有柔性冲击。另外,理论推导证明,在满足叶片和定子内表面不脱空条件及常用叶片数的同时,等加速等减速曲线可得到允许的最大定子半径比 R/r,增大了泵的流量。所以我国自行设计的双作用泵采用了这种性能较好的等加速等减速过渡曲线作为定子的过渡曲线。

四、双作用叶片泵的叶片倾角

双作用叶片工作时,叶片受离心力和底部液压力的作用,使叶片和定子内表面紧密接触,于是,在定子内表面产生很大的法向力,而使叶片受到法向反力 N 的作用,如图3-14所示。

若叶片沿转子径向放置,处于圆弧段时,叶片的法向力沿径向作用;但处于过渡曲线段时,叶片的法向力 N 与叶片之间形成一个角度,称为压力角 β。随着叶片所处位置不同,压力角 β 的数值也不同,由于定子曲线的升程(即 $R-r$)较大,即曲线较陡,所以压力角的数值比较大。由于存在压力角 β,法向反力可分解为两个力,一个是沿叶片的分力 p,一个是垂直于叶片的分力 T,其关系为

$$p = N\cos\beta$$
$$T = N\sin\beta$$

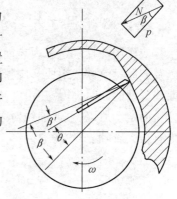

图3-14 双作用叶片泵叶片的倾角

分力 p 使叶片沿槽缩回,而分力 T 则使叶片有发生弯曲的趋势。压力角越大,T 力也越大,它将叶片压紧在叶片槽的侧壁上,增大了叶片与槽的磨损,使叶片运动不灵活,甚至将叶片卡住或者折断。这一问题在压油区更加突出,因为在压油区,T 力与叶片和定子之间的摩擦力方向相同。

因此在双作用式叶片泵中,将叶片相对于转子半径沿转向前倾了一 θ 角,这时的压力角就变成了 β',而 $\beta' = \beta - \theta$。压力角的减小,使 T 力减小,叶片与槽之间的摩擦和磨损也相应减小。理论分析和实践经验证明,一般叶片的前倾角以 $\theta = 10° \sim 14°$ 较为合适。我国设计生产的双作用叶片泵取 $\theta = 13°$。

近年来的研究表明,引入叶片底部的压力油是通过配油孔道以后的压力油,其数值略小于泵工作时的压力。转速越高(即配油孔道的流速越高),此差值越明显。因此,在压油区推动叶片向心运动的力除了定子内表面的推力外,还有液压力,所以上述关于压力角过大使叶片难以缩回的推理就不确切。许多叶片泵的叶片径向布置仍能正常工作就是一个证明。由于沿袭了以前的结构,目前中低压叶片泵多数还是采用叶片前倾的形式。

五、双联叶片泵

双联叶片泵相当于两个双作用式叶片泵的组合。泵的两套转子、定子和配油盘等安装在一个泵体内,泵体有一个公共的吸油口和两个各自独立的压油口,两个转子由同一个传动轴传动,其结构如图3-15所示。两个泵的流量可以任意组合。

双联叶片泵的输出流量可以分开使用,也可以合并使用。例如,在轻载快速时,大小两泵同时供给低压油;在重载慢速时,高压小流量泵单独供油,低压大流量泵卸荷。系统

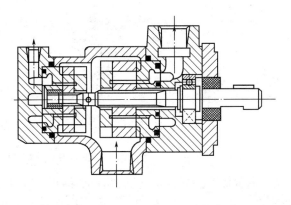

图 3-15 双联叶片泵结构

中采用双联叶片泵可以节省电机数量,节省功率损耗,减少油液发热。双联泵还常用于液压系统需要有两个互不干扰的独立油路中。

六、双作用叶片泵的高压化措施

双作用叶片泵随着工作压力的提高,也会使泄漏增大,容积效率降低;又因为为了保证叶片能和定子内表面紧密接触,叶片底部通压力油。工作压力越高,处于吸油区的叶片越以很大的压紧力抵紧在定子内表面,使磨损加剧,使用寿命降低,成为限制双作用叶片泵压力提高的主要因素。所以叶片泵一般只能用于中压系统。

高压叶片泵主要在结构上采取措施,尽量减小吸油区叶片对定子内表面的压紧力,下面就目前采用的主要结构措施作一简单介绍。

1. 减小作用在叶片底部的液压力

这种结构是在泵的配油装置部分设置一个减压阀或阻尼孔,使压力降低的油液进入吸油区叶片的底部,从而减小了叶片对定子内表面的压紧力。这种方法虽然较好,但液压泵结构较复杂。

2. 使叶片顶部和底部液压力平衡

这种方法常采用双叶片结构,如图 3-16 所示。在转子 2 的叶片槽内装有两个可以相对滑动的叶片 1,以保证每个叶片顶部两个密封边与定子 3 内表面接触。叶片顶部和两侧面都有倒角,两叶片的倒角形成了 V 形通道,底部压力油经通道进入叶片顶部,使叶片顶部和底部液压力平衡,从而减小了叶片对定子内表面的压紧力。这种结构的叶片泵,最高压力可达 17.5MPa。

与双叶片结构类似的还有弹簧叶片结构,如图 3-17 所示,转子 2 的叶片槽内装有叶片 1,叶片顶部和侧面开有半圆形槽,使叶片顶、底部连通,液压力平衡,叶片在底部弹簧力、离心力等作用下压紧定子内表面,接触应力较小,叶片泵工作压力可达 14MPa~17.5MPa。

但在工作过程中,弹簧频繁承受交变载荷,容易引起疲劳破坏。

3. 减小叶片底部的受压面积

叶片底部受压面积 A 为叶片宽度 B 和叶片厚度 δ 之乘积,即 $A = B\delta$。因此,减小叶片宽度 B 和叶片厚度 δ,都可以减小叶片底部受压面积。通常,减小叶片宽度采用母子叶

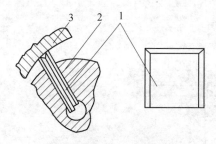
图3-16 双叶片式结构

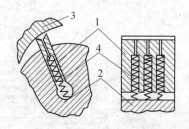
图3-17 弹簧叶片式结构

片结构,减小叶片厚度采用阶梯叶片结构。这里主要介绍母子叶片结构。

母子叶片结构也称复合叶片式,如图3-18所示。叶片由母叶片3和子叶片4两部分组成,在配油盘上开环形槽,使 K 腔始终通压力油,因此,母子叶片间的油室 C_s 始终与压力油相通,母叶片底部的油室 L,经转子1上虚线所示油孔始终和叶片顶部油液相通,因此,无论叶片在吸油区还是在压油区,母叶片顶底压力始终相等。当叶片经过吸油区时,母叶片顶底都是低压油,只有油室 C 中是压力油,使母子叶片分别顶在定子内表面和叶片槽底部。由于 C 室面积小,所以定子内表面所受作用力也不大。这种泵的压力已达21MPa。

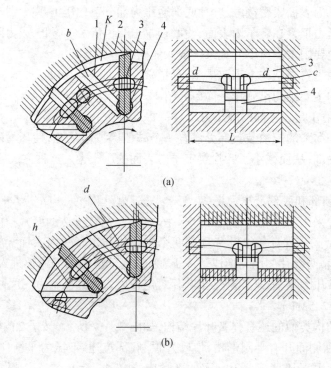

图3-18 子母叶片式结构图

七、单作用叶片泵的工作原理和流量计算

1. 工作原理

图3-19所示为单作用叶片泵的工作原理图。与双作用叶片泵类似,它也是由配油盘1、传动轴2、转子3、定子4、叶片5和泵体6等零件组成。所不同的是,单作用叶片泵

的定子内表面为圆形,定子和转子间有偏心距 e。配油盘上有两个窗口,图中右侧为吸油口,左侧为压油口。定子、转子、叶片和配油盘之间形成了若干密封容积。当转子由原动机带动作逆时针方向旋转时,叶片在离心力作用下紧贴定子内表面,并在转子槽内作往复运动。右边的叶片逐渐伸出,相邻两叶片间的密封容积逐渐增大,形成局部真空,从吸油口吸油。左边的叶片被定子内表面逐渐压进槽内,相邻两叶片间的密封容积逐渐减小,将油液从压油口压出。在吸油口和压油口之间有一段封油区,把吸压油腔隔开,这是过渡区。转子不断旋转,泵就不断地吸油和压油。这种叶片泵转子转一周,相邻两叶片间的密封容积吸油一次、压油一次,因此称单作用式叶片泵。又因为转子上所受的径向液压力不平衡,所以又称非卸荷式叶片泵。其使用压力一般不大于 7MPa。

2. 流量计算

由单作用叶片泵的工作原理可知,当相邻两叶片对称处于 cd 位置时,密封容积最大,对称处于 gh 位置时,密封容积最小。所以,每个密封容积的变化量是两个扇形面积 $abcd$ 和 $efgh$ 之差乘以叶片的宽度 B(图 3 – 20)。若叶片数为 z,则一转压出的体积为 z 个密封容积,即等于一环形体积,那么,单作用叶片泵的排量为

$$V = \pi[(R+e)^2 - (R-e)^2]B = 4\pi ReB \,(\text{ml/r}) \tag{3-32}$$

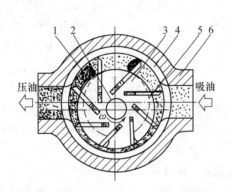 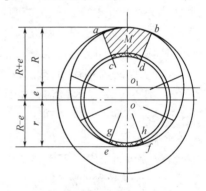

图 3 – 19 单作用叶片泵的工作原理　　图 3 – 20 单作用泵的几何排量计算

一般情况下,单作用叶片泵叶片底部油室和密封容积相通。当叶片处于吸油区时,它和吸油口相通,也参加吸油;当叶片处于压油区时,它和压油口相通,也向外压油。叶片底部吸油和压油作用,正好补偿了密封容积中叶片所占体积的变化。因此,流量公式中可以不考虑叶片的体积。

当泵的转速为 n、容积效率为 η_v 时,单作用叶片的理论流量和实际流量分别为

$$q_t = Vn = 4\pi ReBn \times 10^{-3} (\text{L/min}) \tag{3-33}$$

$$q = q_t \eta_v = 4\pi ReBn\eta_v \times 10^{-3} (\text{L/min}) \tag{3-34}$$

由此可见,单作用叶片的理论流量除了与泵的几何参数和转速有关外,还与定子与转子间的偏心距有关。偏心距为零,输出流量为零;偏心距增大,流量增大;偏心距减小,流量减小。可见,改变偏心距的大小就可以改变流量的大小,因此这种泵通常为变量泵,即变量叶片泵。若转子旋转方向不变,改变偏心距方向,则泵的输油方向也改变。可见,改变偏心距的方向就可以改变输出油液的方向,因此这种泵又为双向泵。一般通过改变定

子的位置来调节偏心矩的大小和方向。调节偏心矩可以手动,也可以自动进行,根据自动调节后泵的流量压力特性的不同,又可分为限压式、稳流量式和恒压式三大类,下面介绍机床中常用的限压式变量叶片泵。

八、限压式变量叶片泵

限压式变量叶片泵是利用泵的输出压力反馈到泵内,对定子进行控制,改变偏心距 e,从而达到对流量的控制,这种泵在液压系统的压力达到限定值后,便自动减小泵的输出流量。它又称压力补偿(或压力反馈)单向变量叶片泵。根据液压力对定子的作用方式不同,限压式变量叶片泵可以分为外反馈和内反馈式两种。

1. 限压式变量叶片泵的工作原理

外反馈限压式变量叶片泵的工作原理如图3-21所示。定子的右侧是限压弹簧3,其弹力可以由螺钉2来调节。转子中心 o_1 是固定的,定子可以左右移动,在限压弹簧3的作用下,定子被推向左侧,使定子中心 o_2 和转子中心 o_1 之间有一原始偏心距 e_0,它决定了泵的最大流量,e_0 的大小可以用调节螺钉1进行调整。液压泵的出口压力油经通道外引到小液压缸内(称外反馈),使柱塞对定子产生一作用力 pA,若摩擦力的影响忽略不计,则此液压力用以平衡限压弹簧的的预压紧力 kx_0(k 为弹簧的刚性系数,x_0 为弹簧的预压缩量),并有压缩弹簧减小偏心矩 e_0 的趋势。负载变化时,pA 发生变化,定子相对转子移动,使偏心矩变化。当 $pA < kx_0$ 时,定子不动,最大偏心量不变,泵输出最大流量;当 $pA = kx_0$ 时,定子即将移动,此时的压力即为液压系统的限定压力;当 $pA > kx_0$ 时,定子向右移动,偏心量减小,泵的流量也减小。压力越高,偏心距越小,泵的流量也越小。当压力升高到使泵的偏心矩减小到所产生的流量只够用来补偿泄漏时,泵的输出流量为零。

内反馈限压式变量叶片泵的工作原理如图3-22所示。它是利用配油盘压油窗口对 y 轴的不对称分布而产生与限压弹簧作用相反的液压力来控制变量的。由于压油口不对称于 y 轴,使定子受到的液压力与 y 轴有一夹角 θ,所以在水平方向产生分力 $p\sin\theta$,当分力 $p\sin\theta$ 超过限压弹簧限定压力时,定子向右移动,偏心距减小,泵的输出流量也减小。

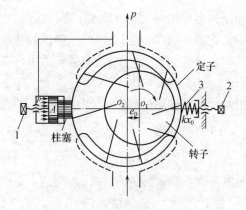

图3-21 外反馈限压式
变量泵工作原理图

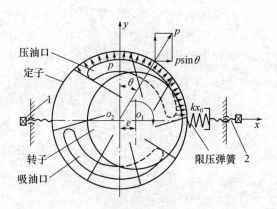

图3-22 内反馈限压式
变量泵工作原理图

2. 限压式变量叶片泵的特性曲线和应用

限压式变量叶片泵的流量压力特性曲线如图 3-23 所示。图中纵坐标表示流量,横坐标表示压力。当泵的工作压力没有超过限定压力 p_B 时,流量按曲线 AB 段变化,实际流量的降低,主要是由泵内泄漏造成的。图中 B 点为特性曲线的转折点,当泵的工作压力超过限定压力 p_B 时,限压弹簧受到压缩,偏心矩减小,流量随压力升高而自动减小,流量按曲线 BC 段变化,直到 C 点为止,流量为零,压力为 p_C,p_C 称极限压力。调节螺钉 1 (图 3-21、图 3-22),可改变最大流量,使特性曲线 AB 段上下平移。调节螺钉 2 可改变限定压力,使特性曲线 BC 段左右平移。若更换不同刚度的限压弹簧,可改变 BC 段的斜率。弹簧的刚度越大 BC 段倾斜得越平缓。

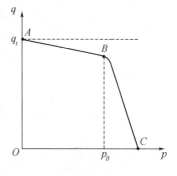

图 3-23 限压式变量叶片泵特性曲线

由于限压式变量泵具有上述特点,故多用于组合机床进给系统实现快进、工进、快退等运动,也可用于定位、夹紧系统。当快进和快退时,需较大的流量和较小的压力,可利用特性曲线的 AB 段;当工作进给时,需要较大压力和较小流量,可利用特性曲线 BC 段。在定位夹紧系统中,定位夹紧部件的移动需要低压大流量,可利用特性曲线的 AB 段,夹紧结束后,仅需维持较大压力和补偿泄漏的流量,则可利用特性曲线接近于 C 点的特性。这种泵和定量泵相比,既可减小功率损耗,又可减少油液发热,还可简化油路,但结构比较复杂,泄漏较大(流量为 40L/min 的泵的泄漏量一般约为 3L/min),使执行机构运动速度不平稳。

3. 限压式变量叶片泵的典型结构

图 3-24 所示为外反馈限压式变量叶片泵的结构图。带动转子 7 转动的轴 2 支承在

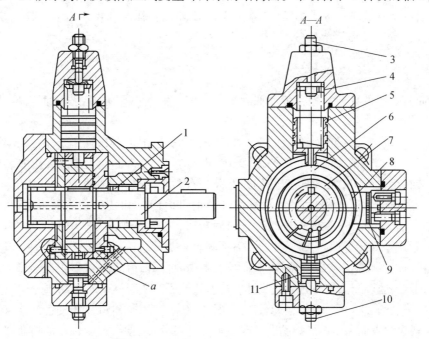

图 3-24 外反馈限压式变量叶片泵结构图

两个滚针轴承 1 上作逆时针方向回转。转子的中心是不变的,定子 6 可以上下移动。滑块随着定子一起移动。为了提高定子对油压变化时反应的灵敏度,滑块支承在滚针 9 上。在弹簧 4 的作用下,通过弹簧座 5 使定子被推向下面,紧靠在活塞 11 上,使定子中心和转子中心之间有一个偏心距 e,偏心距的大小可用螺钉 10 来调节。螺钉 10 调定后,在这一工作条件下,定子的偏心量为最大,即叶片泵的排量最大。液压泵出口的压力油经油孔 a(图 3-24 中虚线所示)引至活塞 11 的下端,使其产生一个改变偏心量 e 的反馈力。通过螺钉 3 可调节限压弹簧 4 的压力,即可改变泵的限定工作压力。

学习单元四　柱　塞　泵

□ 单元学习目标

了解柱塞泵的功用和分类;
掌握柱塞泵的工作原理和结构特点。

□ 单元学习内容

柱塞泵用柱塞和缸体作为主要工作构件。当柱塞在缸体内往复运动时,由柱塞与缸孔组成的密封容积发生变化,实现泵的吸压油过程。由于其主要构件是圆形的柱塞和缸孔,因此加工方便、配合精度高、密封性能好,在高压下工作有较高的容积效率(一般在 95% 左右)。同时,只要改变柱塞的工作行程就能改变泵的流量,故易于实现流量的调节。所以柱塞泵具有压力高(可达 32MPa~40MPa)、结构紧凑、效率高(一般在 90% 以上)以及流量调节方便等优点,常用于需要高压大流量和流量需要调节的龙门刨床、拉床、液压机、飞机等液压系统中,还用于航空发动机燃油系统中。

柱塞泵按柱塞排列方式不同,可分为径向柱塞泵和轴向柱塞泵两类。轴向柱塞泵是目前飞机上所用最主要结构形式。下面分别予以介绍。

一、径向柱塞泵

径向柱塞泵的柱塞排列在传动轴的半径方向,即各柱塞的中心线垂直于传动轴的中心线。

图 3-25 所示为径向柱塞泵的工作原理图。它是由定子 1、缸体 2、柱塞 3、配油轴 4 等组成。定子和转子之间有一偏心矩 e,转子上均匀分布着许多径向孔,孔中装有柱塞,转子套装在配油轴上,配油轴固定不动,上面铣有两个缺口,形成吸油口 b 和压油口 c,留下的部分形成封油区(见剖面图),沿配油轴的轴向小孔 a 和 d 分别与吸压油口相通。当电动机带动转子如图 3-25 作顺时针方向回转时,柱塞在离心力作用下压紧在定子内表面上,由于定子和转子偏心,所以柱塞一方面随转子旋转,另一方面在孔内作往复运动,实现密封容积变化。如图 3-25 所示,柱塞绕经上半周时向外伸出,密封容积逐渐增大,形成局部真空,于是,通过配油轴上的 a 孔吸油。柱塞转到下半周时柱塞缩回,密封容积逐渐减小,通过配油轴上的 d 孔压油。转子每转一周,柱塞在每个径向孔内吸、压油各一次,转子不断旋转,泵就连续吸油和压油。移动定子改变偏心矩的大小,便可改变柱塞的行程,从而改变排量。若改变偏心矩的方向,则可改变输油方向,成为双向变量径向柱塞泵。

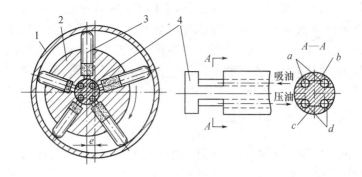

图 3-25 径向柱塞泵的工作原理

由于径向柱塞泵的柱塞径向安装,其体积较大,旋转惯性也大,结构较复杂。又因为其配油轴受到很大的径向不平衡力,影响泵的使用寿命,所以已逐渐被轴向柱塞泵所替代。

二、轴向柱塞泵

轴向柱塞泵的柱塞排列在传动轴的轴线方向,即各柱塞的中心线都是平行(或倾斜)于传动轴中心线的。因此,它除具有径向柱塞泵良好的密封性和较高的容积效率外,还具有结构紧凑、径向尺寸小、旋转惯性小等优点,在国防工业与民用工业上得到了广泛的应用。

轴向柱塞泵按其配油方式分为配油盘配油和配油阀配油。配油盘配油的轴向柱塞泵按其结构特点又可分为倾斜盘式和倾斜缸式两种,这里主要介绍应用较多的倾斜盘式轴向柱塞泵。

1. 轴向柱塞泵的组成及工作原理

倾斜盘式轴向柱塞泵也称直轴式轴向柱塞泵,其工作原理如图 3-26 所示。它是由配油盘 1、缸体 2、柱塞 3、倾斜盘(也称斜盘)4、泵体 5 等组成。斜盘与缸体间倾斜了一个 γ 角。柱塞均布在缸孔中并能在其中自由滑动,柱塞通常为 5 个~11 个,在柱塞底部弹簧或液压力作用下保持头部和斜盘紧密接触,斜盘和配油盘固定不动。当缸体由电动机带动按图示方向逆时针旋转时,由于弹簧和倾斜盘的作用,柱塞一方面随转子旋转,一方

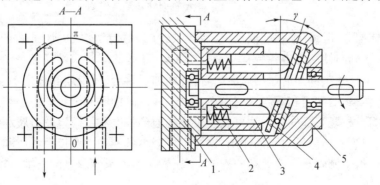

图 3-26 轴向柱塞泵的工作原理图

面在缸孔内往复运动,实现密封容积变化。如图3-26所示,位于 A—A 剖面右半部分的柱塞不断向外伸出,柱塞底部的密封容积逐渐增大,形成局部真空,通过配油盘右配油窗口进行吸油;与此同时,位于 A—A 剖面左半部分的柱塞被斜盘压入缸孔,柱塞底部的密封容积逐渐减小,通过配油盘左配油窗口压油。转子每转一周,每个柱塞完成吸、压油各一次,转子不断旋转,泵就连续进行吸油和压油。改变斜盘倾角 γ,便可改变柱塞的行程,从而改变泵的排量。若改变斜盘倾角的方向,则可改变输油方向,成为双向变量轴向柱塞泵。

轴向柱塞泵的结构形式很多,地面上常用的有 CY14-1 型轴向柱塞泵,飞机上常用的有 YB-20 型轴向柱塞泵。

CY14-1 型轴向柱塞泵的柱塞头部安装有滑履21,是带滑履的一种轴向柱塞泵。其工作压力为32MPa,排量共有 10ml/r~250ml/r 五种规格。

如图3-27所示,CY14-1 型轴向柱塞泵由主体部分(主视图中右半部分)和斜盘部分(主视图中左半部分)所组成。斜盘部分带有变量机构,变量机构有手动、液动、伺服、压力补偿等不同控制方式,还有排量不变的定量泵等,但它们的主体部分是相同的。图3-27所示为一种手动变量泵。

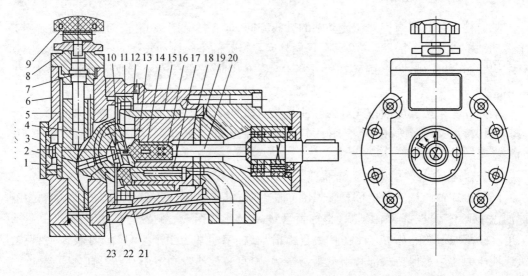

图3-27 CY14-1型轴向柱塞泵结构图

泵的主体部分,缸体18和配油盘19装在泵体内,由传动轴20通过花键带动缸体旋转,缸体的7个轴向柱塞孔中各装有一个柱塞17。柱塞的球状头部各装一个滑履21,抵在倾斜盘4上,柱塞头部和滑履用球面配合,外面加以铆合,使滑履和柱塞不会脱离,但可以相对转动。滑履的端面和倾斜盘的平面接触。柱塞的中心和滑履的中心都加工有直径为1mm的小孔,柱塞底部的压力油可以经过小孔通到柱塞和滑履以及滑履和倾斜盘的相对滑动面间,起到液体静压支承的作用,这样可以减少柱塞和滑履以及滑履和倾斜盘之间的滑动磨损。由于倾斜盘不需要跟着旋转,所以省去了支承倾斜盘的重推力轴承,使结构比较简单。

定心弹簧16装在内套13和外套14中。在弹簧力的作用下,一方面,内套通过钢球

11 和压盘 10 将滑履压向倾斜盘,使柱塞处于吸油位置时,滑履也能保持和斜盘接触,从而使泵具有自吸能力。另一方面,弹簧力使外套压在缸体端面上,和柱塞底孔的压力油作用一起使缸体和配油盘接触良好,以减少泄漏。缸体由铝铁青铜制成,外面镶有钢套 15,并装在滚柱轴承 12 上,这样斜盘给缸体的径向分力可以由滚柱轴承来承受,使传动轴和缸体不受弯矩的作用,保证缸体端面能较好地和配油盘接触。

当传动轴带动缸体回转时,柱塞就在柱塞孔内作往复运动。缸体右端面上的弧形孔就经配油盘上的配油窗口配油,以完成吸油和压油作用。配油盘的结构如图 3－28 所示,a 为吸油口,c 为压油口。外圈的环形槽 d 为卸压槽,与回油相通。两个通孔 b 的作用和一般配油窗口上开的三角槽作用相似,起减小冲击、降低噪声的作用。其余的四个小孔是不通孔,可以起储存润滑油的作用。配油盘外圆上的缺口是安装时定位用的。

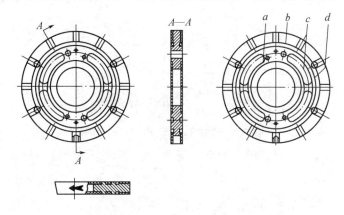

图 3－28　CY14－1 型轴向柱塞泵配油盘的结构

2. 轴向柱塞泵的流量计算

由柱塞泵的工作原理可知,转子每转一转,每个柱塞吸压油各一次,设柱塞直径为 d,柱塞行程为 h,则每个柱塞一次压油为

$$V = \frac{\pi d^2}{4} hz$$

设转子上共有 z 个均匀分布的柱塞,而柱塞的分布圆直径为 D,倾斜盘的斜角为 γ,则转子每转一周,柱塞的行程为 $h = D\tan\gamma(\text{cm})$,故柱塞泵的排量为(图 3－29)

$$V = \frac{\pi d^2}{4} D\tan\gamma z (\text{ml/r}) \tag{3－35}$$

再设泵的转速为 n,容积效率为 η_v,则可得柱塞泵的理论流量和实际流量为

$$q_t = Vn = \frac{\pi d^2}{4} D\tan\gamma zn \times 10^{-3}(\text{L/min}) \tag{3－36}$$

$$q = q_t \eta_v = \frac{\pi d^2}{4} D\tan\gamma zn\eta_v \times 10^{-3}(\text{L/min}) \tag{3－37}$$

由此可见,轴向柱塞泵的理论流量除了与泵的几何参数和转速有关外,还与柱塞数及斜盘的倾角 γ 有关,改变倾角的大小和方向,就可改变排量的大小和输油方向,所以这种泵为双向变量轴向柱塞泵。

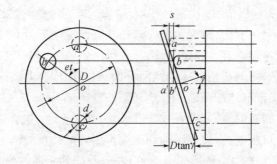

图 3-29 柱塞运动规律示意图

图 3-29 所示为柱塞运动规律示意图。当缸体转过 φ 角时,柱塞由 a 转至 b,其位移量 s 为

$$s = a'b' = oa' - ob' = (R - R\cos\varphi)\tan\gamma \text{(cm)}$$

将上式进行微分,得柱塞运动速度为

$$v = \frac{ds}{dt} = \frac{ds}{d\varphi} \cdot \frac{d\varphi}{dt} = R\omega\tan\gamma\sin\varphi \text{(cm/s)} \qquad (3-38)$$

由式(3-38)可知,柱塞运动速度按正弦规律变化,所以其瞬时流量也按正弦规律变化,即轴向柱塞泵的流量是脉动的。通常以流量脉动系数来评价输出流量的均匀性。其脉动系数为

$$\delta = \frac{q_{s\max} - q_{s\min}}{q_{s\max}} \qquad (3-39)$$

经过推演,可以证明:

当柱塞数为奇数时,$\delta = 2\sin^2\dfrac{\pi}{4z}$;

当柱塞数为偶数时,$\delta = 2\sin^2\dfrac{\pi}{2z}$。

轴向柱塞泵的流量脉动系数与柱塞数 z 的关系如表 3-1 所列。由表中可以看出,柱塞数越多,流量脉动系数越小且柱塞数为奇数时的脉动系数小得多,所以一般轴向柱塞泵的柱塞数都取奇数且常用柱塞数多为 $z=7$ 个或 $z=9$。

表 3-1 轴向柱塞泵 z 与 δ 的关系

柱塞数 z	5	6	7	8	9	10	11
流量脉动系数 $\delta/\%$	4.89	13.4	2.51	7.61	1.52	4.89	1.03

学习单元五　其他类型液压泵简介

□ 单元学习目标

了解其他类型液压泵的功用和分类;

掌握其他类型液压泵的工作原理和结构特点。

□ 单元学习内容

除齿轮、叶片和柱塞泵外,还有其他类型的液压泵,下面以转子泵和螺杆泵为例加以说明。

一、转子泵

转子泵也称内啮合摆线齿轮泵,其工作原理如图 3-30 所示,图中,齿形为短幅外摆线的等距线的小齿轮称内转子,齿形为圆弧的内齿轮称外转子。该泵由配油盘、外转子和偏心安装在泵体内的内转子等组成。内外转子相差一个齿,图示转子泵中,外转子为 7 个齿,内转子为 6 个齿,泵体与配油盘以及内外转子的啮合形成了若干个密封容积,当电动机带动内转子绕 o_1 作逆时针方向旋转时,带动外转子绕中心 o_2 作同向异速旋转。这时,图 3-31(a)中由内转子齿顶 1 和外转子齿槽 1′形成的密封容积(图中阴影部分),随着转子的转动密封容积逐渐增大,形成局部真空,油液从右配油窗口被吸入密封腔,至图 3-31(d)位置时,密封容积最大,吸油完毕。转子继续旋转,充满油液的密封容积逐渐减小,油液受到挤压,被迫从左配油窗口排出,至内转子的另一轮齿全部和外转子的齿槽 1′啮合时,压油完毕。转子每转一周,内转子齿顶和外转子齿槽所形成的密封容积完成一次吸压油过程。内转子连续旋转,转子泵便不断吸油和压油。

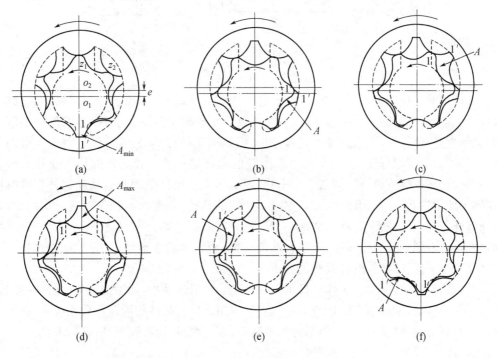

图 3-30 摆线转子泵的工作原理图

转子泵结构紧凑、体积小、零件少、噪声低、啮合时重叠系数大、传动平稳、容积效率高、流量脉动小、适应于高转速(1000r/min)等优点。缺点是齿形复杂,加工精度要求高,因此制造费用高,仅在低压系统中用。

二、螺杆泵

螺杆泵的结构和工作原理如图 3-31 所示。它由 1 根双头右旋主动螺杆 4 和 2 根双头左旋从动螺杆 5 以及泵体 6、泵盖 1 和 7 等主要零件组成。泵体内 3 根螺杆互相啮合,螺杆泵工作时,压力油作用于螺杆的右端,将螺杆往左推,在从动螺杆的左端装有止推铜套 3 以承受轴向液压力。止推铜套与螺杆一起旋转并支承在泵盖 1 的端面上,为了润滑止推轴承,吸油腔油液经通道 a 引入止推铜套的润滑槽内。主动螺杆右侧装有铜套 8,铜套用锥销连接在螺杆上,由于铜套的轴向受压面积大于主动螺杆的有效轴向受压面积,因此主动螺杆被推向右端,这一轴向力通过铜套 8 作用在右端泵盖 7 的端面上,铜套上开有油槽以保证压力油进入止推面进行润滑。当泵压未形成时,主动螺杆有可能被推向左端,这时左端面支承在铜垫 2 上。

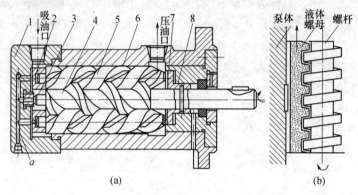

图 3-31 螺杆泵

螺杆泵的工作原理与丝杠螺母啮合相同,当丝杠转动时,如果螺母用滑键连接,则螺母将产生轴向移动,图 3-31(b)所示为螺杆泵工作原理示意图,充满螺杆凹槽中的液体相当于一个液体螺母,并假想受到滑键作用,因此当螺杆转动时,液体螺母将产生轴向移动。实际上,限制螺母转动的,是相当于滑键的主动螺杆和与其共轭的从动螺杆的啮合线。而啮合线把螺旋槽分割成若干个密封容积,当主动螺杆带动两根从动螺杆作顺时针(从轴头伸出端看)方向旋转时,随着空间啮合线的移动,各密封容积作轴线方向的移动。主动螺杆每转一转,密封容积就移动一个导程。在泵的左端,密封容积逐渐增大,完成吸油过程。随着螺杆的继续转动,在泵右端油口处,密封容积逐渐减小,完成压油过程。主动螺杆连续旋转,螺杆泵就连续吸油和压油。

螺杆泵具有结构紧凑、工作平稳可靠、噪声小、流量脉动小、无困油现象、允许转速高、使用寿命长等一系列优点,因此目前已较多地应用于精密机械的液压传动系统中,在化工食品工业等部门也应用较广。但螺杆齿形复杂,加工困难,精度要求高,制造困难。

学习单元六 液压泵的选用

□ 单元学习目标

了解各类液压泵的性能比较和应用;

掌握各类液压泵的选用原则。

□ 单元学习内容

以上分别介绍了液压系统中常用的各类液压泵,在设计液压系统时,应根据液压设备的工作情况、使用环境和系统所要求的压力、流量、工作稳定性等来确定泵的具体规格和形式。同时还应考虑能量的合理使用和系统发热等问题。此外,液压泵的转速、效率、质量和体积、使用环境和温度,安装位置、维护保养、使用寿命等也必须有所考虑。另外,经济性问题也应引起足够的重视。

为了满足液压系统的工作需要和性能要求,合理选用液压泵,特将各类液压泵的性能比较和应用举例列于表3-2中,供选用时参考。

表3-2 各类液压泵的性能比较及应用举例

类别 性能	齿轮泵	转子泵	螺杆泵	叶片泵		柱塞泵			
						径向		轴向	
				双作用	单作用	轴配油	阀配油	斜盘式	斜缸式
压力 /MPa	<20	1.6~16	2.5~10	6.3~21	≤7	10~20	≤40	20~35	20~35
排量 /(ml/r)	0.3~650	2.5~150	1~9200	0.5~480	1~320	20~720	1~150	0.5~560	0.2~3600
转速 /(r/min)	300~700	1000~4500	1000~18000	500~4000	500~2000	700~1800	200~2200	600~60000	
容积效率	0.7~0.95	0.75~0.95	0.8~0.95	0.8~0.9	0.85~0.95	0.85~0.95	0.9~0.98		
总效率	0.6~0.85	0.65~0.80	0.7~0.85	0.75~0.85	0.7~0.85	0.75~0.92		0.85~0.95	
流量脉动率	大	小	很小	很小	中等	中等	中等	中等	中等
自吸性能	好	好	好	较差	较差	差	差	较差	较差
污染敏感性	不敏感	不敏感	不敏感	敏感	敏感	敏感	敏感	敏感	敏感
噪声	大	小	很小	小	较大	大	大	大	大
寿命	较短	长	很长	较长	较短	长	长	长	长
价格	最低	低	较高	中等	较高	高	高	高	高
应用举例	机床、工程机械、农业机械、一般机械		精密机床、精密机械	机床、注塑机、液压机、飞机、工程机械		工程机械、锻压机械、起重运输机械、船舶、飞机、矿山机械、冶金机械			

学习单元七　液压泵常见故障及其排除方法

□ **单元学习目标**

了解各类液压泵的常见故障；

掌握各类液压泵的常见故障及排除方法。

□ **单元学习内容**

液压泵常见故障及其排除方法如表3-3所列。

表3-3　液压泵常见故障及其排除方法

故障现象	产　生　原　因	排　除　方　法
不排油或无压力	①原动机和液压泵转向不一致； ②油箱油位过低； ③吸油管或滤油器堵塞； ④启动时转速过低； ⑤油液黏度过大或叶片移动不灵活； ⑥叶片泵配油盘与泵体接触不良或叶片在滑槽内卡死； ⑦进油口漏气； ⑧组装螺钉过松	①纠正转向； ②补油至油标线； ③清洗吸油管路或滤油器,使其畅通； ④使转速达到液压泵的最低转速以上； ⑤检查油质,更换黏度适合的液压油或提高油温； ⑥修理接触面,重新调试,清洗滑槽和叶片,重新安装； ⑦更换密封件或接头； ⑧拧紧螺钉
流量不足或压力不能升高	①吸油管或滤油器部分堵塞； ②吸油端连接处密封不严,有空气进入,吸油位置太高； ③叶片泵个别叶片装反,运动不灵活； ④泵盖螺钉松动； ⑤系统泄漏； ⑥齿轮泵轴向和径向间隙过大； ⑦叶片泵定子内表面磨损； ⑧柱塞泵的柱塞与缸体或配油盘与缸体间磨损,柱塞回程不够或不能回程,引起缸体与配油盘间失去密封； ⑨柱塞泵变量机构失灵； ⑩侧板端磨损严重,漏损增加； ⑪溢流阀失灵	①除去脏物,使吸油管畅通； ②在吸油端连接处涂油,若有好转,则紧固连接件,或更换密封,降低吸油高度； ③逐个检查,不灵活叶片应重新研配； ④适当拧紧； ⑤对系统进行顺序检查； ⑥找出间隙过大部位,采取措施； ⑦更换零件； ⑧更换柱塞,修磨配流盘与缸体的接触面,保证接触良好,检查或更换中心弹簧； ⑨检查变量机构,纠正其调整误差； ⑩更换零件； ⑪检修溢流阀

(续)

故障现象	产　生　原　因	排　除　方　法
噪声严重	①吸油管或滤油器部分堵塞； ②吸油端连接处密封不严,有空气进入,吸油位置太高； ③从泵轴油封处有空气进入； ④泵盖螺钉松动； ⑤泵与联轴器不同心或松动； ⑥油液黏度过高,油中有气泡； ⑦吸入口滤油器通过能力太小； ⑧转速太高； ⑨泵体腔道阻塞； ⑩齿轮泵齿形精度不高或接触不良,泵内零件损坏； ⑪齿轮泵轴向间隙过小,齿轮内孔与端面垂直度或泵盖上两孔平行度超差； ⑫溢流阀阻尼孔堵塞； ⑬管路振动	①除去脏物,使吸油管畅通； ②在吸油端连接处涂油,若有好转,则紧固连接件,或更换密封,降低吸油高度； ③更换油封； ④适当拧紧； ⑤重新安装,使其同心,紧固连接件； ⑥换黏度适当的液压油,提高油液质量； ⑦改用通过能力较大的滤油器； ⑧使转速降至允许最高转速以下； ⑨清理或更换泵体； ⑩更换齿轮或研磨修整,更换损坏零件； ⑪检查并修复有关零件； ⑫拆卸溢流阀清洗； ⑬采取隔离消振措施
泄漏	①柱塞泵中心弹簧损坏,使缸体与配流盘间失去密封性； ②油封或密封圈损伤； ③密封表面不良； ④泵内零件间磨损、间隙过大	①更换弹簧； ②更换油封或密封圈； ③检查修理； ④更换或重新配研零件
过热	①油液黏度过高或过低； ②侧板和轴套与齿轮端面严重摩擦； ③油液变质,吸油阻力增大； ④油箱容积太小,散热不良	①更换成黏度适合的液压油； ②修理或更换侧板和轴套； ③换油； ④加大油箱,扩大散热面积
柱塞泵变量机构失灵	①在控制油路上可能出现阻塞； ②变量头与变量体磨损； ③伺服活塞、变量活塞以及弹簧心轴卡死	①净化油,必要时冲洗油路； ②刮修,使圆弧面配合良好； ③如机械卡死,可研磨修复,如油液污染,则清洗零件并更换油液
柱塞泵不转	①柱塞与缸体卡死； ②柱塞球头折断,滑履脱落	①研磨,修复； ②更换零件

学习单元八　液压马达

单元学习目标

了解液压马达的功用和分类；
掌握液压马达的工作原理和结构特点。

□ 单元学习内容

因为液压马达和液压泵从原理上讲是互逆的,所以有哪一种液压泵便有哪一种液压马达。只是由于用途不同而结构上略有差别。齿轮马达因输出转矩小,低速运动时不稳定,一般用于高速小转矩场合,机床上应用较多的是双作用叶片马达和柱塞马达,下面分别予以介绍。

一、双作用叶片马达

双作用叶片马达的结构如图 3-32 所示,它也是由定子、转子、叶片、配油盘、壳体等主要零件组成。和双作用叶片泵相比,双作用叶片马达在结构上有以下区别。

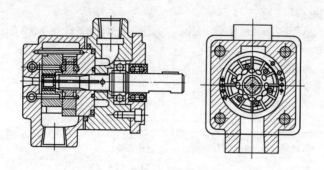

图 3-32 双作用叶片马达结构图

(1) 为了保证通入压力油后马达能立即旋转,必须在叶片底部设置燕式弹簧,使叶片压紧在定子内表面上以保证良好的密封。

(2) 为了适应马达正反转的要求,叶片径向放置,顶端对称倒角。进出油口大小相同。

(3) 为了保证在进出油口变换时叶片底部始终通高压油,将叶片压向定子以保证可靠接触,叶片马达在通往叶片底部的油路中设置了一组特殊结构的单向阀即梭阀,其工作原理如图 3-33 所示,由于采用了两个并联的梭阀,所以当进入叶片马达的油液方向改变时,便可使叶片底部始终通高压油,叶片可靠地压紧定子内表面。

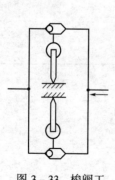

图 3-33 梭阀工作原理示意图

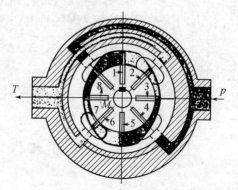

图 3-34 双作用式叶片马达工作原理图

双作用叶片马达的工作原理如图3-34所示。当压力为 p 的油液从进油口进入叶片之间时,位于进油腔的叶片有3、4、5和7、8、1两组。分析叶片的受力情况,可以看出,叶片4、8两侧均受高压油的作用,作用力互相抵消,因而不产生转矩,位于封油区的叶片,一面受高压油的作用,另一面受排回油箱的低压油的作用,所以能产生转矩。同时,叶片1、5和叶片3、7的受力方向相反,叶片1、5产生的转矩使转子顺时针回转,叶片3、7产生的转矩使转子逆时针回转。但因叶片1、5伸出较长,液压力的作用面积大,力臂也长,所以产生的转矩大于叶片3、7产生的转矩,叶片1、5和叶片3、7产生的转矩差就是叶片马达输出的转矩。当定子的长短半径差值越大以及输入液体压力越高时,液压马达的输出转矩也就越大。

如果改变输油方向,则马达的旋转方向也改变。

叶片马达结构紧凑,体积小,转动惯量小,因此动作灵敏,输出转矩比较均匀,低速性能优于齿轮马达,所以适用于高速低转矩及要求动作灵敏的工作场合。

二、柱塞马达

柱塞马达按柱塞排列方式可分为轴向柱塞式和径向柱塞式两类。

1. 轴向柱塞马达

轴向柱塞马达的结构形式基本上与轴向柱塞泵相同,前述章节中轴向柱塞泵可直接作为轴向柱塞马达来使用。图3-35所示为倾斜盘式轴向柱塞马达的工作原理图。当柱塞处于进油腔的位置时,柱塞在液压力的作用下抵住倾斜盘,于是斜盘就给柱塞以反作用力 F。反作用力 F 可以分解为轴向分力 F_x 和径向分力 F_y,其轴向分力 F_x 和作用在柱塞上的液压力相平衡,径向分力 F_y 则由于与转子中心有一定的距离,从而产生一定的转矩,驱动转子旋转,使马达工作。

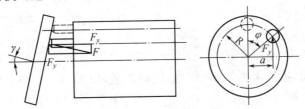

图3-35 轴向柱塞液压马达的工作原理

显然,进出油口互换时,马达旋转方向也改变。

轴向柱塞马达结构紧凑,径向尺寸小,又由于柱塞和柱塞孔形成的工作容积密封性能好,因此能在高转速和较高压力的条件下工作,转速范围大,变速和换向动作灵活。

2. 径向柱塞马达

图3-36(a)所示为内曲线径向柱塞马达的结构原理图,图3-36(b)所示为受力分析图。凸轮环1(即壳体)的内表面由 x 个形状完全相同的曲线均匀分布而成,每个曲线凹部的顶点将曲线分成两段,允许柱塞组向外伸的一边为工作段(进油段),与它对称的另一边称为空载段(回油段)。由于凸轮环1固定不动,称为定子。缸体2中,沿圆周径向均匀分布着 z 个柱塞缸孔,缸孔中装有柱塞,缸孔底部有一配油窗口,并与配油轴6的配油孔

道相通。由于缸体可以旋转，所以称为转子。转子经传动轴与外界的工作机构相连。柱塞的顶部，顶压在横梁上，其底部与配油轴的进回油口相通。横梁3的两端设有两个滚轮5，滚轮5又顶紧在定子的内表面曲线上。配油轴6固定不动，其上沿圆周方向均匀地开设了$2x$个配油窗口，这些配油窗口交替地分成两组，通过配油轴上的两个轴向孔（图中未表示出）分别和进回油口相通。每一组的x个配油窗口应分别对准6个同向的曲线（其实为曲面）ab或bc。假定内曲线ab段对应进油区，bc段对应回油区。在图示位置时，柱塞Ⅳ、处于回油状态，柱塞Ⅰ、Ⅲ、Ⅴ、Ⅶ处于过渡状态，既不和进油相通，也不和回油相通。柱塞Ⅱ、Ⅵ在压力油的作用下，将横梁和滚轮压向定子内曲线，于是在接触处定子对滚轮产生一反作用力F（图3-36(b)），反力F可以分解为两个力，即径向力F_f和切向力F_T。径向力F_f与柱塞的轴向液压力平衡，切向力F_T对转子的中心形成转矩，通过横梁的侧面传递给转子，使转子旋转。

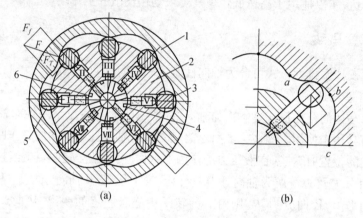

图3-36 内曲线马达工作原理
1—凸轮环；2—缸体；3—横梁；4—配流窗口；5—滚轮；6—配油轴。

柱塞滚轮组进入ab段，则会产生转矩推动转子旋转。随着转子旋转，柱塞外伸，直到b点为止。进入bc段后，柱塞底部与回油口相通，柱塞内缩排油。在a、b、c三点，柱塞底部被配油轴封闭，此时柱塞也正好没有径向位移。由于曲线数（图中x为6）与柱塞数（图中z为8）不相等，因此总有一部分柱塞处于定子曲面ab段，也总有一部分柱塞处于定子曲面bc段，从而使转子2带动输出轴均匀连续旋转，因此，作用次数x和柱塞数z不能出现相等的结构。

由于转子每转一周，柱塞作多次往复运动，所以称多作用内曲线径向柱塞马达。

径向柱塞马达的主要特点是排量大、体积大、转速低，有的可低到每分钟几转甚至零点几转，因此可以直接与工作机构连接，不需要减速装置，使传动机构大大简化。通常低速液压马达的输出转矩较大，可以达几kN·m，所以又称为低速大转矩液压马达。

三、液压马达常见故障及其排除方法

液压马达常见故障及其排除方法如表3-4所列。

表 3-4 液压马达常见故障及其排除方法

故障现象	产生原因	排除方法
转速低输出转矩小	①由于滤油器阻塞,油液黏度过大,泵间隙过大,泵效率低,使供油量不足; ②电机转速低,功率不匹配; ③密封不严,有空气进入; ④油液污染,堵塞马达内部通道; ⑤油液黏度小,内泄漏增大; ⑥油箱中油液不足或管径过小或过长; ⑦齿轮马达侧板和齿轮两侧面、叶片马达配油盘和叶片等零件磨损造成内泄漏和外泄漏; ⑧单向阀密封不良,溢流阀失灵	①清洗滤油器,更换黏度适合的油液,保证供油量; ②更换电机; ③紧固密封; ④拆卸、清洗马达,更换油液; ⑤更换黏度适合的油液; ⑥加油,加大吸油管径; ⑦对零件进行修复; ⑧修理阀芯和阀座
噪声过大	①进油口滤油器堵塞,进油管漏气; ②联轴器与马达不同心或松动; ③齿轮马达齿形精度低,接触不良,轴向间隙小,内部个别零件损坏,齿轮内孔与端面不垂直,端盖上两孔不平行,滚针轴承断裂,轴承架损坏; ④叶片和主配油盘接触的两侧面、叶片顶端或定子内表面磨损或刮伤,扭力弹簧变形或损坏; ⑤径向柱塞马达的径向尺寸严重磨损	①清洗,紧固接头; ②重新安装调整或紧固; ③更换齿轮,或研磨修整齿形,研磨有关零件重配轴向间隙,对损坏零件进行更换; ④根据磨损程度修复或更换; ⑤修磨缸孔,重配柱塞

习题与思考题

1. 泵的额定压力 p、额定流量 q 已确定,若管路损失忽略不计,求题 1 图所示各工况下,泵的工作压力(压力表读数)为多大?

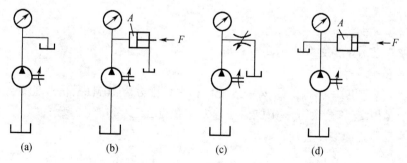

题 1 图 不同工况下泵的工作压力

2. 某液压泵的额定压力 $p=20\text{MPa}$,额定流量 $q=60\text{L/min}$,容积效率 $\eta_v=0.9$,机械效率 $\eta_m=0.9$,试求该泵输出的液压功率及驱动泵的电机功率?

3. 如题 3 图所示两种油路中,外负载 F 和阻尼孔尺寸不变,当泵的转速增高之后,泵的出口压力会不会变?为什么?(略去管道损失)

4. 齿轮泵为什么会发生困油现象?困油现象有什么危害?如何消除?

5. 一齿轮泵的齿轮模数 $m=3\text{mm}$,齿数 $Z=15$,齿宽 $B=25\text{mm}$,转速 $n=1450\text{r/min}$,在额定压力下输出流量 $q=25\text{L/min}$,该泵的容积效率是多少?

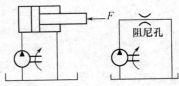

题 3 图

6. 双作用叶片泵定子曲线的易磨损区在吸油区还是压油区?为什么?

7. 已知双作用叶片泵的结构尺寸是:定子长半径 $R=32.5\text{mm}$,短半径 $r=28.5\text{mm}$,叶片厚度 $\delta=2.25\text{mm}$,叶片宽度 $B=24\text{mm}$,叶片数 $Z=12$,叶片倾角 $\theta=13°$,转速 $n=960\text{r/min}$ 时的理论流量是多少?

8. 某变量叶片泵的转子外径 $d=83\text{mm}$,定子内径 $D=89\text{mm}$,叶片宽度 $B=30\text{mm}$,若定子与转子之间的最小间隙选为 0.5mm,求:

(1) 每转排量 $V=16\text{ml/r}$ 时,其偏心量是多少?

(2) 此泵最大可能排量是多少?

9. 某限压式变量叶片泵的最大工作压力 $p_{\max}=6\text{MPa}$,限定压力 $p_B=2\text{MPa}$,此刻泵的流量 $q=40\text{L/min}$,若不计泄漏,求:

(1) 泵处在上述情况下,若工作压力 $p=4\text{MPa}$,其输出流量为多少?

(2) 若要求工作压力 $p=4\text{MPa}$ 时,输出流量 $q=25\text{L/min}$,因此要重新调整,问调整之后的限定压力为多少?

10. 一变量轴向柱塞泵,有 9 个柱塞,其分布圆直径 $D=125\text{mm}$,柱塞直径 $d=16\text{mm}$,若泵以 3000r/min 运转,其输出流量 $q=50\text{L/min}$。倾斜盘倾角是多少?

11. 设某轴向柱塞泵的柱塞直径 $d=22\text{mm}$,分布圆直径 $D=68\text{mm}$,柱塞数 $Z=7$,当倾斜盘的倾角 $\gamma=22°33'$,转速 $n=960\text{r/min}$,输出压力 $p=10\text{MPa}$,$\eta_v=0.95$,$\eta_m=0.9$,试计算:

(1) 理论流量;

(2) 实际流量;

(3) 所需电机功率。

12. 液压泵的配油方式有哪些?各用于什么泵?哪些泵能实现单向或双向变量?画出各种泵的图形符号。

13. 已知某液压马达的排量 $V=250\text{ml/r}$,进口压力为 10MPa,出口压力为 0.5MPa,其总效率为 0.9,容积效率 $\eta_v=0.92$。当输入流量为 22L/min 时,试求:

(1) 液压马达的实际转速;

(2) 液压马达的输出转矩。

模块四　液压缸

学习单元一　液压缸的分类及特点

□ 单元学习目标

了解液压缸的功用和分类；
掌握液压缸的工作原理、参数计算和特点。

□ 单元学习内容

液压缸(也称作动筒)作为液压传动系统的执行元件,以直线性往复运动或回转摆动的形式,将液压能转换为机械能而驱动工作机构运动。

液压缸按其结构特点可分为活塞式、柱塞式和摆动式三大类。活塞式和柱塞式实现往复直线运动,输出推力和速度,摆动式实现往复摆动运动,输出转矩和转速。

按其作用方式可分为单作用液压缸和双作用液压缸两大类。单作用液压缸利用液压力控制液压缸一个方向的运动,而反方向运动则靠重力或弹簧力等实现;双作用液压缸则是利用液压力实现液压缸正反两个方向的运动。

按其使用压力不同,可分为中低压、中高压、高压液压缸三大类。机床上一般采用中低压液压缸;建筑机械和飞机上一般采用中高压液压缸;压力机等一般采用高压液压缸。

按其使用数目不同可分单个使用液压缸、组合使用液压缸和与其他机构组合使用液压缸等,以完成特殊的功用。

液压缸结构简单,工作可靠,制造容易,维修方便,因此在机床液压系统及其他工业部门中应用相当广泛。

表4-1列出了各类液压缸的名称,图形符号,并对它们进行了简要的说明。下面分别介绍几种常用的液压缸。

表4-1　液压缸的分类及特点

分类	名称	符号	说明
单作用液压缸	柱塞式液压缸		柱塞仅单向运动,返回行程是利用自重或负荷将柱塞推回
	单活塞杆液压缸		活塞仅单向运动,返回行程是利用自重或负荷将活塞推回
	双活塞杆液压缸		活塞的两侧都装有活塞杆,只能向活塞一侧供给压力油,返回行程通常利用弹簧力、重力或外力
	伸缩液压缸		它以短缸获得长行程,用液压油由大到小逐节推出,靠外力由小到大逐节缩回

(续)

分类	名称	符号	说明
双作用液压缸	单活塞杆液压缸		单边有杆,双向液压驱动,两向推力和速度不等
	双活塞杆液压缸		双向有杆,双向液压驱动,可实现等推力等速度往复运动
	伸缩液压缸		双向液压驱动,伸出由大到小逐节推出,由小到大逐节缩回
组合液压缸	弹簧复位液压缸		单向液压驱动,由弹簧力复位
	串联液压缸		用于缸的直径受限制而长度不受限制处,可获得大的推力
	增压缸(增压器)		由低压室 A 缸驱动,使 B 室获得高压油源
	齿轮齿条液压缸		活塞的往复运动经装在一起的齿条驱动齿轮获得往复回转运动
摆动液压缸			输出轴直接输出扭矩,其往复回转的角度小于 360°

一、活塞式液压缸

在缸体内相对往复运动的组件为活塞的液压缸称为活塞式液压缸。按照活塞与杆连接的数目,可分为双活塞杆、单活塞杆及无活塞杆三大类,按照作用方式可分为双作用式及单作用式两类,下面主要介绍应用最多的双作用式。

1. 双作用双活塞杆液压缸

双活塞杆液压缸的特点是:液压缸两腔的活塞杆直径和活塞有效作用面积相等。因此,当液压缸两腔的流量相同时,活塞(或缸体)往复运动速度相等。在供油压力相等的条件下,活塞两个方向所产生的推力也相等。

双活塞杆液压缸根据其活塞杆固定还是缸体固定又可分为实心双杆液压缸和空心双杆液压缸两种,如图 4-1 和图 4-2 所示。

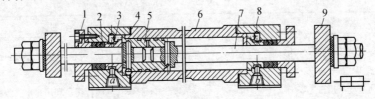

图 4-1 实心双杆液压缸

图 4-1 所示为 M7120A 平面磨床的实心双杆液压缸结构图。它由压盖 1、密封圈 2、导向套 3、密封垫 4、活塞 5、缸体 6、活塞杆 7、缸盖 8 等组成。缸体固定在床身上,活塞杆

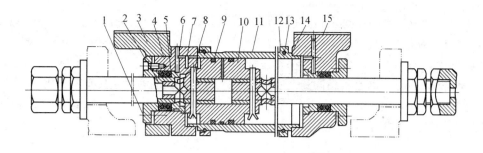

图 4-2 空心双杆液压缸

和工作台通过支架 9 相连接,动力由活塞杆传出。压力油经孔 a 或 b 进入液压缸左腔或右腔,推动活塞带动工作台往复运动,工作台的移动范围约等于活塞有效行程 l 的 3 倍,(图 4-3),所以占地面积大,一般适用于小型机床。图 4-2 所示为空心双活塞杆液压缸结构图。它由压盖 1、空心活塞杆 2、端盖 4 和 15、密封圈 5 和 9、排气孔 6、套 7、销 8、活塞 10、缸体 11 以及密封垫 14 等组成。活塞杆固定在床身上,缸体用支架 3 和右盖 15 同工作台连接,动力由缸体传出。端盖 4 和 15 用螺钉(图中未示出)连接在套筒 12 上,通过半圆环 13 固定在缸体 11 上,压力油经活塞杆 2 的中心孔和径向孔进入液压缸的右腔或左腔,推动缸体带动工作台往复运动。进出油口也可以安装在缸体两端,但要使用软管连接。这种液压缸使工作台的运动范围约等于活塞有效行程的 2 倍(图 4-4),所以占地面积小,常用于中、大型机床上。

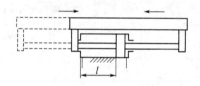

图 4-3 实心双杆
液压缸的运动范围

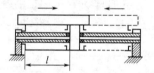

图 4-4 空心双杆
液压缸的运动范围

双活塞杆液压缸推力和速度计算为

$$F = A(p_i - p_o) = \frac{\pi(D^2 - d^2)}{4}(p_i - p_o)(N) \tag{4-1}$$

式中 F——双向推力(N);

A——活塞的有效作用面积(m^2);

p_i、p_o——液压缸进、回油压力(Pa);

D、d——活塞和活塞杆的直径(m)。

$$v = \frac{q}{A} = \frac{4q}{\pi(D^2 - d^2)}(m/s) \tag{4-2}$$

式中 v——液压缸的双向速度(m/s);

q——输入液压缸的流量(m^3/s)。

2. 双作用单活塞杆液压缸

单活塞杆液压缸的特点是：仅在液压缸的一腔中有活塞杆，因此缸两腔有效面积不等，活塞杆直径越大，有效面积相差越大。所以，当输入液压缸两腔的流量和压力相同时，液压缸两个方向的运动速度和推力都不相等。

单活塞杆液压缸也有实心杆和空心杆两种。图4-5所示为定位或夹紧用的实心单杆液压缸。这种液压缸的行程一般都比较短，对活塞密封性的要求不高，结构较简单。为了充分利用液压缸两腔的有效作用面积，一般活塞杆较细。

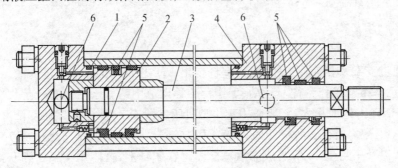

图4-5 实心单杆液压缸
1—缸体；2—活塞；3—活塞杆；4—端盖；5—密封件；6—进出油口。

图4-6所示为液压滑台用空心单杆液压缸的结构图。它由缸体3、活塞1、空心活塞杆4、支架2和6以及油管5等组成。空心活塞杆固定在床身上，缸体3通过支架2和6与滑台连接。油管5装在空心活塞杆4的中心，油液分别通过油管5和活塞杆4的内孔进入液压缸的左腔和右腔，推动缸筒带动滑台往复运动。

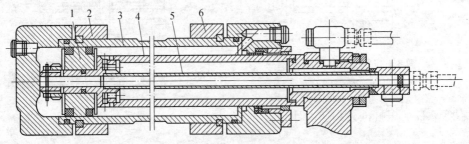

图4-6 空心单杆液压缸
1—活塞；2—支架；3—缸体；4—活塞杆；5—空心管道；6—支架。

单活塞杆液压缸也有缸体固定和活塞杆固定两种形式，它们的工作台运动范围是相同的，都约等于活塞杆有效行程的两倍，如图4-7所示。

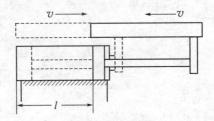

图4-7 双作用单活塞杆液压缸运动范围图

单活塞杆液压缸的推力和速度计算分别如下。

无杆腔进油(图4-8(a))时,则

$$F_1 = A_1 p_i - A_2 p_o = \frac{\pi}{4}[D^2(p_i - p_o) + d^2 p_o](\text{N}) \quad (4-3)$$

$$v_1 = \frac{q}{A_1} = \frac{4q}{\pi D^2}(\text{m/s}) \quad (4-4)$$

式中 F_1——无杆腔产生的推力(N);

A_1、A_2——无杆腔、有杆腔的有效工作面积(m^2);

v_1——无杆腔进油时的运动速度(m/s)。

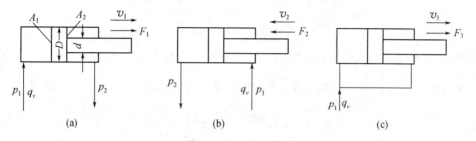

图4-8 单活塞杆液压缸计算简图

有杆腔进油(图4-8(b))时,则

$$F_2 = A_2 p_i - A_1 p_o = \frac{\pi}{4}[D^2(p_i - p_o) - d^2 p_i](\text{N}) \quad (4-5)$$

$$v_2 = \frac{q}{A_2} = \frac{4q}{\pi(D^2 - d^2)}(\text{m/s}) \quad (4-6)$$

式中 F_2——有杆腔产生的推力(N);

v_2——有杆腔进油时的运动速度(m/s)。

当输入液压缸两腔的流量相等时,液压缸运动速度 v_2 与 v_1 之比称为速度比,用 φ 表示,则

$$\varphi = \frac{v_2}{v_1} = \frac{\dfrac{4q}{\pi(D^2 - d^2)}}{\dfrac{4q}{\pi D^2}} = \frac{D^2}{D^2 - d^2} \quad (4-7)$$

式(4-7)说明:活塞杆越细,则速比 φ 越接近于1,即当缸的两腔输入相同的流量时,两个方向的运动速度相差不大;活塞杆越粗,则速比越大,两个方向的速度相差越大;承载能力也不同。

当单活塞杆液压缸两腔相互接通并同时通入压力油时,称为差动连接,如图4-8(c)所示。这种两端同时通压力油,利用活塞两端面积差进行工作的液压缸叫做差动液压缸。

差动液压缸两腔的压力是相等的,但由于无杆腔的有效工作面积大于有杆腔的有效工作面积,使活塞向右移动,从液压缸有杆腔排出的油液也进入无杆腔,这时液压缸的推力为

$$F_3 = p_i(A_1 - A_2) = p_i A_3 = p_i \frac{\pi}{4} d^2 \qquad (4-8)$$

由式(4-8)可知,差动连接时液压缸的推力比非差动连接时小。

设差动连接时活塞向右运动的速度为 v_3,则从有杆腔中排出的流量 q' 为

$$q' = A_2 v_3$$

由于这部分油液流入无杆腔,故无杆腔的总流量为

$$q + q' = q + A_2 v_3 = A_1 v_3$$

上式整理后为

$$v_3 = \frac{q}{A_1 - A_2} = \frac{q}{A_3} = \frac{4q}{\pi d^2} (\text{m/s}) \qquad (4-9)$$

由此可见,差动连接时液压缸的运动速度比非差动连接时大。

如果要求差动缸差动连接的速度与向左运动的速度相等,也即使 $\frac{v_3}{v_2} = 1$,则有

$$\frac{4q}{\pi(D^2 - d^2)} = \frac{4q}{\pi d^2}$$

这时活塞直径 D 和活塞杆直径 d 有如下关系,即

$$D = \sqrt{2}\,d \text{ 或 } d = 0.71D \qquad (4-10)$$

单活塞杆液压缸广泛应用于要求有慢速工作行程和快速进、退的传动系统中。在需要快速进退的机床进给系统中,常采用差动液压缸,以实现快进—工进—快退的工作循环。

二、柱塞式液压缸

在缸体内作相对往复运动的组件为柱塞的液压缸称为柱塞式液压缸。

图 4-9 所示为一般外圆磨床中用作消除丝杠、螺母副间隙的柱塞式液压缸,也称闸缸。它由缸体 1、柱塞 2、钢套 3、钢丝圈 4 等组成。压力油从左端进入缸内,推动柱塞向右移动。

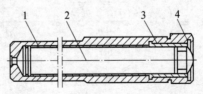

图 4-9 柱塞式液压缸结构简图

柱塞式液压缸只能在压力油作用下产生单向运动,如图 4-10 所示,柱塞与工作台相连,缸体固定在床身上。当压力油进入缸体时,柱塞带动工作台作一个方向的运动,反方向运动则要靠自重或其他外力来实现。由于只要向柱塞一侧供压力油,所以它是一种单作用式液压缸。当机床工作台要求做往复运动时,必须由两只液压缸完成双方向的驱动,如图 4-11 所示,因此,这种液压缸的体积和质量都比较大。

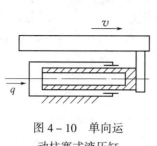

图 4-10 单向运动柱塞式液压缸

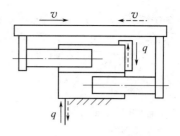

图 4-11 双向运动柱塞式液压缸

柱塞式液压缸也有缸体固定和柱塞固定两种形式,其运动范围和单活塞杆液压缸完全相同。柱塞既可以做成空心,也可以做成实心。

柱塞式液压缸以柱塞为主要部件,其柱塞外圆表面与缸体内壁不接触,因此缸体内孔只作粗加工或不加工,而只需对柱塞和与柱塞接触的导向部分进行精加工,大大简化了缸体的加工工艺,特别适用于行程较长的场合,如导轨磨床和龙门刨床,行程特别长的柱塞缸还可以在缸体内为柱塞设置辅助支承。

柱塞式液压缸的推力为

$$F = Ap = \frac{\pi d^2}{4} p \text{(N)} \tag{4-11}$$

式中 d——柱塞的直径(m)。

柱塞的运动速度为

$$v = \frac{q}{A} = \frac{4q}{\pi d^2} \text{(m/s)} \tag{4-12}$$

三、增压液压缸

增压液压缸又称增压器。在某些短时或局部需要高压液体的液压系统中,常用增压液压缸与低压大流量泵配合使用,获得比液压泵工作压力高得多的压力,以减少功率消耗,节省设备费用。

图 4-12 所示为增压液压缸的工作原理图,图 4-12(a)代表单作用增压缸,图 4-12(b)代表双作用增压缸。单作用增压缸由一个活塞缸和一个柱塞缸组合而成,双作用增压缸由一个活塞缸和两个柱塞缸组合而成。当低压油 p_1 推动增压缸的大活塞 D 时,大活塞推动与其连成一体的小柱塞 d,输出压力为 p_2 的高压液体。它们之间的关系为

$$\frac{p_2}{p_1} = \frac{D^2}{d^2} = k \tag{4-13}$$

$$\frac{q_2}{q_1} = \frac{d^2}{D^2} = \frac{1}{k} \tag{4-14}$$

式中 p_1、p_2——增压缸的输入压力和输出压力(Pa);
q_1、q_2——增压缸的输入流量和输出流量(m³/s);
k——增压缸的增压比 $k = D^2/d^2$,代表其增压能力。

显然,增压缸的增压能力是在降低有效流量的基础上得到的,也就是说,增压缸仅仅

是增大输出压力,并不能增大输出能量。单作用增压缸在柱塞运动到终点时,不能再输出高压液体,需将其退回左端位置,再向右行时才又输出高压液体,即只能断续增压。为了克服这一缺点,可采用双作用增压缸,和其他元件组合,由两个高压端连续向系统供油,即得到连续高压。

四、伸缩式液压缸

伸缩式液压缸又称多级液压缸,它实质上是由多个活塞(或柱塞)式液压缸套装而成,其前一级的内腔往往是后一级的缸体,常用于安装空间受到限制而行程很长的场合,缩入后轴向尺寸很短。

伸缩式液压缸如上所述,可以是活塞式的,也可以是柱塞式的;可以是单作用式,也可以是双作用式。

图 4-13 所示为活塞式双作用伸缩液压缸的结构原理图。当压力油通过油口 A 进入 B 腔后,压力油同时作用于第 I 级和第 II 级活塞上。由于油腔 E 经油口 F 与油箱连通,而负载与第 I 级活塞杆相连,因此第 II 级活塞连同第 I 级活塞一起在较低的压力推动下克服外负载向外伸出(图 4-13(a))。当第 I 级活塞运动到终点后(图 4-13(b)),第 II 级活塞则在较高压力作用下继续外伸,直到行程终点(图 4-13(c))。在第 II 级活塞外伸时,回油腔 C 的油液经第 I 级活塞的环形槽 D,由油口 F 回油箱。

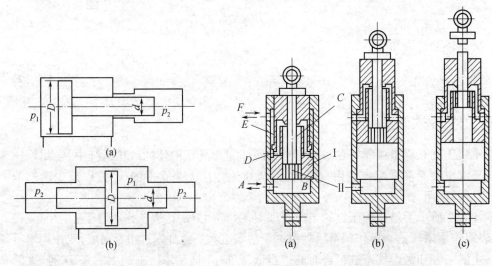

图 4-12　增压液压缸工作原理图　　图 4-13　活塞式双作用伸缩液压缸结构原理图

如果改变通油方向,由 F 口进入压力油,则第 II 级活塞先缩回,当与第 I 级活塞杆接触后,两级活塞一道缩回,B 腔油液经 A 口回油箱。在图 4-13 所示结构中,第 I 级活塞为套筒式,它既是第 I 级活塞,又是第 II 级活塞的缸体。

图 4-14 所示为柱塞式单作用伸缩液压缸的结构原理图。当压力油通入缸体的左腔时,若液压缸负载恒定,由于第一级柱塞面积最大,油压上升至 p_1 后首先伸出,一直伸到顶点。接着油压升至 p_2,第二级柱塞伸出……因此,柱塞由大至小逐次伸出,油压也逐渐上升,由于在伸出时有效面积逐次减小,所以当输入流量一定时,伸出速度逐次加快。当

油口接回油箱时,柱塞在外负载或自重作用下,由小至大逐个缩回。在此结构中负载与最小面积的柱塞直接相连。

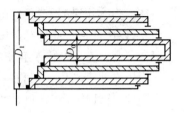

图4-14 柱塞式单作用伸缩液压缸结构原理图

伸缩式液压缸的压力及速度公式分别为

$$p_i = \frac{F}{A_i} = \frac{4F}{\pi D_i^2}(\text{Pa}) \qquad (4-15)$$

$$v_i = \frac{q}{A_i} = \frac{4q}{\pi D_i^2}(\text{m/s}) \qquad (4-16)$$

式中 F——液压缸的外负载(N);

p_i——第i级伸出时液压缸内的压力(Pa);

D_i——第i级活塞(或柱塞)的直径(m);

v_i——第i级伸出时液压缸的速度(m/s);

q——进入液压缸的供油流量(m^3/s)。

综上所述,伸缩式液压缸具有如下特点。

(1)伸缩式液压缸的工作行程可以相当大,不工作时整个缸的长度可以缩得较短。

(2)伸缩式液压缸逐个伸出时,有效工作面积逐次减小。因此,当输入流量相同时,外伸速度逐次增大;当负载恒定时,液压缸的工作压力逐次增高。

(3)单作用伸缩液压缸的外伸靠油压,内缩依靠自重或负载作用。因此,多用于缸倾斜或垂直放置的场合。

五、摆动液压缸

摆动液压缸也称摆动液压马达,它可直接输出转矩,而中间不需要转换机构,其摆动角度小于360°。

摆动液压缸可以分为单叶片式和双叶片式两种。图4-15所示为单叶片摆动液压缸的结构图。它由缸体5、左右支承盘7、左右端盖8、定子3、回转叶片6、花键轴套4等主要零件组成。定子3由螺钉和圆柱销固定在缸体上,回转叶片6通过螺钉与花键轴套4连

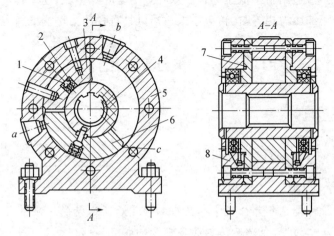

图4-15 单叶片摆动液压缸结构图

成一体。为防止泄漏,定子内侧与叶片外侧各嵌有一个密封片 2,并且由弹簧片 1 将密封片压紧,以保证密封片与花键轴套或缸体内侧的密封。支承盘 7、端盖 8 和缸体间用螺钉固定在一起。端盖 8 内装有密封圈,以防止油液外漏。

当压力油进入孔 a 时,推动叶片连同花键轴套作逆时针方向旋转输出转矩,叶片另一边回油,从孔 b 排出。叶片外圆两端的三角形小槽 c 起缓冲作用,因为当叶片接近定子时,回油必须经槽中挤出。叶片两侧的径向槽主要是为了便于启动。

图 4-16(a)所示为单叶片摆动液压缸原理图。当压力油从左上方油口进入缸体时,叶片在压力油作用下带动叶片安装轴顺时针方向转动,回油由缸体的左下方油口流出。

图 4-16(b)所示为双叶片摆动液压缸原理图。当压力油从右上方及左下方进入缸体时,两个叶片在压力油作用下顺时针方向转动,其摆动角度小于 180°,回油从缸体左上方和右下方流出。

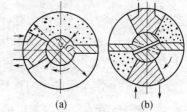

图 4-16 摆动液压缸原理图

摆动液压缸的输出转矩和回转角速度为

$$T = \Delta p b \frac{D-d}{2} \cdot \frac{D+d}{4} z = \frac{\Delta p b (D^2 - d^2)}{8} z (\text{N} \cdot \text{m}) \tag{4-17}$$

$$q = \frac{\pi (D^2 - d^2)}{8} b \cdot \frac{\omega}{2\pi} \cdot z$$

$$\omega = \frac{8q}{(D^2 - d^2) b z} (\text{rad/s}) \tag{4-18}$$

式中 Δp——进出油口压力差(Pa);

D、d——叶片的顶部及根部直径(m);

b——叶片的宽度(m);

z——叶片数;

q——进入摆动缸的流量(m^3/s)。

摆动液压缸一般适用于中低压场合。双叶片与单叶片相比,摆动角度小,但在同样大小的结构尺寸及输油压力相等时,转矩增大一倍且具有径向力平衡的特点。

学习单元二　液压缸的结构设计

□ **单元学习目标**

了解液压缸的结构;
掌握液压缸的结构特点。

□ **单元学习内容**

液压缸结构设计是在各部分尺寸参数基本确定后所进行的一项关键步骤,这里以最常用的活塞式液压缸为例,介绍其结构及各部分的特点。活塞式液压缸按结构可分为缸体组件、活塞组件、缓冲与排气装置等。

一、液压缸的典型结构

图 4-17 所示为一单活塞杆液压缸,缸体安装在机架上后,通入压力油后除活塞作直线运动外,液压缸整体还可摆动。这种液压缸主要由缸体 10、活塞 5、活塞杆 16、右端盖 13、缸底 1、导向套 12 等件组成。无杆腔一端,缸体与缸底采用焊接连接,另一端采用螺纹连接,以便拆装维修。活塞与活塞杆采用卡环连接,并用弹簧挡圈轴向定位,装拆方便。两端进出油口可进油或回油,液压缸可双向运动。活塞中间套一用聚四氟乙烯材料制成的支承环 7,密封靠两端一对 Y 形密封圈 9 密封。O 形密封圈 6 用以实现活塞与活塞杆间密封。导向套 12 保证活塞组件与缸筒同心,它的内外径处装有密封圈防止油液外泄漏。缸盖上装有防尘圈 15 以保证灰尘杂物不进入缸内。为防止活塞运行到左端与缸底发生碰撞,活塞杆带有缓冲柱塞。

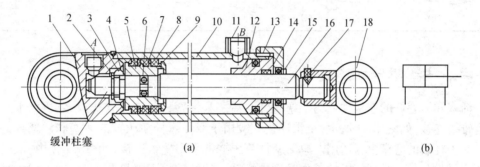

图 4-17 单活塞杆液压缸结构
1—缸底;2—弹簧挡圈;3—套环;4—卡环;5—活塞;6—O 形密封圈;
7—支承环;8—挡圈;9—Y 形密封圈;10—缸体;11—管接头;12—导向套;
13—缸盖;14—密封圈;15—防尘圈;16—活塞杆;17—定位螺钉;18—耳环。

二、缸体组件

缸体与端盖的连接体称为缸体组件。随着液压缸工作压力、缸体材料和工作条件的不同,缸体组件的结构形式也不同。单杆缸前后端盖作用、结构不同,双杆缸则没有大的区别。表 4-2 所列为几种目前常用的缸体与端盖的连接形式。

表 4-2 缸体与端盖的连接形式

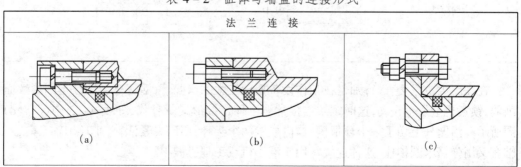

(续)

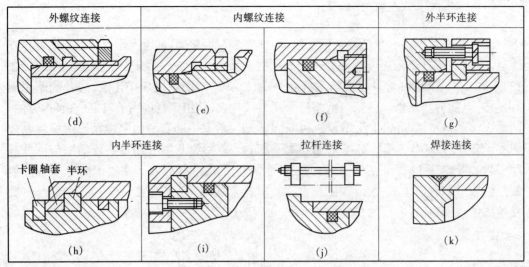

三、活塞组件

活塞和活塞杆的连接件称为活塞组件。活塞和活塞杆的连接方式很多,机床上常见的有锥销连接,如图 4-1 所示,锥销连接一般用于双活塞杆液压缸的活塞和活塞杆的连接。对于轻载的磨床更为适用。单活塞杆液压缸常采用螺纹连接,如表 4-3 中(a)、(b)图所示,但螺母必须锁紧,以免工作时发生松动。螺纹连接不仅机床上常见,工程机械上应用也较多。

表 4-3 螺纹连接和半环连接

螺纹连接	(a)	(b)
半环连接	(c)	(d)

在高压大负载场合,特别是在工作设备振动较大的情况下,活塞杆会因被车削螺纹而削弱,锁紧也会发生松动,这时螺纹连接常被半环连接形式所替代,如表 4-3 中(c)、(d)图所示。活塞杆上切了一个环形槽,槽内放置两个半环,用以夹紧活塞,半环用轴套套住,轴套又用弹簧卡圈挡住,这种连接常用于液压机或工程机械中。

对于小直径液压缸,也可将活塞和活塞杆做成整体结构。

四、缓冲装置

液压缸一般都设置有缓冲装置,特别是工作机构质量较大、运动速度较高($v > 12$m/min)时,为了防止活塞在行程终点与缸盖或缸底发生机械碰撞,引起冲击、噪声,甚至造成液压缸或被驱动件的破坏,因此可在缸内设置缓冲装置。

液压缸的缓冲装置一般都是利用对油液的节流作用来实现的。当活塞(或缸体)运动到终点时,活塞上的凸肩将回油通道逐渐遮盖,形成节流间隙,建立背压,以平衡惯性力,达到缓冲目的。

图 4-18(a)所示为一种环状间隙缓冲装置结构原理图。当圆柱形缓冲柱塞进入端盖凹腔后,回油只能经两者配合间隙流出,活塞在回油压力作用下速度降低。其缓冲作用会因速度降低而减弱。图 4-18(b)所示为圆锥形间隙缓冲装置结构原理图,当圆锥形缓冲柱塞进入凹腔中时,间隙由大变小,使得活塞在整个缓冲过程中,作用比较均匀。图 4-18(c)所示为一种节流口可变的缓冲装置结构原理图。因在缓冲柱塞上加工出轴向三角槽,能实现缓冲过程中节流口由大变小的要求,使缓冲作用均匀,冲击力减小,但制动的快慢无法调节。图 4-18(d)所示为一种节流口可调式缓冲装置结构原理图。当缓冲柱塞进入端盖内孔后,封闭油液只能通过可调节流阀流出。由于节流阀可调因之缓冲作用也可调节,但也不能解决速度降低缓冲作用减弱这一弊病。

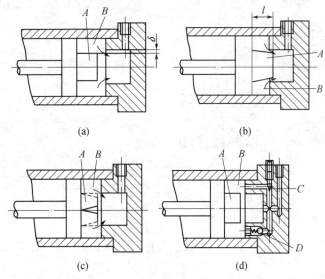

图 4-18 液压缸的缓冲装置
(a)圆柱形环隙式;(b)圆锥形环隙式;(c)可变节流槽式;(d)可调节流孔式。
A—缓冲柱塞;B—缓冲油腔;C—节流阀;D—单向阀。

五、排气装置

液压缸在安装过程或长期停止使用后会渗入空气,油液中也会混入空气。由于气体的可压缩性较大,直接影响运动平稳性,引起液压缸在低速运动时产生爬行和噪声,压力增大时还会产生绝热压缩而造成温度局部升高等一系列不正常现象,因此在设计液压缸时,必须考虑空气的排除。

对于要求不高的液压缸往往不设专门的排气装置,而是利用空气比较轻的特点将进出油口布置在缸体的最高处将气带走。如不能在最高处设计油口时,可在最高处设置如图4-19所示的放气孔1。

对速度稳定性要求较高的机床液压缸和大型液压缸,则需要设置排气装置。排气装置通常有两种形式。一种是在液压缸两端的最高处各装一只排气塞,其结构如图4-20所示。开车时,打开排气塞,使液压缸空载全行程往复运动数次,液压缸内的空气便和油液一起,通过排气塞锥部缝隙和小孔排出。待空气排净后,关死排气塞。另一种是用排气阀排气。排气阀的工作原理如图4-21所示。排气阀上装有3根导管,其中2根分别与液压缸两腔相通,另1根与油箱接通。在系统开始工作前,首先打开排气阀,让液压缸空载全行程往复数次,直至空气排净后关闭排气阀。

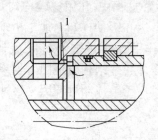

图4-19 液压缸的放气孔

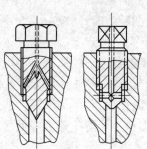

图4-20 排气塞

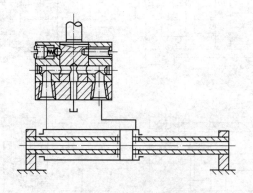

图4-21 排气阀

*学习单元三　液压缸的设计计算

□ 单元学习目标

了解液压缸的强度计算与稳定性校核;
掌握液压缸设计依据和步骤、基本参数的确定。

□ 单元学习内容

设计液压缸的基本原始资料是设备类型、液压缸负载、运动速度、行程大小、结构形式及安装要求等。液压缸的设计计算主要是确定液压缸的缸体内径、缸体长度、活塞杆直径及长度等,并对液压缸零件进行强度校核。

一、设计依据和步骤

液压缸是液压传动系统的执行元件,它与主机和主机上的机构有着直接的联系,对于不同的机种与机构,液压缸具有不同的用途和工作要求。因此,在设计前要做好调查研究,备齐必要的原始资料和设计依据,其中包括:

(1) 主机的用途和工作条件;
(2) 工作机构的结构特点、负载情况、行程大小和动作要求;
(3) 液压系统所选定的工作压力和流量;
(4) 有关国际标准和技术规范等。

液压缸的额定压力、往复运动速比以及缸体内径、外径、活塞杆直径和进出油口连接尺寸等基本参数,在液压缸标准中都有相应的规定。

液压缸的设计内容和步骤大致如下。

(1) 液压缸类型和各部分结构形式的选择。
(2) 基本参数的确定——基本参数包括液压缸的工作负载、工作速度和速比、工作行程和导向长度、缸体内径、缸的长度及活塞杆直径等。
(3) 结构强度计算和验算——其中包括缸体壁厚、外径和缸底厚度的强度计算。活塞杆强度和稳定性验算以及各部分连接结构的强度计算。
(4) 导向、密封、防尘、排气和缓冲等装置的设计。
(5) 整理设计计算书,绘制装配图和零件图。

应当指出,对于不同类型和结构的液压缸其设计内容必然有所不同,而且各参数间往往具有各种内在联系,需要综合考虑反复验算才能获得比较满意的结果,所以设计步骤也不是固定不变的。

二、基本参数的确定

1. 负载与液压缸的工作压力

液压缸的负载是指工作机构在满负荷情况下,以一定速度启动时对液压缸产生的总阻力。液压缸的工作压力与设备类型和负载之间的关系如表 4-4 和表 4-5 所列。选取工作压力时若表 4-4、表 4-5 的压力值不在同一范围时,一般取上限。

表 4-4　各类液压设备常用工作压力

设备类型	磨床	车床、铣床钻床、镗床	组合机床	龙门钢床拉床	注塑机、农业机械、小工程机械	液压压力机、重型机械、起重运输机械
工作压力 p/MPa	0.8~2	2~4	3~5	8~10	10~16	20~32

表 4-5　液压缸工作压力与负载之间的关系

负载 F/kN	<5	5~10	10~20	20~30	30~50	>50
工作压力 p/MPa	<0.8~1.0	1.5~2.0	2.5~3.0	3.0~4.0	4.0~5.0	>6.0

2. 缸体内径和活塞杆直径

缸体内径即活塞外径,是液压缸的主要参数,可根据以下原则确定。

当液压缸以推力驱动工作负载时,压力油输入无杆腔,若回油腔压力为0,则有

$$F = pA = p\frac{\pi}{4}D^2$$

由此得缸体内径为

$$D = \sqrt{\frac{4F}{\pi p}} \tag{4-19}$$

当液压缸以拉力驱动工作负载时,压力油输入有杆腔,若回油腔压力为0,则有

$$F = p \cdot \frac{\pi}{4}(D^2 - d^2)$$

这时缸体的内径为

$$D = \frac{4F}{p(1-\lambda^2)} \tag{4-20}$$
$$d = \lambda \cdot D$$

其中 λ 值按表4-4选取。

表4-6 系数 λ 的推荐值

工作压力 p/MPa λ	<5	5~7	>7
活塞杆受拉力		0.3~0.45	
活塞杆受压力	0.50~0.55	0.6~0.7	0.7

以上可计算出 D、d,再根据表4-7、表4-8取为标准直径,这样有利于缸体、活塞杆加工制造及缸有关配套标准件选用。轻载液压缸可根据经验选取缸体直径 D、活塞杆直径 d。对有速比要求的单活塞杆缸,按结构要求选取活塞杆直径 d,再根据速比关系式计算出液压缸内径 D,或按速比 φ 值由有关表格中直接查出 D 的数值。

单活塞杆液压缸的往复速比为

$$\varphi = \frac{v_2}{v_1} = \frac{D^2}{D^2 - d^2}$$

所以

$$d = D\sqrt{\frac{\varphi-1}{\varphi}} \tag{4-21}$$

φ 值可根据系统工作需要或按有关标准所推荐的速比系列,根据不同的压力等级来选择。

表4-7 液压缸缸体内径(缸径)尺寸系列(摘自 GB/T 2348—93)　　(单位:mm)

8	10	12	16	20	25	32	40	50
63	80	(90)	100	(110)	125	(140)	160	(180)
200	(220)	250	(280)	320	(360)	400	(450)	500

注:圆括号内尺寸为非优先选用者。

表4-8 液压缸活塞杆外径(杆径)尺寸系列(摘自 GB/T 2348—93)　　(单位:mm)

4	5	6	8	10
12	14	16	18	20
22	25	28	32	36
40	45	50	56	63
70	80	90	100	110
125	140	160	180	200
220	250	280	320	360

3. 液压缸长度

液压缸的长度 L 根据所需最大工作行程长度而定,一般长度不大于缸体内径的20倍~30倍。

4. 液压缸的其他长度

液压缸活塞宽度$(0.6\sim1)D$,活塞杆导向长度$(0.6\sim1.5)d$,以上长度值应符合液压传动手册推荐的相应长度系列标准。

三、液压缸强度校核

一般在液压缸负载及尺寸较大时才对缸壁强度、活塞杆强度和压杆稳定性以及螺纹强度等进行校核。

1. 缸体壁厚

在中、低压机床液压传动系统中,缸体壁厚的强度问题是次要的。缸体壁厚一般由结构、工艺上的需要而定,只有在压力较高和直径较大时,才有必要校核缸壁最薄处的壁厚强度。

当缸体壁厚$\frac{\delta}{D}\leqslant 0.08$时,按薄壁公式校验其强度,即

$$\delta \geqslant \frac{p_{max}\cdot D}{2[\sigma]} \tag{4-22}$$

式中　p_{max}——缸体最高工作压力;

　　　δ——缸体壁厚;

　　　$[\sigma]$——缸体材料许用应力。

当缸体壁厚满足$\frac{\delta}{D}=0.08\sim0.3$时,用下式校验,即

$$\delta \geqslant \frac{p_{min}\cdot D}{2.3[\sigma]-2P_{max}} \tag{4-23}$$

当缸体壁厚满足$\frac{\delta}{D}>0.03$时,有

$$\delta \geqslant \frac{D}{2}\left[\sqrt{\frac{[\sigma]+0.4 p_{\max}}{[\sigma]-1.3 p_{\max}}}-1\right] \quad (4-24)$$

式中 $[\sigma]$——缸体材料的许用应力(Pa),有

铸钢 $[\sigma]=(1000\sim1100)\times10^5(Pa)$

锻钢 $[\sigma]=(1000\sim1200)\times10^5(Pa)$

无缝钢管 $[\sigma]=(1000\sim1100)\times10^5(Pa)$

铸铁 $[\sigma]=(600\sim700)\times10^5(Pa)$

2. 缸体外径

液压缸内径确定之后,又按上述得出缸体壁厚,然后求出缸体的外径,再圆整为标准值,即

$$D_1 = D + 2\delta(m) \quad (4-25)$$

若缸体材料为无缝钢管,外径则不需加工,只要将计算值圆整为无缝钢管外径即可。

3. 活塞杆强度

当活塞杆长径比 $l/d<10$ 时,若活塞杆受纯压缩或纯拉伸时,活塞杆强度按下式校核,即

$$d \geqslant \sqrt{\frac{4F}{\pi[\sigma]}} \quad (4-26)$$

活塞杆直径按表4-8选取时,强度一般可满足要求。

当活塞杆长径比 $\frac{l}{d}>10$ 时,根据安装条件且受压时,须校核其稳定性,可参阅液压工程手册。

当弯、压结合时,可用最大复合应力验算。

四、液压缸常见故障及其排除方法

液压缸常见故障及其排除方法如表4-9所列。

表4-9 液压缸常见故障及其排除方法

故障现象	产 生 原 因	排 除 方 法
爬行	①外界空气进入缸内; ②密封压得太紧; ③活塞与活塞杆不同轴,活塞杆不直; ④缸内壁拉毛,局部磨损严重或腐蚀; ⑤安装位置有偏差; ⑥双活塞杆两端螺母拧得太紧	①设置排气装置或开动系统强迫排气; ②调整密封,但不得泄漏; ③校正或更换,使同轴度小于0.04mm; ④适当修理,严重者重新磨缸内孔,按要求重配活塞; ⑤校正; ⑥调整
冲击	①用间隙密封的活塞,与缸筒间隙过大,节流阀失去作用; ②缩头缓冲的单向阀失灵,不起作用	①更换活塞,使间隙达到规定要求,检查节流阀; ②修正、研配单向阀与阀座或更换

(续)

故障现象	产　生　原　因	排　除　方　法
推力不足，速度不够或逐渐下降	①由于缸与活塞配合间隙过大或O形密封圈损坏，使高、低压侧互通； ②工作段不均匀，造成局部几何形状有误差，使高低压腔密封不严，产生泄漏； ③缸端活塞杆密封压得太紧或活塞杆弯曲，使摩擦力或阻力增加； ④油温太高，黏度降低，泄漏增加，使缸速度减慢； ⑤液压泵流量不足	①更换活塞或密封圈，调整到合适的间隙； ②镗磨修复缸孔径，重配活塞； ③放松密封，校直活塞杆； ④检查温升原因，采取散热措施，如间隙过大，可单配活塞或增装密封环； ⑤检查泵或调节控制阀
外泄漏	①活塞杆表面损伤或密封圈损坏造成活塞杆处密封不严； ②管接头密封不严； ③缸盖外密封不良	①检查并修复活塞杆和密封圈； ②检修密封圈及接触面； ③检查并修整

习题与思考题

1. 活塞式、柱塞式和摆动式液压缸各有什么特点？分别用于什么场合比较合理？

2. 绘图分析双作用单活塞杆液压缸在缸体固定式和活塞杆固定式两种情况下，进出油口和运动方向之间有什么关系？

3. 设有一双活塞杆液压缸，缸体内径 $D=10$cm，活塞杆直径 $d=0.7D$，若要求活塞杆运动的速度 $v=8$cm/s，液压缸所需要的流量 q 是多少？

4. 设计一单活塞杆液压缸，已知外负载 $F=2\times 10^4$N，活塞和活塞杆处的摩擦阻力 $F_\mu=12\times 10^2$N，液压缸的工作压力为 5MPa，试计算液压缸的内径 D。若活塞最大工作进给速度为 0.04m/s，系统的泄漏损失为 10%，应选取多大流量的泵？若泵的效率为 0.85，电动机驱动功率应多大？

5. 设计一单活塞杆液压缸，用以实现"快进—工进—快退"工作循环，且快进与快退速度相等，均为 5m/min，采用额定流量为 25L/min，额定压力为 6.3MPa 的定量叶片泵供油，试计算液压缸内径 D 和活塞杆直径 d。当外负载为 25×10^3N 时，液压缸的工进压力为多少？当工进时的速度为 1m/min 时，进入液压缸的流量为多少（不计摩擦损失）？

6. 如题 6 图所示的两个结构相同且串联着的液压缸，设无杆腔面积 $A_1=100$cm^2，有杆腔面积 $A_2=80$cm^2，缸 1 的输入压力 $p_1=9\times 10^5$Pa，输入流量 $q_1=12$L/min，若不计损失和泄漏，问：(1)两缸承受的负载相同时（$F_1=F_2$），该负载的数值及两缸的运动速度各为多少？

(2) 缸 2 的输入压力是缸 1 的 1/2 时（$p_2=\dfrac{1}{2}p_1$），两缸各能承受的负载是多少？

(3) 缸 1 不承受负载时（$F_1=0$），缸 2 能承受的负载是多少？

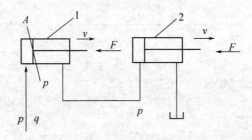

题 6 图

7. 已知某柱塞式液压缸,柱塞的直径 $d = 12\text{cm}$,缸体内径 $D = 14\text{cm}$,输入流量 $q = 10\text{L/min}$ 时,柱塞固定时缸体的运动速度是多少?

8. 是否所有的液压缸都必须设置排气和缓冲装置?

模块五　液压控制阀

学习单元一　概　述

□ 单元学习目标

了解液压控制阀的功用和要求；
掌握液压控制阀的分类和性能参数。

□ 单元学习内容

液压控制阀(活门)是组成液压系统的重要元件,用来控制液体的流动方向、压力和流量。借助于这些元件,对执行元件的启动、停止、运动方向、速度、动作顺序和克服负载的能力进行调节与控制,使各类液压机械都能按要求协调地进行工作。

一、液压控制阀的基本共同点及要求

液压控制阀种类繁多,功能各异,但都具有以下基本共同点。

(1) 在结构上,所有液压控制阀都是由阀体、阀芯和驱动阀芯动作的元器件组成。

(2) 在工作原理上,所有液压控制阀的开口大小、进出口间的压差以及通过阀的流量之间的关系都符合小孔流量公式,仅是各种阀控制的参数各不相同而已。

液压传动系统对液压控制阀的基本要求如下。

(1) 动作灵敏,使用可靠,工作时冲击和振动小,寿命长。

(2) 油液通过时压力损失要小。

(3) 密封性能好,泄漏量要小。

(4) 结构紧凑,体积小,通用性强。

(5) 安装、调整、使用、维护和保养方便。

二、液压控制阀分类

1. 按功用分

液压控制阀按功用可分为方向控制阀、压力控制阀和流量控制阀。这三类阀还可根据需要互相组合成为组合阀,使得其结构紧凑、连接简单,并可提高效率。

2. 按控制原理分

液压控制阀可分为开关阀、比例阀、伺服阀和数字阀。开关阀调定后只能在调定状态下工作,本章将重点介绍这一使用最为普遍的阀类。比例阀和伺服阀能根据输入信号连续地或按比例地控制系统的参数。数字阀则利用数字信息直接控制阀的动作。

3. 按安装连接形式分

(1) 管式连接阀。管式连接阀又称螺纹式连接,阀的油口用螺纹管接头或法兰和管道及其他元件连接,并固定在管路上,适用于元件较少的简单系统。

(2) 板式连接阀。阀的各油口均分布在同一安装面上,并用螺钉固定在与阀有对应油口的连接板上。板式阀连接方便,所以应用最为普遍;或者,将几个阀用螺钉固定在一个集成块的不同侧面上,在集成块上打孔,沟通各阀组成回路。由于拆卸时无需拆卸与其相连的其他元件,故这种安装连接方式应用较广。

(3) 叠加式连接阀。叠加式连接阀简称叠加阀。阀的上下两面均为安装平面,油口分布在安装面上,同规格阀的油口连接尺寸相同。每个阀除其自身的功能外,还起油路通道的作用,将阀与阀相互叠装便形成回路。因无需管道连接,所以压力损失很小,结构紧凑。

(4) 插装式连接阀。插装式连接阀简称插装阀。这类阀无单独的阀体,而是将由阀芯、阀套组成的主阀插装在插装块体的预制孔中,再用盖板或螺纹固定,并通过块内通道把各插装式阀连接组成回路,插装块体起到阀体和管路的作用。这是适应液压系统集成化而发展起来的一种新型安装连接形式。

三、液压控制阀的性能参数

阀的规格大小用通径 D_g(单位 mm)表示。D_g 是阀进、出口的名义尺寸,它和实际尺寸不一定相等。

对于不同类型的各种阀,还可用不同的参数表征其不同的工作性能,一般有压力、流量的限制值,以及压力损失、开启压力、允许背压、最小稳定流量等。同时给出若干条特性曲线,供使用者确定不同状态下的性能参数值。

学习单元二　方向控制阀

□ 单元学习目标

了解方向控制阀的功用和分类;
掌握换向阀的位、通、滑阀机能、控制方式和符号含义。

□ 单元学习内容

方向控制阀是用来控制液压系统中油流方向或液流通与断的阀,分为单向阀和换向阀。

一、单向阀

单向阀有普通单向阀和液控单向阀两种。

1. 普通单向阀

普通单向阀简称单向阀,其作用是使油液沿一个方向流动,不许反流,故又称逆止阀或止回阀。按进出油液流向的不同可分为直通式和直角式两种结构。图 5-1 所示为普通单向阀的结构和符号图。压力油从 P_1 流入时,克服弹簧作用力使阀口打开,油液从 P_1

流向 P_2。当压力油从 P_2 流入时,液压力和弹簧力一起将阀芯压紧在阀座上,油液不能通过。一般单向阀的开启压力为 0.03MPa~0.05MPa,若换上刚度较大的弹簧,使阀的开启压力达到 0.2MPa~0.6MPa,便可当背压阀使用。在液压系统中,单向阀常用于以下几处。

(1) 液压泵出口处。防止系统反向压力突然增大,使泵损坏,起止回作用。

(2) 定量泵卸荷活门的下游,在泵卸荷时保持系统的压力。

(3) 在系统回油管路中,保持一定的回油压力,增加执行元件运动的平稳性。

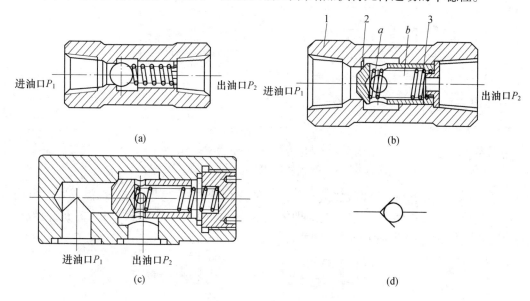

图 5-1 单向阀工作原理图

2. 液控单向阀

液控单向阀是一种通入控制压力油后即允许油液双向流动的单向阀。它由单向阀和液控装置两部分组成,如图 5-2 所示。当控制油口不通压力油时,油液只能从 P_1 流向 P_2,不能反向流动。当控制油口 X 通压力油时,控制活塞右移并通过顶杆顶开阀芯,油液可在两个方向自由流动。液控单向阀的最小控制压力约为主油路压力的 30%。由于液控单向阀未通压力油时具有良好的反向密封性能,常用于保压、锁紧和平衡回路,也可用于系统的协调动作控制(如起落架收放系统和襟翼收放系统等)。

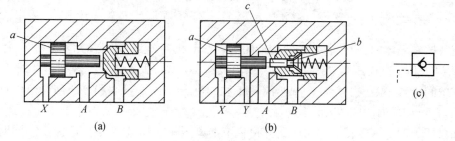

图 5-2 液控单向阀
(a) 内腔式;(b) 外腔式;(c) 符号。

图 5-3(a)所示为一种双向液控单向阀结构原理图。图中两个液控单向阀共用一个阀体和控制活塞,两个锥形阀芯分别置于控制活塞的两侧,锥形阀芯中装有卸荷阀芯。当 P_1、P_3 中任意一腔有压力油时,均可使 P_1 与 P_2、P_3 与 P_4 导通;而 P_1 和 P_3 腔都不通压力油时,P_2 和 P_4 腔被两个单向阀封闭。这种阀常用于系统停止供油时要求执行元件仍保持锁紧的场合,通常称为液压锁。

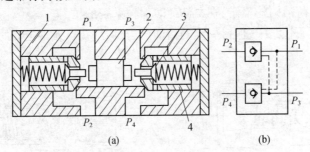

图 5-3 双向液控单向阀
(a) 结构原理图;(b) 图形符号。
1—阀体;2—活塞;3—卸荷阀芯;4—锥形主阀芯。

图 5-4 所示为飞机襟翼收放系统中使用的一种液压锁。其目的是在襟翼收放电门由收上或放下位置扳到中立位置时,立即将液压马达的收上管路和放下管路关断,使液压马达尽快地停止转动,从而使襟翼立即停止在某一所需角度。

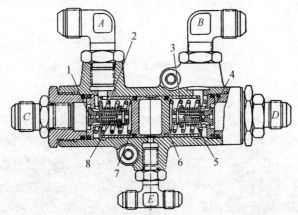

图 5-4 液压锁实例
1—阀芯;2—弹簧;3—弹簧;4—阀芯;5—弹簧;6—活塞;7—活塞;8—弹簧。

在液压锁壳体内,两端各装一套构造相同的活门机构,它们分别由活塞 7 和 6、弹簧 2 和 3、活门 1 和 4 组成。当管接头 A、B、E 内没有油压时,活塞 7 和 6 分别由弹簧 2 和 3 保持在中间位置,并互相靠合在一起,阀芯 1 和 4 则分别由弹簧 8 和 5 压向阀座。这时。管接头 A 和 C 不通,B 和 D 也不通。

如果压力油进入管接头 A 时,就将阀芯 1 推离阀座使油液经接头 C 流出。同时,活塞 7 在油压作用下连同活塞 6 一起向管接头 D 的一边移动,活塞 6 则压缩弹簧 3,并压开阀芯 4,而使管接头 B 和 D 相通。

E 口是液控端口,用于紧急放下襟翼。当 E 口通压力油时,活塞 6 和 7 分别向相反的两端移动,阀芯 1 和 4 开启,管接头 A 和 C 相通,B 和 D 相通。

二、换向阀

换向阀是利用阀芯对阀体的相对位置改变来控制油路的通、断或改变油液的流动方向,其种类很多、应用广泛。按阀芯的运动方式,有滑阀式和转阀式两类;按阀的安装连接方式,有管式、板式和法兰式;按阀的操纵方式,有手动、机动、电磁、液动和电液动等多种;按阀芯在阀体内的工作位置数,有二位阀、三位阀等;按阀体对外连接的主要油口数,有二通阀、三通阀、四通阀和五通阀等。

1. 滑阀式换向阀的结构原理

滑阀式换向阀是应用最广的一种换向阀。它是靠圆柱形阀芯在阀体内沿轴线作往复滑动而实现换向作用的。图 5-5 所示为滑阀结构图,阀芯是一个有多级环形槽的圆柱体,大直径部分称为凸肩,这是阀芯与阀体内孔配合而起开、闭油路作用的部分,有的较大直径的阀芯还在轴线中心处加工出回油的通路孔。阀体的内孔与阀芯的凸肩部分相配合,阀体上加工出若干个环形槽,称为沉割槽。阀体上有若干个与外部相通的油口,它们各与相应的沉割槽连通。一般来说,换向阀中的 P 表示与液压泵相通的压力油口,A、B 表示与

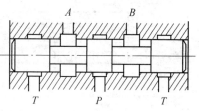

图 5-5 滑阀结构图

执行元件相通的工作油口,T(有些书上用"O")则表示与油箱相通的回油口。阀芯相对于阀体的不同工作位置数叫做"位",如二位、三位等;阀体与系统油路相连通的主要油口数称为"通"(其中不包括控制油口和泄漏油口等),如二通、三通、四通、五通等。当阀芯在阀体内作轴向运动而移动到不同位置时,阀中各油口的连通关系即发生改变,于是便可以得到二位二通、二位三通、二位四通、二位五通、三位四通、三位五通等不同形式的换向阀,这就是换向阀的换向原理。

表 5-1 所列为滑阀式换向阀的结构原理和图形符号。

表 5-1 滑阀式换向阀的结构原理和图形符号

名称	结构原理图	图形符号	使用场合
二位二通阀			控制油路的接通与切断(相当于一个开关)
二位三通阀			控制液流方向(从一个方向变换成另一个方向)

(续)

名称	结构原理图	图形符号	使用场合	
二位四通阀	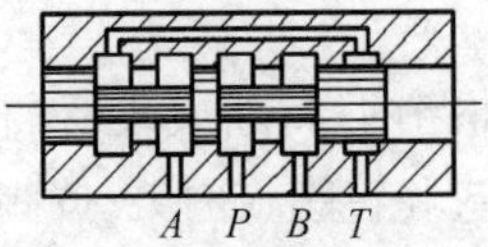	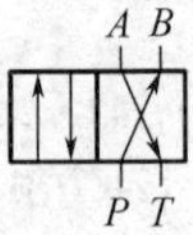 A B / P T	控制执行元件换向	不能使执行元件在任一位置上停止运动	执行元件正反向运动时回油方式相同
三位四通阀	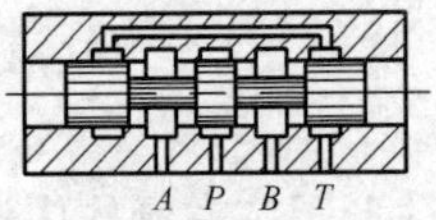	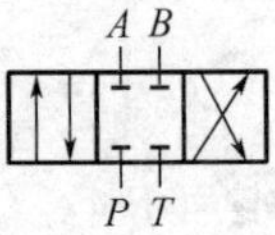 A B / P T		能使执行元件在任一位置上停止运动	
二位五通阀	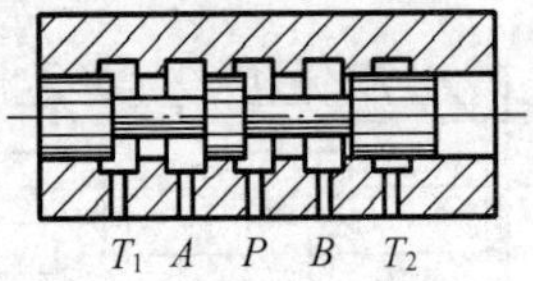	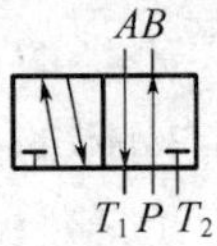 A B / T_1 P T_2		不能使执行元件在任一位置上停止运动	执行元件正反向运动时回油方式不同
三位五通阀	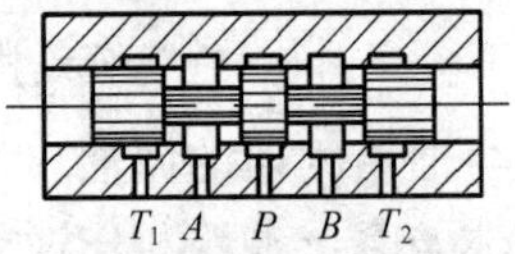	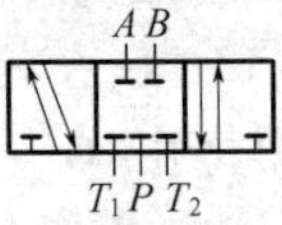 A B / T_1 P T_2		能使执行元件在任一位置上停止运动	

图形符号的含义如下。

(1) "位"数用实线方格数表示(若有虚线相隔的方格,则表示过渡位置),一个方格表示一个"位",有几"位"就应该画几个方格,如二位即两个方格。

(2) 在一个方格内,箭头首尾或堵塞符号"⊥"或"⊤"与一个方格的相交点数为油口通路数,即"通"数。箭头表示两油口相通;"⊥"或"⊤"表示该油口不通。

(3) 油口具有固定含义和方位。P 为进油口,一般位于方格的左下方(五通阀则位于方格下方的中间位置);A、B 表示与执行元件相通的工作油口,分别位于方格的左上方和右上方;T 为回油口,一般位于方格的右下方(五通阀则位于方格的左下方和右下方)。

(4) 控制方式和弹簧符号画在方格的两侧。

(5) 阀芯未受控制动力时所处的位置为常态位置。三位阀的中间一格,两位阀画有弹簧的那一格即为常态位置。二位二通阀有常开型和常闭型两种,前者常态位置时两油口连通,后者则不通。在液压系统原理图中,换向阀的符号与油路连接一般应画在常态位置上,所以常态位置这一格的油口通常画出格外。

2. 滑阀式换向阀的操纵方式

表 5 – 2 所列为滑阀式换向阀的操纵方式。

表 5-2 滑阀式换向阀的操纵方式

操纵方式	图形符号	简要说明
手动		手动操纵,弹簧复位,中间位置时阀口互不相通
机动		挡块操纵,弹簧复位,阀口常闭
电磁		电磁铁操纵,弹簧复位
液动		液压操纵,弹簧复位,中间位置时四口(P、A、B、T)互通
电液动		电磁铁先导控制,液压驱动,阀芯移动速度可分别由两端的节流阀调节,使系统中执行元件能得到平稳的换向

滑阀一般在外部操纵力和弹簧力作用下实现换向,常用的外部操纵力大致有以下几种。

(1) 手动滑阀。手动滑阀是直接用手操纵的换向阀,它有弹簧自动复位和钢球定位两种不同的形式。图 5-6 所示为自动复位式手动换向阀结构图。它是由手柄 1、阀芯 2、阀体 3、套筒 4、弹簧 5 和法兰盖 6 等组成。图 5-6(a)表示自动复位式,图 5-6(b)表示钢球定位式,图 5-6(c)表示它们的图形符号。扳动手柄即可换位,松手后,自动复位式阀芯在弹簧作用下,自动回到中间位置。钢球定位式阀芯即可停留在钢球卡在某一定位沟槽的那个位置上。

手动滑阀结构简单,成本低廉,动作可靠,有的还可人为地控制阀口的大小,从而控制执行元件的速度。但由于需要人力操纵,故只适用于间歇动作且要求人工控制的场合,使用压力和流量不能太大。通常在操纵手动滑阀时应能同时观察到运动部件的动作,常用于起重运输机械、工程机械等。

(2) 机动滑阀。机动滑阀又称行程阀。这种阀必须安装在液压缸附近,在液压缸驱动工作部件的行程中,装在工作部件一侧的挡铁或凸轮移动到预定位置时就推动阀芯,使阀换位。图5-7所示为二位三通机动滑阀的结构图和图形符号图。它由弹簧1、阀芯2、前盖3、滚轮4、挡铁5和阀体6等组成。机动滑阀通常只有两个位置,滚轮没有受压时,阀芯在弹簧作用下处于上端;当挡铁或凸轮将滚轮压入时,阀芯被推至下端,这样便实现了换向。

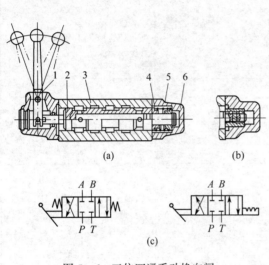

图5-6 三位四通手动换向阀

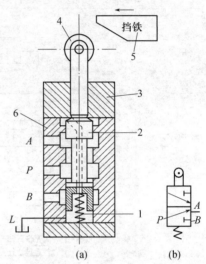

图5-7 机动换向阀
(a) 结构原理图;(b) 图形符号。
1—弹簧;2—阀芯;3—前盖;
4—滚轮;5—挡铁;6—阀体。

机动换向阀结构简单,动作可靠,重复位置精度高。换向时阀芯移动速度缓慢,引起液压冲击和噪声较小。但因为它的安装位置离不开有关的运动部件,所以使用受到限制。它常用于机床工作台的换向回路中。

(3) 电磁滑阀。电磁滑阀简称电磁阀,它利用电磁铁的吸力操纵阀芯换位,电磁铁则接受按钮开关、行程开关、微动开关等电气元件的信号而发生动作。电磁阀是连接电气控制系统和液压系统的元件,它使得液流换向能采用电气来控制,是现在和将来很有发展前途的一种操纵方法,因此在液压系统中应用很广。

电磁滑阀中常用的电磁铁实质上是一种特定结构的牵引电磁铁,它根据线圈电流的"通"、"断"而使衔铁吸合或释放。因此,只有"开"与"关"两个工作状态,常称其为开关型电磁铁。阀用电磁铁的品种很多,可归纳为交流型、直流型和本整形电磁铁,每一种又有干式和湿式之分。由于其磁场不同,所以其结构、材料和性能各有自己的特点,如表5-3所列。

表 5-3 交流、直流电磁铁的特点

交 流 电 磁 铁	直 流 电 磁 铁
吸合、释放快,动作时间为 0.01s~0.03s,工作时有较大的冲击和噪声	吸合、释放较平缓,动作时间为 0.05s~0.08s,工作时冲击和噪声较小
启动电流达正常吸合电流的 3 倍~5 倍,无功消耗大	启动电流与正常吸合电流接近,无功消耗小
允许切换频率低,约 10 次/min	允许切换频率较高,一般可达 120 次/min
因阀芯卡阻,线圈得电而衔铁不能吸合时,线圈会因电流过大而烧毁	因阀芯卡阻,线圈得电而衔铁不能吸合时,线圈不会烧毁
磁性材料用硅钢片叠合而成	磁性材料用工业纯铁,为整体结构
体积较大,工作可靠性较差,寿命较低	体积较小,工作可靠,寿命长

图 5-8 所示为三位四通湿式电磁滑阀。图中右面为湿式直流电磁铁,回油腔的油液可以进入电磁铁内部。左右两个电磁铁都不通电时,阀芯在对中弹簧 4 的作用下,处于中位,因此,换向阀具有三个位置。

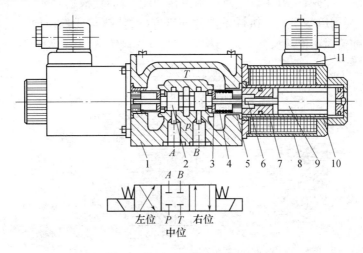

图 5-8 三位四通电磁换向阀
1—阀体;2—阀心;3—定位套;4—对中弹簧;5—挡圈;
6—推杆;7—环;8—线圈;9—衔铁;10—导套;11—插头组件。

电磁滑阀换向灵敏、迅速、操作方便,便于实现自动控制与远距离控制。但因为电磁铁吸力有限,一般只用于压力和流量(小于 63L/min)不大的场合。

除上述电磁滑阀外,近年来新发展了一种电磁球阀,它以电磁铁为动力,推动钢球实现油路的通断和切换。与电磁滑阀相比,电磁球阀具有密封性好,反应速度快,使用压力高和适应能力强等优点,是一种颇具特色的换向阀。但因它不像滑阀那样具有多种位通组合形式和滑阀机能,故限制了它的使用范围。

(4) 液动滑阀。液动滑阀是利用控制油路的压力油来改变阀芯在阀体内的相应位置,从而实现换向的换向阀。图 5-9 所示为三位四通液动滑阀的结构图。两端控制油口没有压力油通入时,滑阀在两端弹簧的作用下处于中位。当左控制油口通入压力油而右控制油口回油时,阀芯向右运动;反之,阀芯向左运动。控制油可以是油路中分出的一部

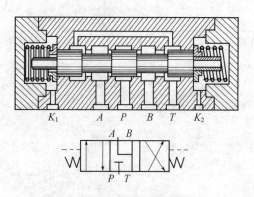

图 5-9 三位四通液动滑阀

分油量,也可以由专设的控制油源供给。

液动滑阀的操纵力较大,适用于高压大流量系统。

(5) 电液动滑阀。电液动滑阀是由电磁滑阀和液动滑阀组合而成的组合阀。电磁阀是一个小尺寸的先导阀,主要用以变换控制油路油流方向,使液动阀换向。液动阀是一大规格的主阀,主要用以变换进入执行元件的油流方向,使执行元件换向。图 5-10(a)所示为三位四通弹簧对中电液换向阀的结构图。其先导阀为三位四通电磁滑阀。当两个电

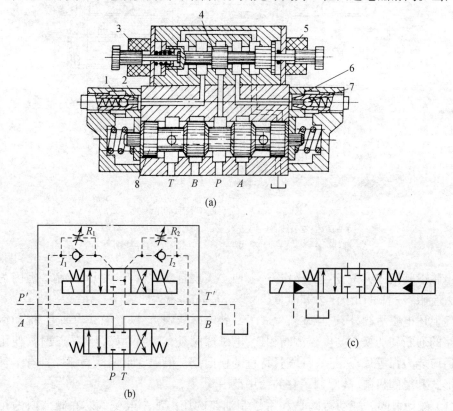

图 5-10 三位四通电液动滑阀

(a) 结构;(b) 详细图形符号;(c) 简化图形符号。

1—单向阀;2—节流阀;3—电磁铁;4—电磁阀阀芯;5—电磁铁;6—节流阀;7—单向阀;8—阀芯(主阀芯)。

磁铁均不通电时,主阀芯两端油腔均经电磁阀与油箱相通,主阀芯在两端弹簧作用下停留在中位。图示液动阀在中位时 P、A、B、T 四个油口均不相通。左边电磁铁通电时,主阀芯有一位置,右边电磁铁通电时,主阀芯又有另一位置。图 5-10(b)所示为电液动阀的详细图形符号,图 5-10 所示为简化图形符号。

电液换向阀综合了电磁阀和液动阀两者的优点,适用于高压大流量场合且操纵方便,又能远距离控制,换向也比较平稳。但其结构复杂,易出故障。

3. 换向阀的滑阀机能

换向阀处于常态位置时阀中各油口的连通方式,称换向阀的滑阀机能。由于三位换向阀的常态位置在中立位置,所以三位换向阀的滑阀机能又叫中位机能,中位机能不同,换向阀对系统的控制性能也不同。表 5-4 所列为三位换向阀常用中位机能的形式、结构原理、图形符号等。

表 5-4 三位换向阀的中位机能

中位机能的形式	中间位置时的滑阀状态	中间位置的符号	
		三位四通	三位五通
O	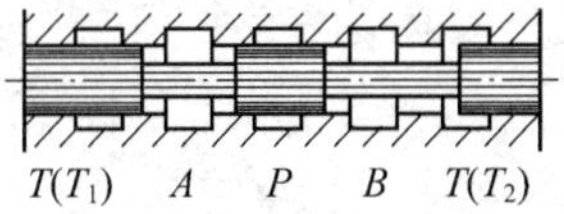	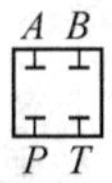	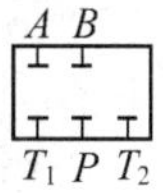
H	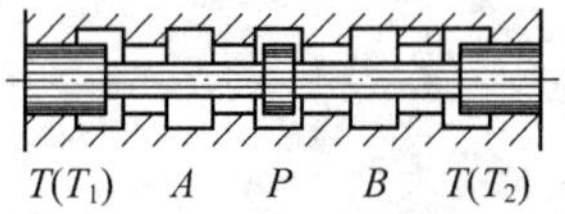	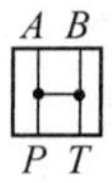	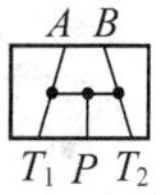
Y	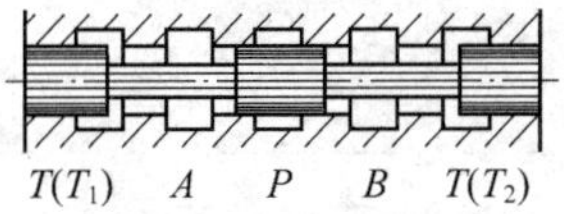	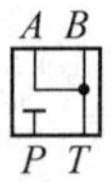	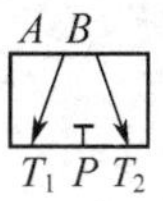
J	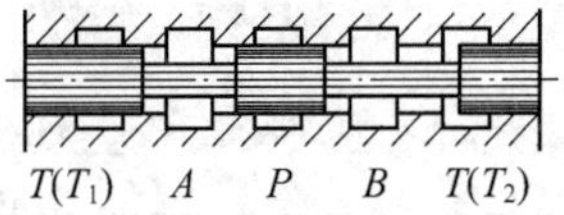	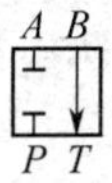	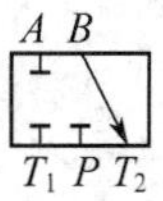
C	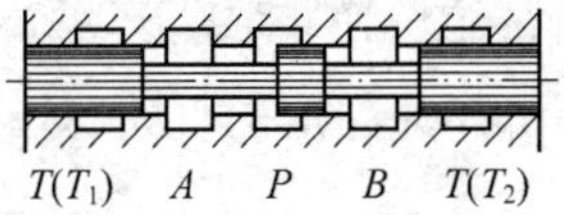	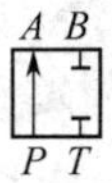	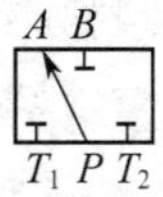

(续)

中位机能的形式	中间位置时的滑阀状态	中间位置的符号	
		三位四通	三位五通
P	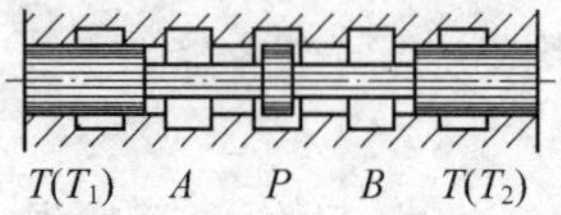 $T(T_1)$ A P B $T(T_2)$	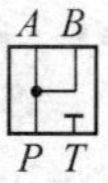 $A\ B$ / $P\ T$	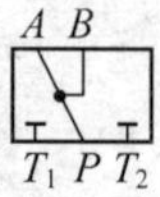 $A\ B$ / $T_1\ P\ T_2$
K	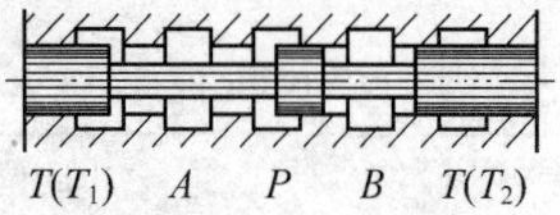 $T(T_1)$ A P B $T(T_2)$	 $A\ B$ / $P\ T$	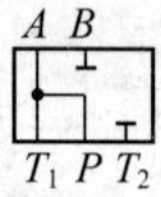 $A\ B$ / $T_1\ P\ T_2$
X	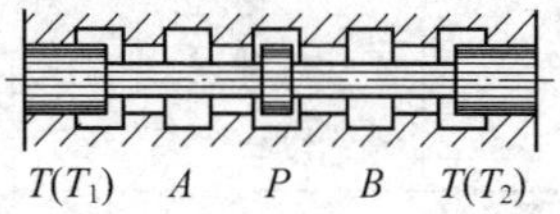 $T(T_1)$ A P B $T(T_2)$	 $A\ B$ / $P\ T$	 $A\ B$ / $T_1\ P\ T_2$
M	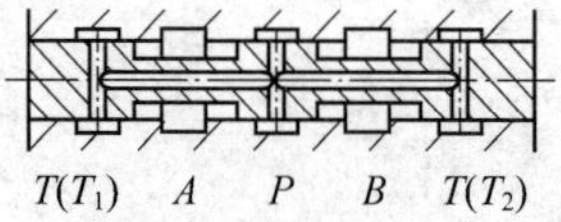 $T(T_1)$ A P B $T(T_2)$	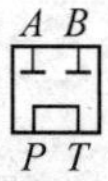 $A\ B$ / $P\ T$	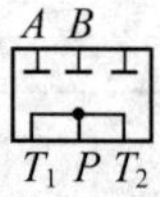 $A\ B$ / $T_1\ P\ T_2$
U	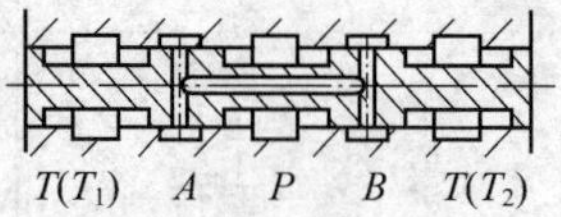 $T(T_1)$ A P B $T(T_2)$	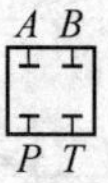 $A\ B$ / $P\ T$	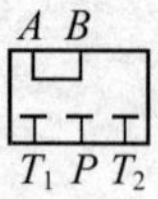 $A\ B$ / $T_1\ P\ T_2$

4．转阀式换向阀

转阀利用阀芯相对于阀体的转动完成油路的切换，多用于飞机液压系统中的手动阀和供地面维护使用的阀，如油箱加油阀等，还可作为起落架收放选择阀（或选择活门）。

5．方向控制阀的常见故障及排除方法

表 5-5 所列为方向控制阀常见故障及其排除方法。

表 5-5 方向控制阀常见故障及其排除方法

故障现象	产生原因	排除方法
阀芯不动或不到位	(1)滑阀卡住： ①滑阀与阀体配合间隙过小，阀芯在孔中容易卡住不能动作或动作不灵； ②阀芯碰伤，油液被污染； ③阀芯几何形状超差，阀芯与阀孔装配不同心，产生液压卡紧现象。 (2)液动换向阀控制油路有故障： ①油液控制压力不够，滑阀不动，不能换向或换向不到位； ②节流阀关闭或堵塞； ③滑阀两端泄油口没有接回油箱或泄油管堵塞。 (3)电磁铁故障： ①交流电磁铁，因滑阀卡住，铁芯吸不到底而烧毁； ②漏磁，吸力不足； ③电磁铁接线焊接不良，接触不好。 (4)弹簧折断、漏装、太软，不能使滑阀恢复中位，因而不能换向。 (5)电磁换向阀的推杆磨损后长度不够，使阀芯移动过小或过大，都会引起换向不灵或不到位	(1)检查滑阀： ①检查间隙情况，研修或更换阀芯； ②检查、修磨或重配阀芯，换油； ③检查、修正偏差及同心度，检查液压卡紧情况。 (2)检查控制油路： ①提高控制压力，检查弹簧是否过硬，或更换弹簧； ②检查、清洗节流口； ③检查，并将漏油管接回油箱，清洗回油管，使之畅通。 (3)检查电磁铁： ①清除滑阀卡住故障，更换电磁铁； ②检查漏磁原因，更换电磁铁； ③检查并重新焊接。 (4)检查、更换或补装弹簧； (5)检查并修复，必要时换推杆

学习单元三　压力控制阀

□ 单元学习目标

了解压力控制阀的功用和分类；

掌握压力控制阀共同的工作原理、先导式溢流阀的组成、工作原理、特性分析、应用和压力阀的区别。

□ 单元学习内容

压力控制阀是用来控制液压系统油液压力或者利用油液压力来控制油路通断的控制阀。这类阀的共同特点是利用作用在阀芯上的液压力和弹簧力相平衡的原理来工作。压力控制阀主要有溢流阀、减压阀、压力继电器和顺序阀等，飞机上常用的是前三种阀。

一、溢流阀

溢流阀的作用主要是在溢去系统中多余油液的同时使泵的供油压力得到调整并基本保持恒定。溢流阀按其结构原理可分为直动式溢流阀和先导式溢流阀两种。

1. 直动式溢流阀

直动式溢流阀的结构如图 5-11 所示。阀芯在弹簧的作用下压在阀座上,阀体上开有进出油口 P 和 T,压力油从进油口 P 作用于阀芯上。当液压力小于弹簧力时,阀芯压紧阀座,阀口关闭;当液压力大于弹簧力时,阀芯离开阀座,阀口打开,油液从出油口 T 流回油箱,从而保证进口压力基本恒定。调节弹簧的预紧力,便可调整溢流阀的溢流压力。

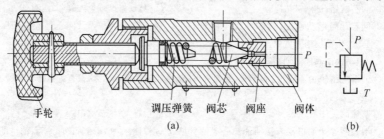

图 5-11 直动式溢流阀
(a) 结构图;(b) 图形符号。

这种溢流阀因压力油直接作用在阀芯上与弹簧力平衡,故而称为直动式溢流阀。直动式溢流阀结构简单,灵敏度高,但压力受溢流量变化影响较大,一般用于低压小流量场合,系统压力较高时就需要采用先导式溢流阀。

2. 先导式溢流阀

先导式溢流阀的结构如图 5-12 所示。它由先导阀和主阀两部分组成。先导阀是一个小规格的直动式锥阀,而主阀阀芯是一个具有锥形端部并开有阻尼小孔的圆柱筒。

先导式溢流阀的工作原理如图 5-13 所示,油液从进油口 P 进入,经阻尼孔 R 进入主阀芯上腔,并经先导阀阀体上的小孔进入先导阀的右腔,液压力同时作用在主阀阀芯和先导阀阀芯上。当进油压力较小而使先导阀关闭时,阀腔中的油液没有流动,作用在主阀芯上的液压力平衡,主阀芯在弹簧力的作用下处于阀体的最下边位置,阀口关闭。当进油压力增大到使先导阀打开时,液流通过主阀芯上的阻尼孔 R、先导阀和回油口 T 流回油箱。由于阻尼孔的阻尼作用,使主阀芯所受到的液压力不等,主阀芯在此压力差的作用下克服弹簧阻力向上移动,使进出油口连通,实现稳压溢流或安全保护。调节先导阀上的调压弹簧,便可调节溢流阀的溢流压力。更换不同刚度的调压弹簧,便能得到不同的调压范围。

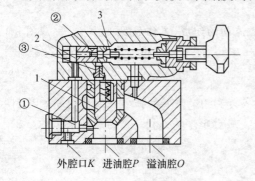

图 5-12 二节同心式先导型溢流阀
1—主阀芯;2—导阀座;3—导阀芯;
①—阻尼孔;②—阻尼孔;③—阻尼孔。

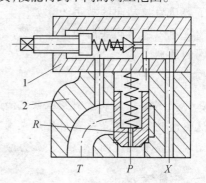

图 5-13 先导式溢流阀的工作原理

根据液流连续性原理可知,流经阻尼孔的流量即为流出先导阀的流量。这一部分流量通常称为泄油量。因为阻尼孔很细,泄油量只占全部溢流量(额定流量)的极小的一部分,绝大部分油液均经主阀口溢回油箱。在先导式溢流阀中,先导阀的作用是控制和调节溢流压力,主阀的功用在于溢流。先导阀因为只通过泄油,其阀口直径较小,即使在较高压力的情况下,作用在锥阀芯上的液压推力也不很大,因此调压弹簧的刚度不必很大,压力调整也就比较轻便。主阀芯因两端均受油压作用,主阀弹簧只需很小的刚度,当溢流量变化引起弹簧压缩量变化时,进油口的压力变化不大,故先导式溢流阀的稳压性能优于直动式溢流阀。但先导式溢流阀结构复杂,灵敏度较低,一般用于中、高压场合。

3. 溢流阀的静态特性

溢流阀是液压系统中极其重要的控制元件,其特性对系统的工作性能影响很大,这里主要讨论静态特性。所谓静态特性,是指溢流阀在稳定工作状态下的性能。

1) 启闭特性

启闭特性通常用压力—流量曲线表示,是静态特性中的重要特性。它表示溢流阀从开启到闭合全过程中,通过阀的流量与控制压力之间的关系。

图 5-14 所示为溢流阀的启闭特性曲线。图中 p_0 为阀开始溢流时的压力,p_n 为通过额定流量时的压力,p_k 为阀溢流阀闭合时的压力。产生压力变化的原因是:当开始溢流时,溢流量小,阀口开度较小,弹簧压缩量也较小,所以打开阀口所需的油压较低;随着溢流量的增大,阀口开度增大,因而弹簧的压缩量也增大,压力相应升高;当溢出全部流量时,阀口开度最大,这时的压力就是溢流阀的调整压力 p_n,p_n 和 p_0 差值的大小,与溢流阀弹簧的刚度和摩擦力大小有关。直动式溢流阀弹簧刚度较大,因此压力变化值较大,稳压性能较差。先导式溢流阀因弹簧刚度较小,因此压力变化值较小,稳压性能较好。

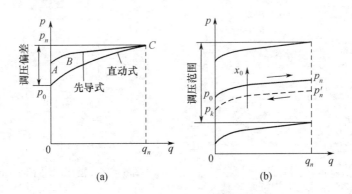

图 5-14 溢流阀静态特性

从溢流阀的应用来考虑,希望开启和关闭过程中压力的变化要尽可能小,由于在开启和关闭时阀芯摩擦力的方向不同,就使得两条曲线不重合。由于先导式溢流阀有主阀阀芯上和先导阀阀芯上的两部分摩擦力,故它的启闭曲线不重合更显著。

在开启时,一般要求被测试阀的溢流口溢流量为额定流量的 1% 时所对应的压力值与调定压力值之比即开启比 p_0/p_n 应在 90% 以上,此对应的压力值称为阀的开启压力。在闭合时,被测试阀的溢流口溢流量为额定流量的 1% 时所对应的压力值与调定压力值之比即闭合比在 85% 以上。而此对应的压力值称为阀的闭合压力。

2) 压力稳定性

溢流阀工作压力稳定性有两种含义。一是指在阀的调整装置保持不变的情况下,调整压力的变动值。这一变动的主要原因和阀芯摩擦力、油温变化、油液清洁度等有关,是一种静态特性。常用额定压力和额定流量下一定时间内压力变动量的大小来衡量。另一种含义是指溢流阀工作时系统压力的波动或振摆值,它和泵源的流量脉动以及阀和管路的动态特性有关,是一种综合的动态指标。

3) 压力损失

当调压弹簧全部放松,阀通过额定流量时,进油腔压力与回油腔压力的差值称为阀的压力损失。它主要和阀中主油路通道的阻力有关,但在测试先导式溢流阀的压力损失时,还受平衡弹簧预紧力的影响。

4. 溢流阀应用举例

1) 和定量泵组合稳压溢流

如图 5-15 所示,在定量泵供油系统中,溢流阀与节流元件及负载并联,调节流量阀开口的大小即可调节进入执行元件的流量,多余的油液则从溢流阀流回油箱,在工作过程中阀口常开,因而稳定了液压泵的工作压力。

2) 和变量泵组合安全保护

如图 5-16 所示,在变量泵供油系统中,执行元件运动速度由变量泵自身调节,不需溢流;泵压可随负载变化,也不需稳压。当系统压力超过溢流阀的调整压力(阀的调整压力比系统最大工作压力大 10%)时,溢流阀才打开,油液经溢流阀溢回油箱,系统压力不再升高,因而可以防止液压系统过载,起安全保护作用。

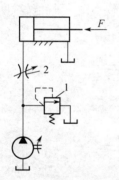

图 5-15 溢流阀用于溢流稳压

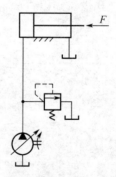

图 5-16 溢流阀用于防止过载

3) 实现远程调压

机械设备液压系统中的泵、阀通常都组装在液压泵站上,为使操作人员就近调压方便,可按图 5-17 所示,在控制工作台上安装一远程调压阀 1(实际上就是图 5-11 所示的直动式溢流阀),并将其进油口与安装在液压泵站上的先导式溢流阀 2 的外控口 X 相连。这相当于给阀 2 除自身的先导阀外,又加接了一个先导阀。调节阀 1 便可对阀 2 实现远程调压。显然,远程调压阀 1 所能调节的最高压力不得超过溢流阀自身先导阀的定压力。另外,为了获得较好的远程控制效果,还需注意两阀之间的油管不宜太长(最好在 3m 之内),要尽量减小管内的压力损失,并防止管道振动。

4）使液压泵卸荷

如图5-18所示，先导式溢流阀对泵起稳压溢流作用。当二位二通阀的电磁铁通电后，溢流阀的外控口即接油箱（图5-12），此时，主阀芯上腔压力接近于零，主阀芯便移动到最大开口位置。由于主阀弹簧很软，进口压力很低，泵输出的油液便在此低压下经过溢流阀回油箱，这时，泵接近于空载运转，功耗很小，即处于卸荷状态。这种卸荷方法所用的二位二通阀可以是通径很小的阀。由于在实用中经常采用这种卸荷方法，为此，常将溢流阀和串联在该阀外控口的电磁换向阀组合成一个元件，称为电磁溢流阀，如图5-18中点划线框图所示。

5）作背压阀用

如图5-19所示，将溢流阀串联在执行元件的回油路上，可以产生背压，使执行元件运动平稳。此时，宜选用直动式低压溢流阀。

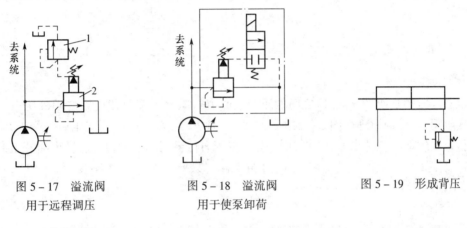

图5-17 溢流阀用于远程调压

图5-18 溢流阀用于使泵卸荷

图5-19 形成背压

二、减压阀

减压阀是一种利用液流流过缝隙产生压力损失，使出口压力（也称二次压力）低于进口压力（也称一次压力）的一种压力控制阀。按调节要求不同，减压阀可分为用于保证出口压力为定值的定压减压阀、用于保证进出口压力差不变的定差减压阀，以及用于保证进出口压力成比例的定比减压阀。减压阀也有直动式和先导式之分，先导式应用较多。

1．定压减压阀

图5-20所示为先导式减压阀的结构和图形符号。它能使出口压力降低并保持恒定，故称定压减压阀，简称减压阀。压力油由阀的进油口 P_1 流入，经减压阀口 X 减压后由出口 P_2 流出。出口压力油经主阀芯上的阻尼孔 e 流至主阀芯的两端，并经阀体与阀盖上的通道作用在先导阀阀芯上。当出口压力油低于先导阀的调定压力时，先导阀关闭，主阀芯两端压力相等，在弹簧力作用下，主阀芯不动，减压口最大，阀处于非工作状态。当出口压力达到先导阀调定压力时，先导阀打开，主阀弹簧腔的油液便由外泄口 Y 流回油箱，由于阻尼孔的作用，主阀芯两端产生压差，压差所产生的液压力克服弹簧力使主阀芯移动时，减压阀口减小，压力损失增大，从而降低了出油口的压力，并使作用在阀芯上的油压和弹簧力等在新的位置上达到平衡。应当指出，当减压阀出口处的油液不流动时，由于仍有少量油液通过外泄口流回油箱，所以减压阀仍处于工作状态，阀的出口压力基本上保持在调定值上。可以看出，与溢流阀相比较，减压阀的主要特点是：阀口常开；从出口引压力油去控制阀口开度，使出口压

力恒定;泄油单独接入油箱。这些特点在图 5-20 的符号上都有反映。

图 5-21 所示为减压阀用于夹紧油路的原理图。液压泵除供给主油路压力油外,还经分支路上的减压阀为夹紧缸提供较泵供油压力低的稳定压力油,其夹紧力大小由减压阀来调节控制。

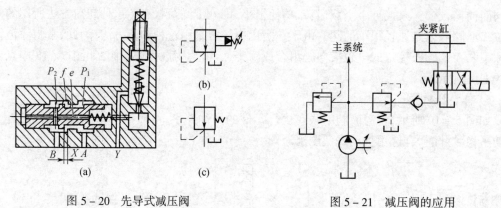

图 5-20 先导式减压阀　　　　　图 5-21 减压阀的应用

2. 定差减压阀

定差减压阀是使进、出油口之间的压力差或出口压力与某负载压力之间的压力差不变的减压阀,其结构原理如图 5-22 所示。高压油 P_1 经减压缝隙 x 减压后以低压 P_2 流出,同时,低压油经阀芯中心孔(图中未示出)将压力传至阀芯上腔,则其进、出油液压力在阀芯有效作用面积上的压力差与弹簧力相平衡。只要弹簧力基本不变,就可使压力差 ΔP 近似地保持为定值。

3. 定比减压阀

定比减压阀能使进、出口压力的比值保持恒定,图 5-23 所示为其结构原理图。选择阀芯的作用面积 A_1 和 A_2,便可得到所要求的压力比且比值近似恒定。

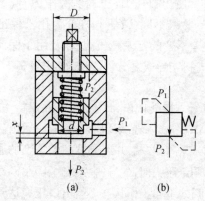 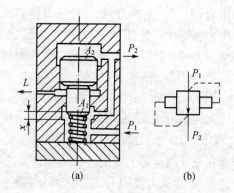

图 5-22 定差减压阀　　　　　　　图 5-23 定比减压阀
(a)结构原理图;(b)图形符号。　　　(a)结构原理图;(b)图形符号。

三、顺序阀

顺序阀的作用是利用液压系统中油液压力的变化来控制油路的通断,从而实现多个执行元件按预定顺序去动作。顺序阀按结构有直动式和先导式之分,直动式应用比较广泛。根据控制压力油来源不同,又有内控式和外控式之分。

图5-24所示为直动式顺序阀的结构原理。压力油由进油口经阀体4和下盖7的小孔流到控制活塞6的下方,使阀芯5受到一个向上的推力作用。当进口压力较低时,阀芯在弹簧2的作用下处于下部位置,这时进出油口不通。当进口油压增大到预调的数值以后,阀芯底部受到的推力大于弹簧力,阀芯上移,进出油口连通,压力油就从顺序阀流过。顺序阀的开启压力可以用调压螺钉1来调节。在此阀中,控制活塞的直径很小,因而阀芯受到向上推力不大,所用的平衡弹簧就不需太硬,这样,可以使阀在较高压力下工作(最大控制压力可达7MPa)。在顺序阀结构中,当控制压力油直接引自进油口时(如图5-24所示的通路情况),这种控制方式称为内控;若控制压力油不是来自进油口,而是从外部油路引入,这种控制方式则称为外控;当阀的泄油从泄油口流回油箱时,这种泄油方式称为外泄;当阀用于出口接油箱的场合,泄油可经内部通道并入阀的出油口,以简化管路连接,这种泄油方式则称为内泄。顺序阀及不同控泄方式的图形符号如图5-25所示。实际应用中,不同控泄方式可通过改变阀上盖和下盖的安装方位来获取。如图5-24所示为内控外泄式顺序阀,若将下盖旋转90°安装,并打开外控口X的堵头,就可使内控变为外控式;同样,若将上盖旋转安装,并堵塞外泄口Y,就可使外泄式变为内泄式。

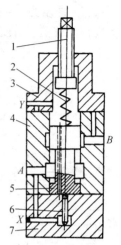

图5-24 直动式顺序阀

1—调压螺钉;2—弹簧;3—上盖;4—阀体;5—阀芯;6—控制活塞;7—下盖。

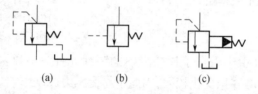

图5-25 顺序阀图形符号

(a)内控外泄式顺序阀一般符号或直动型符号;(b)外控内泄式顺序阀一般符号或直动型符号;(c)内控外泄式先导型顺序阀符号。

图5-26所示为用顺序阀实现执行元件的顺序动作。工作行程时,换向阀1处于图示位置,液压泵输出的压力油首先进入液压缸B的左腔,活塞按箭头①所示的方向右移,当接触工件时,油压升高,在达到足以打开单向顺序阀2中的顺序阀时,油液才能进入缸A,使活塞沿箭头②所示的方向右移。回程时,阀1处在左端的工作位置,由于顺序阀3的作用,缸A的活塞先按箭头③的方向回程至终点,液压缸B的活塞才能按箭头④的方向开始回程。在这种回路中,顺序阀的调定压力应比先动缸的最大工作压力高0.5MPa以上,以保证动作顺序的可靠性。

四、压力继电器

压力继电器是利用油液压力变化自动接通或断开电路的液电转换元件,实现液压系统的自动控制或安全保护。压力继电器由压力—位移转换部件和微动开关两部分组成,按压力—位移转换部件的结构,压力继电器有膜片式、波纹管式、弹簧管式、柱塞式四种类型,这里主要介绍柱塞式。

柱塞式压力继电器有单柱塞和双柱塞之分,下面分析单柱塞式压力继电器。图 5-27(a)所示为最常用的单柱塞式压力继电器。当压力油从油口 P 进入,作用在柱塞 1 的底部。若其压力已达到弹簧的调定值时,便克服弹簧力和柱塞与阀体的摩擦力推动柱塞上升,通过顶杆 2 触动微动开关 4 发出电信号。调节调压螺帽 3 便可改变压力继电器的开启压力。其开启(发讯)压力和闭合压力之间存在一差值,称返回区间。图 5-27(b)所示为压力继电器的图形符号。

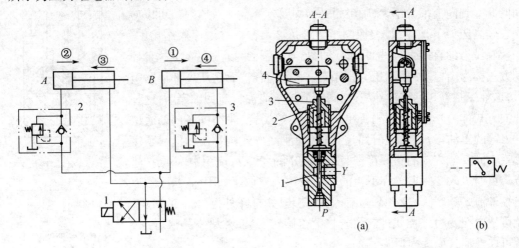

图 5-26　顺序阀的应用　　　图 5-27　单柱塞式压力继电器
(a)结构原理；(b)一般符号。
1—柱塞；2—顶杆；3—调压螺帽；4—微动开关。

柱塞式压力继电器由于采用了比较成熟的弹性元件——弹簧,因此工作可靠、寿命长、成本低。又因为它的容积变化较大,因此不易受压力波动影响。但由于液压力直接与弹簧力相平衡,使弹簧刚度较大,因此重复精度和灵敏度较低,是中高压系统中常用的压力继电器。

五、压力阀的常见故障及排除方法

压力阀的常见故障及排除方法如表 5-6 所列。

表 5-6　压力阀常见故障及排除方法

故障现象	产生原因	排除方法
溢流阀压力波动	①弹簧弯曲或弹簧刚度过低； ②锥阀与锥阀座接触不良或磨损； ③压力表不准； ④滑阀动作不灵； ⑤油液不清洁,阻尼孔不畅通	①更换弹簧； ②更换锥阀； ③修理或更换压力表； ④调整阀盖螺钉紧固力或更换滑阀； ⑤更换油液,清洗阻尼孔
溢流阀明显振动噪声严重	①调压弹簧变形,不复原； ②回油路有空气进入； ③流量超值； ④油温过高,回油阻力过大	①检修或更换弹簧； ②紧固油路接头； ③调整； ④控制油温,将回油给阻力降至 0.5MPa 以下

(续)

故障现象	产生原因	排除方法
溢流阀	①锥阀与阀座接触不良或磨损； ②滑阀与阀盖配合间隙过大； ③紧固螺钉松动	①更换锥阀； ②重配间隙； ③拧紧螺钉
溢流阀调压失灵	①调压弹簧折断； ②滑阀阻尼孔堵塞； ③滑阀卡住； ④进、出油口接反； ⑤先导阀座小孔堵塞	①更换弹簧； ②清洗阻尼孔； ③拆检并修正，调整阀盖螺钉紧固力； ④重装； ⑤清洗小孔
减压阀二次压力不隐定并与调定压力不符	①油箱液面低于回油管口或过滤器，油中混入空气； ②主阀弹簧太软、变形或在滑阀中卡住，使阀移动困难； ③泄漏； ④锥阀与阀座配合不良	①补油； ②更换弹簧； ③检查密封，拧紧螺钉； ④更换锥阀
减压阀不起作用	①泄油口的螺堵未拧出； ②滑阀卡死； ③阻尼孔堵塞	①拧出螺堵，接上滤管； ②清洗或重配滑阀； ③清洗阻尼孔，并检查油液的清洁度
顺序阀振动与噪声	①油管不适合，回油阻力过大； ②油温过高	①降低回油阻力； ②降温至规定温度
顺序阀动作压力与调定压力不符	①调压弹簧不当； ②调压弹簧变形，最高压力调不上去； ③滑阀卡死	①反复几次，转动调整手柄，调到所需的压力； ②更换弹簧； ③检查滑阀配合部分，消除毛刺

学习单元四　流量控制阀

单元学习目标

了解流量控制阀的功用和分类；

掌握调速阀的组成、工作原理、采用原因、特性分析、符号。

单元学习内容

流量控制阀是通过改变阀口通流面积的大小来控制流量，达到调节执行元件运动速度的目的。流量控制阀可分为节流阀、调速阀、温度补偿调速阀、溢流节流阀和分流集流阀等。这里主要介绍最常用的节流阀、调速阀和温度补偿调速阀。

节流口是流量阀的关键部位，节流口的结构形式及其特征在很大程度上决定着流量控制阀的性能。几种常用的节流口形式如图5-28所示。

图5-28(a)所示为针阀式节流口。针阀做轴向运动时，调节了环形通道的大小，由

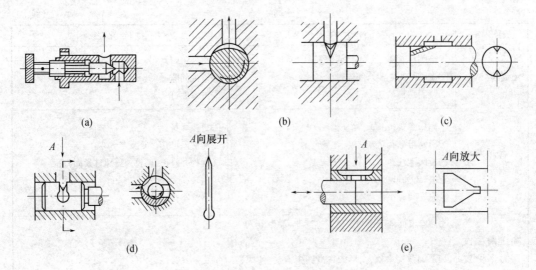

图 5-28 典型节流口的结构形式

此改变了流量。这种结构加工简单,但节流口长度大,水力半径小,易堵塞,流量受油温影响较大。一般用于对性能要求不高的场合。

图 5-28(b)所示为偏心槽式节流口。在阀芯上开一个截面为三角形(或矩形)的偏心槽,当转动阀芯时,就可以改变通道大小,由此调节流量。其性能与针阀式节流口相同,但容易制造,其缺点是阀芯上的径向力不平衡,旋转阀芯时较费力,一般用于压力较低、流量较大和流量稳定性要求不高的场合。

图 5-28(c)所示为轴向三角槽式节流口。在阀芯端部开有一个或两个斜的三角槽,轴向移动阀芯就可以改变三角槽通流面积从而调节流量。其结构简单,水力直径中等,可得到较小的稳定流量且调节范围较大,目前被广泛应用。但节流通道有一定的长度,油温变化对流量有一定的影响。

图 5-28(d)所示为周向缝隙式节流口,沿阀芯周向开有一条宽度不等的狭槽,转动阀芯就可改变开口大小。阀口做成薄刃形,通道短,水力直径大,不易堵塞,油温变化对流量影响小,因此其性能接近于薄壁小孔,适用于低压小流量场合。

图 5-28(e)所示为轴向缝隙式节流口,在阀孔的衬套上加工出图示薄壁阀口,阀芯作轴向移动即可改变开口大小。为保证流量稳定,节流口的形式以薄壁小孔较为理想。流量对温度不敏感。在小流量时,水力半径大,故小流量时的稳定性好,因而可用于性能要求较高的场合。

一、节流阀

图 5-29 所示为节流阀的结构图。压力油从进油口 P_1 流入,经节流口从 P_2 流出。调节手轮可

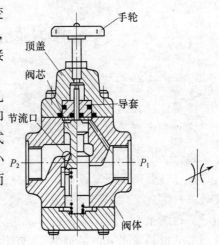

图 5-29 节流阀
(a)结构图;(b)图形符号。

使阀芯轴向移动,改变节流口的通流面积,从而达到调节流量的目的。节流口有各种形式,图示为三角槽式节流口。节流阀结构简单,调节方便,但其流量会受负载和油温变化影响,在其速度稳定性要求较高时常用调速阀。

二、调速阀

调速阀是由定差减压阀和节流阀串联而成的组合阀。定差减压阀用来稳定节流阀进出口压差不随负载发生变化,节流阀用来调节通过阀的流量。图 5-30 所示为调速阀的结构图。设减压阀的进口压力为 P_1,出口压力为 P_2,通过节流阀以后降为 P_3。当负载 F 变化时,负载压力和调速阀的进出口压差 P_1-P_3 随之变化,但因有定差减压阀自动调节,节流阀两端压差 P_2-P_3 却不变。若负载增大使 P_3 增大,减压阀阀芯弹簧腔的压力增大,阀芯移动,使减压阀口增大,P_2 增加,结果 P_2-P_3 保持不变,反之亦然。其流量压力特性曲线如图 5-31 所示。

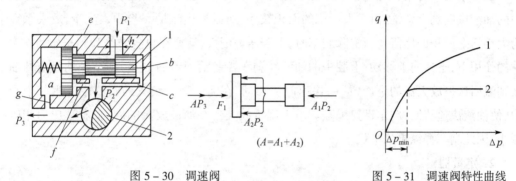

图 5-30 调速阀　　　　图 5-31 调速阀特性曲线

三、温度补偿调速阀

调速阀消除了负载变化对流量的影响,但由于油液黏度会随着温度发生变化,流量仍然会发生变化。为了尽量减小温度变化对流量的影响,就需要对调速阀采取温度补偿措施,这种流量阀称温度补偿调速阀。

温度补偿调速阀和普通调速阀的结构基本相似,它也是由定差减压阀和节流阀串联而成,只是在节流阀阀芯和推杆之间设置了一根温度补偿杆。其补偿原理是:当温度升高时,使原来调定的节流口开度自动地减小,从而对由于黏度下降而引起流量增大起补偿作用。图 5-32 所示为温度补偿装置的结构原理图。聚氯乙烯塑料做成的温度补偿杆 3 介于推杆 4 和节流阀阀芯 2 之间,在温度升高时,杆 3 的伸长量大于钢质阀套的伸长量,因而与杆 3 相连接的阀芯就相对于阀套移动,关小节流口,产生补偿作用。同样,若无定差减压阀,上边所讲温度补偿装置即为一温度补偿节流阀,用于负载变化较小,而油温变化较大,流量又要求比较稳定的场合。

* 四、飞机上常用的流量阀

1. 流量放大器

流量放大器是由阀体和安装在其内的一个阶梯活塞组成,图 5-33 所示为流量放大器的结构原理图,它主要用于工作系统要求的流量大于供油系统供给流量的情况,如某些飞机的刹车系统。

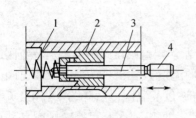

图 5-32 QT 型温度补偿装置结构原理图

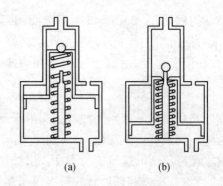

图 5-33 流量放大器

当实施刹车时,刹车油液经小端活塞接头进入上腔,推动活塞运动;大端活塞将下腔中的油液供向刹车系统;由于大活塞的面积较大,所以输出流量大于输入流量,放大系数为大小活塞面积的比值。当解除刹车时,上腔压力消失,活塞在自身弹簧和刹车作动筒弹簧的作用下,迅速向上移动,上腔中的油液经刹车控制活门流回油箱,刹车作动筒内的油液则流回流量放大器的下腔,活塞快速向上移动,在通向刹车装置的管路中产生一个吸力,使油液快速流回,刹车迅速解除。由于流量放大器在油液放大的同时,刹车压力相应减小,因此刹车操纵更加平稳。

2. 定量器

定量器是油液消耗量极限控制的液压保险。在使用作动筒作为执行机构的传动部分中,作动筒的容积是一定的,因此在正常情况下,传动部分工作一次,所需油液的体积(油液消耗量)也是一定的。如果传动部分的导管或附件损坏,则当供油管路接通后,油液就可能不断地流向传动部分,并从损坏处漏出,使油液消耗量超过规定值。定量器的功用是:当油液消耗量超过规定值时,自动将管路封闭,以防止系统内的油液大量漏失。

定量器的基本工作原理如图 5-34 所示。当作动筒不工作时,油液不流动,定量活门内的 A 室和 B 室通过节流孔 a 相通,压力相等,活塞两边的液压力也相等,活塞停在左端位置。当作动筒工作时,一定流量的油液经定量活门流入作动筒,由于节流孔的作用,使 A、B 两室形成一定的压力差,在这个压力差的作用下,油液经节流孔以一定的流量进入

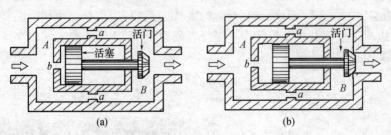

图 5-34 定量器工作原理

(a) 正常工作情况;(b) 自动切断油路。

活塞的左室,推动活塞向右移动。如传动部分工作正常,则活门尚未右移到关闭位置,传动工作即可完成,油液停止流动,压力差消除,活塞不再移动;油液反向流动(即回油)时,能将活塞推回到左端位置。当下游导管漏油时,油液不断流动,活塞也就不断向右移动。当通过定量活门的油液消耗量达到某一值时(按设计情况定),活门恰好移动到关闭位置,定量活门上游的油液就不能继续外流。因而,当油液消耗量超过规定值时,定量器自动切断油路,防止系统油液大量漏失。

3. 定流量器(流量限制器)

定流量器常装在向执行机构供油的管路上。当通过活门的流量超过规定值时,依靠节流孔前后的压差,克服弹簧力使活门关闭,切断油路。

如图 5-35 所示,定流量器(流量限制器)的结构和定量器相似,只是在活塞的后面增加了一个有一定初始张力的弹簧。系统工作正常时,节流孔前后的压力差不足以克服弹簧的初始张力,活塞不动,管路畅通。如果流量限制器以后的管路损坏,油液的流量超过了规定值,节流孔前后的压力差就克服弹簧张力,将活塞推向右端,封闭出油口,阻止油液继续外漏。

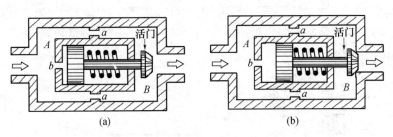

图 5-35 定流量器
(a) 正常工作情况;(b) 自动切断油路。

五、流量阀的常见故障及排除方法

流量阀的常见故障及排除方法如表 5-7 所列。

表 5-7 流量阀常见故障及其排除方法

故障现象	产生原因	排除方法
无流量通过或流量极少	①节流口堵塞,阀芯卡住; ②阀芯与阀孔配合间隙过大,泄漏大	①检查清洗,更换油液,提高油液清洁度; ②检查磨损及密封情况,修换阀芯
流量不稳定	①油中杂质黏附在节流口边缘上,通流截面减小,速度减慢; ②系统温升,油液黏度下降,流量增加,速度上升; ③节流阀内、外泄漏大,流量损失大,不能保证运动速度所需要的流量	①拆洗节流阀,清除污物,更换滤芯或油液; ②采取散热、降温措施,必要时换带温度补偿调速阀; ③检查阀芯与阀体之间的间隙及加工精度,超差零件修复或更换,检查有关连接部位的密封情况或更换密封件

学习单元五　电液比例控制阀

□ 单元学习目标

了解电液比例控制阀的功用和分类；
掌握电液比例控制阀的工作原理、符号、应用和普通液压控制阀的区别。

□ 单元学习内容

电液比例控制阀是20世纪60年代出现的一种新型的液压控制元件。它可以按照输入的电气信号连续的、按比例的远距离控制油液的压力、流量和流动方向，因此可分为电液比例方向阀、电液比例压力阀和电液比例流量阀三大类。

一、电液比例溢流阀

用比例电磁铁替代直动式溢流阀的手调装置，便成为直动式电液比例溢流阀，如图5-36所示。由于电磁线圈产生的电磁力与输入的电流信号成正比，改变电流信号的大小就可改变电磁力，从而得到所需要的压力，因此可以实现无级调压。用直动式电液比例溢流阀作先导阀和其他普通的主阀相组合，便可组成先导式比例溢流阀、先导式比例减压阀、先导式比例顺序阀。

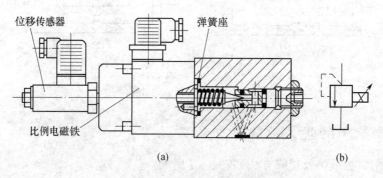

图5-36　电液比例溢流阀
(a) 工作原理图；(b) 图形符号。

二、电液比例调速阀

用比例电磁铁替代节流阀或调速阀的手调装置，以输入电信号控制节流口开度，便可连续、成比例地远距离控制其输出流量，调节执行元件的运动速度。图5-37所示为电液比例调速阀的结构原理图。图中的节流阀阀芯由比例电磁铁的推杆操纵，输入的电流信号不同，则电磁力不同，节流阀口的开度也不同。由于定差减压阀已保证了节流阀进出口压差为定值，所以一定的输入电流对应一定的输出流量，电流信号变化，输出的流量也变化。

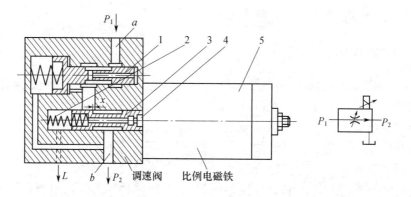

图 5-37 直动式比例调速阀
1—减压阀阀芯；2—弹簧；3—节流阀阀芯；4—推杆；5—比例电磁铁。

三、电液比例换向阀

用比例电磁铁替代电磁换向阀中的普通电磁铁，便组成直动式比例换向阀，如图 5-38 所示。由于采用了比例电磁铁，阀芯不仅可以换位，而且换位时的行程可以连续、成比例地变化，因而连通油口间的通流面积也可变化，因此电液比例换向阀既可以控制执行元件的运动方向，还可以控制其运动速度。

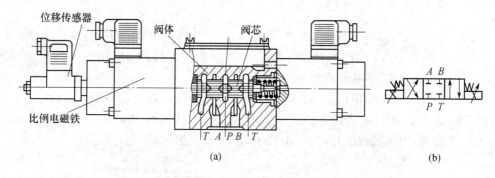

图 5-38 电液比例换向阀
(a) 工作原理图；(b) 图形符号。

学习单元六 插装阀与叠加阀

□ 单元学习目标

了解插装阀和叠加阀的功用和分类；
掌握插装阀的组成、工作原理、符号和应用场合。

□ 单元学习内容

插装阀是 20 世纪 70 年代初出现的一种新型液压控制元件。它是将锥阀（或滑阀）阀芯直接插入插装块体，与各种先导阀组合，便可组成方向控制插装阀、压力控制插装阀、流量控制插装阀。插装阀结构简单，动作灵敏，密封性能好，通流能力大，广泛应用于钢铁设备、塑料成型机和船舶等大流量控制系统中。

一、插装阀的工作原理

图 5-39 所示为插装阀的结构原理图。它由控制盖板、插装单元(阀套、阀芯、弹簧和密封件组成)、插装块体和先导控制元件(图中未画出)组成。由于这种阀的插装单元在油路中主要起通、断作用，故又称二通插装阀或逻辑阀。其工作原理相当于一个液控单向阀。图中 A 和 B 为主油路仅有的两个工作油口，X 为控制油口(与先导阀相接)。当 X 口无液压力作用时，阀芯受到的液压力大于弹簧力，阀口打开，A 与 B 相通，至于油液的流动方向，视 A、B 两油口压力的大小而定。反之，当 X 口有液压力作用时，且 X 口的油液压力大于 A 口和 B 口的油液压力，才能保证 A 与 B 之间关闭。

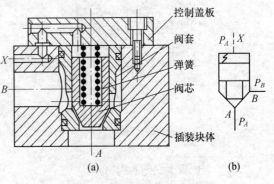

图 5-39 插装阀结构原理图
(a) 工作原理图；(b) 图形符号。

二、方向控制插装阀

图 5-40 所示为方向控制插装阀的实例。图 5-40(a) 所示为单向阀，当 $P_A > P_B$ 时，阀口关闭，A 与 B 不通；当 $P_B > P_A$ 时，阀口开启，油液从 B 流向 A。图 5-40(b) 所示为二位二通阀，当二位三通电磁阀断电时，阀口开启，A 与 B 接通；电磁阀通电时，阀口关闭，A 与 B 不通。图 5-40(c) 所示为二位三通阀，当二位四通电磁阀断电时，A 与 T 接通；电磁阀通电时，P 与 A 接通；图 5-40(d) 所示为二位四通阀，电磁阀断电时，P 与 B 接通，A 与 T 接通；电磁阀通电时，P 与 A 接通，B 与 T 接通。

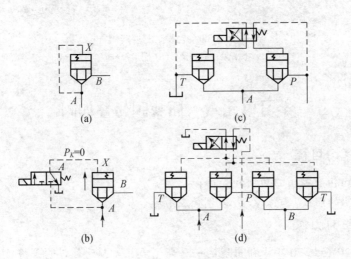

图 5-40 方向控制插装阀

三、压力控制插装阀

图 5-41 所示为压力控制插装阀。在图 5-41(a)中,如果 B 通油箱,则插装阀用作溢流阀,其原理与先导式溢流阀相同。如果 B 接负载,则插装阀起顺序阀作用。在图 5-41(b)中,若二位二通电磁阀通电,则作卸荷阀用,若二位二通电磁阀断电,则为溢流阀。

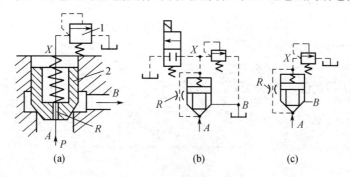

图 5-41 压力控制插装阀
(a) 结构原理;(b) 用作溢流阀或卸荷阀;(c) 用作顺序阀。
1—先导阀;2—主阀;R—阻尼孔。

四、流量控制插装阀

二通插装节流阀的结构如图 5-42 所示。在插装阀的控制盖板上装上阀芯限位器,用来调节阀口开度,从而起到流量控制作用。若在插装节流阀前串联一个定差减压阀,则可组成二通插装调速阀。

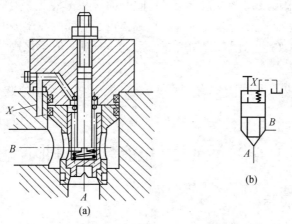

图 5-42 流量控制插装阀
(a) 结构原理图;(b) 图形符号。

五、叠加阀

叠加阀是在板式连接阀集成化基础上发展起来的一种新型液压元件。叠加阀阀体是拥有共同油路的标准尺寸的长方体,使用时将所用的阀在底版上叠积,然后用螺栓紧固。

这种连接方式从根本上消除了阀与阀之间的连接管路,组成的系统更加简单紧凑,配置灵活方便,工作可靠。

叠加阀的分类与一般液压控制阀相同,仍然可分为压力控制阀、流量控制阀和方向控制阀三类。下面以叠加式溢流阀为例来说明一般叠加阀的结构。先导型叠加式溢流阀由先导阀和主阀两部分组成,如图5-43所示。

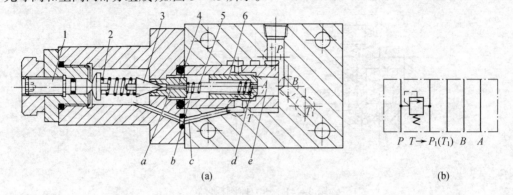

图 5-43　先导型叠加式溢流阀
(a)结构原理图;(b)图形符号。
1—调压螺钉;2—调压弹簧;3—锥阀芯;4—阀座;5—主阀弹簧;6—主阀芯;
a、d—阻尼孔;b—主阀芯腔;c—回油小孔;e—压力腔。

当压力油从 P 油口进入 e 腔后,作用在主阀芯 6 右端,并经小孔 d 进入 b 腔,再通过小孔 a 作用于先导阀的锥阀芯 3 上。当进油压力低于阀的调整压力时,锥阀 3 关闭,主阀也关闭,阀内油液不流动。当进油压力升高到阀的调整压力时,锥阀芯被打开,这时 b 腔的油液经小孔 a、锥阀口和小孔 c 流入 T 口,同时油液从 e 腔经小孔 d 流动,使主阀芯的两端油液产生压力差。此压力差使主阀芯克服弹簧 5 的弹力和摩擦力而左移,阀口打开,使油液从 P 口流向 T 口。调节弹簧 2 的预压缩量,便调节了该阀的调整压力,即溢流压力。

从上述分析可以看出,先导型叠加式溢流阀与普通先导式溢流阀不仅原理相同,而且其结构相似。

学习单元七　电液数字控制阀

□ 单元学习目标

了解电液数字控制阀的功用和分类;
掌握电液数字控制阀的组成、工作原理和应用场合。

□ 单元学习内容

电液数字控制阀是 20 世纪 80 年代初发展起来的一种新型液压控制元件。它可以直接接受计算机的数字信息,而不需要任何的"数—模"转换装置。接受计算机数字控制的方法有多种,当今技术比较成熟的是增量式数字阀,即用步进电机驱动的液压控制阀,已有数字流量阀、数字压力阀和数字方向流量阀等系列成品。步进电机能接受计算机发出的经驱动电源放大的脉冲信号,每接受一个脉冲便转动一定的角度,又通过凸轮或丝杠等机构转换成直线位移量,从而推动阀芯或者压缩弹簧,实现对液流方向、流量或压力的控制。

图 5-44 所示为增量式数字流量阀。计算机发出信号后,步进电机转动,通过滚珠丝杠转化为轴向位移,带动节流阀阀芯移动。该阀有两个节流口,阀芯移动时首先打开非全周节流口,流量较小;继续移动则打开第二个全周节流口,流量较大,可达 3600L/min。该阀的流量由阀芯、阀套及阀杆的相对热膨胀取得温度补偿,保持流量恒定。该阀无反馈功能,但装有零位移传感器,在每个行程终了,阀芯都可在传感器控制下回到零位,这样就保证了每个工作周期都在相同的位置开始,使阀具有较高的重复精度。

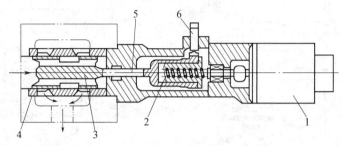

图 5-44 增量式数字流量阀
1—步进电动机;2—滚珠丝杠;3—阀芯;4—阀套;5—阀杆;6—零位传感器。

*学习单元八 液压伺服阀

□ 单元学习目标

了解液压伺服阀的功用及分类;
掌握液压伺服阀的工作原理及应用。

□ 单元学习内容

液压控制系统是根据液压传动原理建立起来的一种自动控制系统,也称伺服系统、随动系统或跟踪系统,按控制信号不同可分为机液伺服系统、电液伺服系统和气液伺服系统。

液压伺服阀是液压控制系统中的主要控制元件,它按照输出和输入信号之间的误差方向及大小自动地改变输往执行元件油液的方向、压力和流量,从而对执行元件的运动进行控制。常见的有液压伺服阀和电液伺服阀两大类。

一、液压伺服阀

液压伺服阀是机液伺服系统中的主要元件,常见的有滑阀式、喷嘴挡板式和射流管式,下面分别予以介绍。

1. 滑阀式液压伺服阀

滑阀式伺服阀在液压控制系统中应用最为广泛,它主要用于执行元件做直线往复运动的控制系统。控制滑阀利用圆柱阀芯上的凸肩棱边和阀体上沉割槽对应的棱边组成节流口,根据滑阀的节流口(控制边数)数目的不同,滑阀式伺服阀有单边控制滑阀、双边控制滑阀和四边控制滑阀三大类。

图 5-45(a)所示为单边控制滑阀,压力油进入有杆腔后经活塞上的小孔 a 流入无杆腔,再经过可变节流口 X 流回油箱。无杆腔压力由可变节流口 X 控制,从而控制液压缸的运动。若液压缸不受外载作用,则 $P_1 A_1 = P_s A_2$,液压缸不动。当阀芯左移时,开口量 X 增大,无杆腔压力 P_1 减小,于是 $P_1 A_1 < P_s A_2$,缸体向左移动。因为缸体和阀体固连成一个整体,故阀体也左移,使 X 减小,直至平衡。

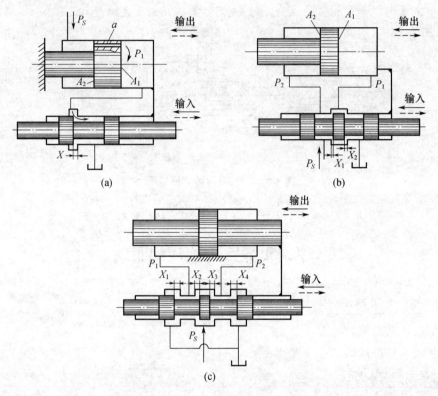

图 5-45 滑阀的工作原理
(a) 单边滑阀;(b) 双边滑阀;(c) 四边滑阀。

图 5-45(b)所示为双边控制滑阀,它有两个控制边。当滑阀阀芯左移时,阀口 X_1 减小,X_2 增大,液压缸无杆腔压力 P_1 减小,缸体也左移,所以两个可变节流口控制液压缸无杆腔的压力和流量。双边滑阀比单边滑阀的灵敏度高,精度也高。

图 5-45(c)所示为四边控制滑阀,它有四个控制开口,开口 X_1、X_2 分别控制进入液压缸两腔的压力油,开口 X_3、X_4 分别控制液压缸两腔的回油。与双边滑阀相比,四边滑阀同时控制液压缸两腔的压力和流量,故灵敏度更高,工作精度也更高。四边控制滑阀因控制性能好,用于精度和稳定性要求较高的系统。

由于滑阀式液压伺服阀是由阀体和阀芯形成控制节流口的,根据滑阀阀芯在中间对称位置时,阀体与阀芯的开口形式有负开口(正遮盖)、零开口(零遮盖)和正开口(负遮盖)三种形式,如图 5-46 所示。实践经验证明:具有零开口的控制滑阀,系统的工作精度最高;负开口有较大的不灵敏区,即阀芯移动距离不超过负开口量时,没有油液输出,因而也

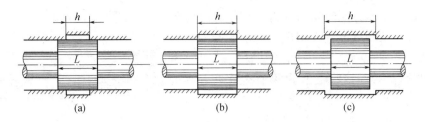

图 5-46 滑阀的三种开口形式
(a) 负开口；(b) 零开口；(c) 正开口。

就不起控制作用，因此很少采用；具有正开口的控制滑阀，工作精度较负开口高，但功率损耗大，稳定性也较差。比较而言，性能最好的是零开口结构，但完全的零开口在工艺上难以达到，因此实际的零开口允许小于 ±0.025mm 的微小开口量偏差。

2. 喷嘴挡板式液压伺服阀

图 5-47 所示为喷嘴挡板式液压伺服阀，有单喷嘴和双喷嘴两种形式，它们的工作原理基本相同。由于双喷嘴挡板式液压伺服阀挡板的受力情况比较好，控制灵敏度较高，所以应用较为广泛，因此，这里主要介绍双喷嘴挡板式液压伺服阀。

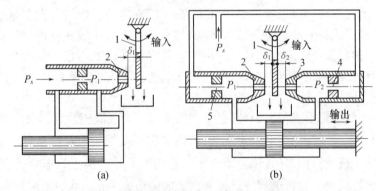

图 5-47 喷嘴挡板式液压放大器的工作原理
(a) 单喷嘴式；(b) 双喷嘴式。
1—挡板；2—喷嘴；3—喷嘴；4—固定节流孔。

双喷嘴挡板式液压伺服阀的工作原理如图 5-47(b) 所示，主要由挡板 1、喷嘴 2 和 3、固定节流孔 4 和 5 以及双活塞杆液压缸等组成。挡板和两个喷嘴形成两个可变节流口，挡板的位置由输入信号控制。工作时挡板转角很小，可以看成相对于喷嘴端面的平移。当挡板处于中间位置时，两间隙相等，液阻相等，因此，$P_1 = P_2$，液压缸不动。压力油经小孔 4 和 5、缝隙 δ_1 和 δ_2 流回油箱。当挡板偏摆时，间隙减小的一侧，液阻增大，喷嘴内的压力上升，间隙增大的一侧，液阻减小，喷嘴内的压力下降，液压缸便向挡板偏转方向移动。因喷嘴和缸体连接在一起，故喷嘴也一起移动。当喷嘴跟随缸体移动到挡板两边对称位置时，液压缸便停止运动。

喷嘴挡板式液压放大器结构简单，灵敏度高，对油液污染不太敏感。但泄漏量大，效率低，因而只能用在小功率系统或作为多级放大液压控制阀中的前置级。

3. 射流管式液压伺服阀

射流管式液压伺服阀的工作原理如图 5-48 所示，它由射流管 1 和接收器 2 组成。

射流管将液体的压力能转换为液体的动能。改变射流管与接收器的相对位置就实现了能量的分配。射流管可绕支承轴 O 摆动。压力油从管道进入射流管后经喷嘴射出,经接收器上的两个孔道进入液压缸两腔。当射流管在中位时,两接收孔内的压力相等,液压缸不动。当射流管向左偏移时,孔道 b 的油液压力大于孔道 a 的油液压力,液压缸也向左移动。由于接收器和缸体连接在一起,因此,接收器也向左移动。直到移动的接收器到达使射流管又位于两孔道中间位置时,液压缸便停止运动。

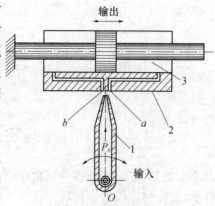

图 5-48 射流管式液压放大器的工作原理
1—射流管；2—接收器；3—液压缸。

射流管式液压伺服阀结构简单、工作可靠、动作灵敏、抗污染能力强,但零位时功率损失大,因此只适用于低压小流量场合。

二、电液伺服阀

电液伺服阀是电液伺服系统中必不可少的元件,它是连接电气部分与液压部分的重要纽带。电液伺服阀输入的是电流信号,输出的是与电流大小成正比的油液的压力与流量,而液流的方向则取决于电流的极性。由于它具有将微弱的电信号放大并转换为大功率的液压能而输出的功用,所以它可以同时发挥电气和液压两方面的优点。

1. 电液伺服阀的组成

电液伺服阀的结构形式很多,目前最常用的是具有两级液压放大器的流量伺服阀;又由于反馈作用是由反馈杆的变形来实现的,所以又称力反馈式电液伺服阀。这种阀由三部分组成:电气—机械转换器(常用力矩马达),它将电信号转换为机械量;液压前置放大级(常用双喷嘴挡板阀),它将电气—机械转换器的输出进一步放大,以便推动液压功率放大级;液压功率放大级或主阀(常用四边控制滑阀),它是电液伺服阀的输出级。力矩马达、双喷嘴挡板阀、四边控制滑阀三者通过反馈杆建立协调关系。

1) 电气—机械转换器

电气—机械转换器的作用是将电信号转换成力或力矩,再通过弹簧转换成位移。常用的有两种形式:动圈式力马达和衔铁式力矩马达。

(1) 动圈式力马达。如图 5-49 所示动圈式力马达,由永久磁铁 6、轭铁 5 和极靴 3 构成一个磁回路(图中虚线所示为磁力线方向),动圈 2 在磁路气隙中。如果有电流输入时,线圈在磁场中会受到力的作用而产生运动。当电磁力和与线圈固连的弹簧片变形而产生的弹力平衡时,动圈停止运动。动圈受到的电磁力和动圈中的电流成比例,所以弹簧的变形,也就是动圈的位移和电流成正比。动圈式力马达结构比较大,动态特性较差,但输出位移大,主要用于动态特性要求不高的电液伺服阀。

(2) 衔铁式力矩马达。衔铁式力矩马达的原理如图 5-50 所示,它由永久磁铁 5、铁轭 4、线圈 1 和衔铁 3 等组成。衔铁由扭轴 2 支承,处于永久磁铁和轭铁所组成磁路的气隙中。当线圈中未通电时,衔铁两侧气隙 a、b 相等,气隙中磁力线相等。此时,衔铁不受磁力作用而处于中间位置。当输入电流信号时,线圈产生附加磁场,使气隙 a、b 中的磁力线数不再相等。这时,衔铁受磁力作用而向磁力线增加的气隙方向转动(图中为向气隙 b 方向),直到磁力矩与支承扭轴的变形力矩相平衡,衔铁定位。由于电磁力与输入电流成比例,而扭轴的反力矩与其转角成比例,因此衔铁的转角与输入电流大小成正比。如输入反向电流,则衔铁也反向偏转。衔铁式力矩马达结构紧凑、动态特性好,但工艺要求高且行程较短。

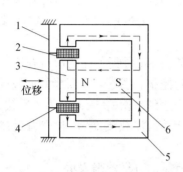

图 5-49 动圈式力马达原理
1—弹簧片;2—动圈;
3—极靴;4—线圈架;
5—轭铁;6—永久磁铁。

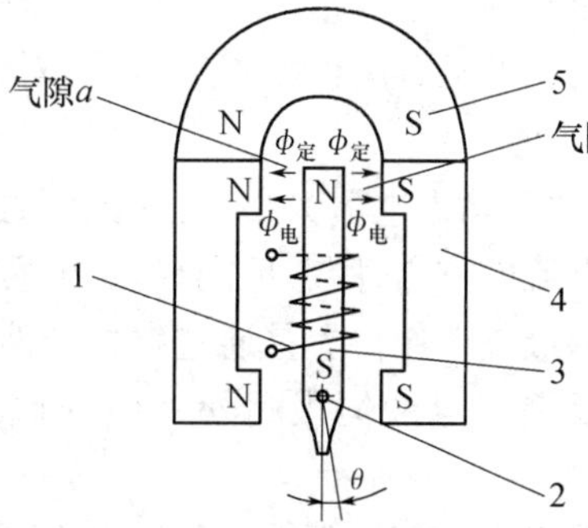

图 5-50 衔铁式力矩马达原理
1—线圈;2—扭轴;
3—衔铁;4—轭铁;
5—永久磁铁。

2) 液压放大器

液压放大器由前置放大级(双喷嘴挡板阀)和功率放大级(四边控制滑阀)两级组成,其结构和工作原理如学习单元五所述。

2. 电液伺服阀的工作原理图

力反馈式电液伺服阀的工作原理如图 5-51 所示。图中上半部分为电气—机械转换器,即衔铁式力矩马达。下半部分为前置放大级(双喷嘴挡板阀)和功率放大级(四边控制滑阀)。当无电流信号输入时,力矩马达无力矩输出,与衔铁 5 固定在一起的挡板 9 处于中位,四边控制滑阀阀芯亦处于中(零)位。液压泵输出的油液以压力 P_s 进入滑阀阀口,因阀芯两端凸肩将阀口关闭,油液不能进入 A、B 口,但经固定节流孔 10 和 13 后分别流到两个可变节流口,然后从滑阀中部空腔流回油箱。由于挡板处于中位,两喷嘴与挡板形成的可变节流口相等,因而油液流经两个固定节流孔的液阻相等,则喷嘴前的压力 P_1 与 P_2 相等,滑阀阀芯两端压力相等,阀芯处于中位。若线圈输入电流,控制线圈中将产生磁通,使衔铁上产生电磁力矩。当电磁力矩

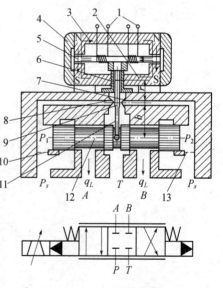

图 5-51 电液伺服阀的结构工作原理
1—线圈;2—导磁体;3—导磁体;
4—永久磁铁;5—衔铁;6—弹簧管;
7—喷嘴;8—喷嘴;9—挡板;
10—固定节流孔;11—反馈弹簧杆;
12—滑阀;13—固定节流孔。

121

为顺时针方向时,衔铁将连同挡板一起绕反馈弹簧杆的支点顺时针偏转。图中左边的可变节流孔减小,右边的可变节流孔增大,即压力 P_1 增大、P_2 减小,推动滑阀向右运动,开启阀口,P_s 与 B 相通,A 与 T 相通。在阀芯向右运动的同时,带动反馈弹簧杆 11 下端的小球右移,反馈弹簧杆上端受电磁力矩的作用,下端受阀芯推力的作用,产生弯曲变形,弹性变形产生的反作用力,一方面阻止阀芯继续向右运动,另一方面使挡板在两喷嘴间的偏移量减小,实现了反馈作用。最终,反馈杆的反力与作用在阀芯上的液压力平衡,衔铁上的电磁力矩与弹簧管变形的反力矩、反馈杆的反力矩相平衡,得到一平衡位置,并有相应的流量输出。可见,一定的电流信号,对应一定的偏角、一定的阀口开度、一定的输出流量。

显然,改变输入电流大小,可成比例的调节电磁力矩,从而得到不同的阀口开度。若改变输入电流的方向,阀芯反向移动,可实现液流的反向控制。图 5-51 所示的电液伺服阀的滑阀的最终工作位置是通过挡板弹性反力反馈作用达到平衡的,因此称为力反馈式。

除力反馈式电液伺服阀外,电液伺服阀还有位置反馈、负载反馈、负载压力反馈等形式。

力反馈式电液伺服阀的工作原理也可用图 5-52 所示的方框图来表示。

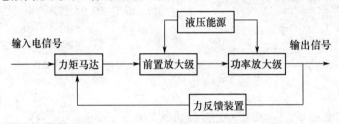

图 5-52 力反馈式电液伺服阀方框图

3. 飞机上常用的电液伺服阀
1) 防滞控制活门(阀)

图 5-53 所示的防滞活门是一个电液伺服阀,接收来自防滞控制组件的信号去计量刹车的压力。力矩马达用以决定挡板在两个液压口(回油、压力油)间的位置。滑阀内部

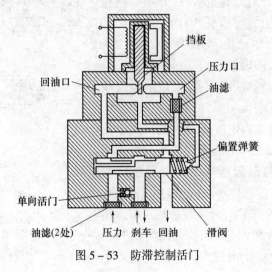

图 5-53 防滞控制活门

有一条油路,进行偏置控制。力矩马达没有输入信号时,挡板靠向回油喷嘴。滑阀在弹簧力作用下靠向左边。刹车时,液压油通过滑阀直接去刹车。如果防滞系统感觉到机轮慢下去的速度太快,将产生一个信号送至力矩马达绕组,使挡板移向压力喷嘴一边,限制油液进入中间腔室,并让中间腔回油。滑阀的右端压力下降,左端压力增大,将滑阀推向右边,关闭刹车油压,并部分回油。滑阀移动的多少取决于马达电流的大小。同理,去力矩马达的电流减少,刹车的压力更大。

在压力管路和刹车管路间装有单向活门,防止刹车压力消失后,刹车管路液压锁紧。

2) 电液副舵机

电液副舵机原理图如图 5-54 所示。电液副舵机由电液伺服阀、作动筒和位移传感器等组成,高压油流入进油口,经过滤器 14 分四路流出。其中两路经左、右固定节流孔 13,阀芯 10 的两旁和左、右喷嘴 7,在溢流腔 8 中汇合,然后经回油节流孔 12 回油口流出。另外两路油液分别流到阀套 11 上被阀芯工作凸肩遮住的窗口处。阀芯偏离中间位置后,其中一路高压油液经阀芯工作凸肩打开的窗口流入作动筒的一腔,作动筒另一腔的油液经被打开的另一窗口直接流入回油孔。

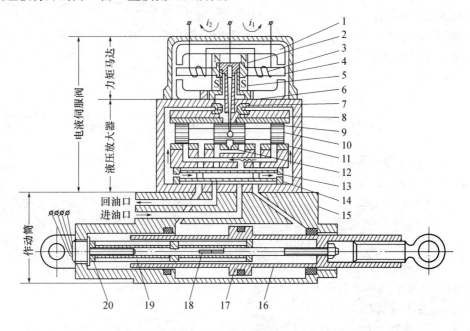

图 5-54 电液副舵机原理图

1—导磁体;2—永久磁铁;3—控制线圈;4—衔铁;5—弹簧管;6—挡板;
7—喷嘴;8—溢流腔;9—反馈杆;10—阀芯;11—阀套;12—回油节流孔;
13—固定节流孔;14—油滤;15—作动筒壳体;16—活塞杆;17—活塞;
18—铁芯;19—线圈;20—位移传感器。

力矩马达将电气量转换成机械角位移。当力矩马达控制绕组中的直流电流差 $i_1 - i_2$ 等于零时,导磁体 1 与衔铁 4 之间的四个气隙中流过的磁通量相等;而衔铁两端流过上气隙与下气隙的磁通方向相反,衔铁两端的电磁力平衡,衔铁及与之固连的挡板 5 处于中间位置。挡板与左右两个喷嘴间的距离相等,两路油液作用在阀芯两端面上的压力大小相等、方向相反,阀芯处于中间位置。阀芯的工作凸肩遮住阀套上的窗口,阻止高压油流入,活塞杆16处于中间位置，舵面不偏转。

当控制电流i_1-i_2不等于零时，产生控制磁通，改变四个气隙之间的磁通量。在衔铁一端的上气隙中流过的磁通量增加，下气隙中流过的减少。衔铁的另一端与此相反。于是，衔铁两端的电磁力不平衡，产生电磁力矩；使衔铁带动挡板转动，挡板与一侧喷嘴的距离增大，喷嘴腔内油压降低，与另一侧喷嘴的距离减小喷嘴腔内油压升高。在压力差的作用下，阀芯向低压腔方向移动。当作用在衔铁上的电磁力矩与弹簧管5因衔铁转动而变形所产生的力矩、阀芯移动通过小球带动反馈杆9产生的力矩以及高压油流过阀芯产主的液动力矩相平衡时，衔铁停止转动保持在某一偏转角上。阀芯两端的压力差与反馈杆对阀芯的反作用力也随之平衡，阀芯停止移动，移动距离正比于控制绕组电流之差，移动方向则取决于该电流差的极性。阀芯移动打开阀套上被工作凸肩遮住的窗口，高压油经窗口流入作动筒的一腔，该腔的压力升高。在作动筒两腔压力差作用下，活塞17和活塞杆16以一定速度向低压腔方向移动。作动筒另一腔的油液被压出，经阀套上的窗口流入回油孔。

如果电流差i_1-i_2的极性改变。则衔铁和阀芯分别反方向运动，活塞和活塞杆也以一定速度反方向运动。

线性位移传感器20把活塞杆的位移转变成电信号，输出正比于活塞杆位移的交流电压，其相位取决于活塞移动的方向。

习题与思考题

1. 根据液压控制阀功用的不同，可以将其分为哪几类？
2. 换向阀的"位"和"通"各代表什么意思？在符号中如何表示？
3. 新开发的换向阀系列中均无二位二通阀，怎样才能将二位三通阀和二位四通阀改装成二位二通阀？画出其图形符号。
4. 什么叫滑阀机能？说明O、H、P、K型机能的特点及适用场合。
5. 画出下列各种名称换向阀的图形符号。
  (1) 二位四通电磁换向阀；
  (2) 二位三通机动换向阀；
  (3) 三位四通P型机能的电磁换向阀；
  (4) 三位四通O型机能的液动换向阀；
  (5) 二位五通手动换向阀；
  (6) 三位四通Y型机能的电液换向阀。
6. 电液换向阀中先导阀的中位为什么要采用Y型机能？还可以采用何种滑阀机能？
7. 在题7图中液压泵和液压缸之间画一个适当的电磁换向阀，使液压缸满足下列动作要求。
  (1) 实现活塞左右换向移动；
  (2) 实现活塞左右换向移动，并能使活塞在任意位置停止；
  (3) 实现活塞左右换向移动，并能使液压缸实现差动连接，从而使活塞实现快速

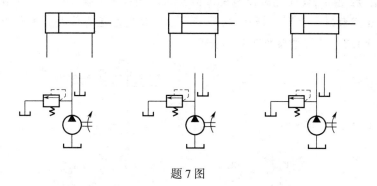

题 7 图

运动。

8. 先导式溢流阀的远程控制口有何作用？如果误把它当成泄漏油口接回油箱,会出现什么问题？

9. 从阀体、阀芯的结构上比较中压先导式溢流阀与中压先导式减压阀有什么相同之处？有什么不同之处？现有两个阀,由于无铭牌,又不能将其拆开,问如何根据阀的特点迅速判别哪个是减压阀？哪个是溢流阀？

10. 在题 10 图所示的三回路中,溢流阀的调定压力分别为 $p_{a1} = p_{b1} = p_{c1} = 6\text{MPa}$, $p_{a2} = p_{b2} = p_{c2} = 5\text{MPa}$, $p_{a3} = p_{b3} = p_{c3} = 3\text{MPa}$,试求液压泵的供油压力？

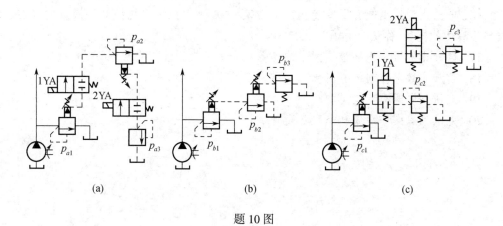

题 10 图

11. 如题 11 图所示,两个减压阀的调定压力不同,当两阀串联时,出口压力取决于哪个减压阀？当两阀并联时,出口压力取决于哪个减压阀？为什么？

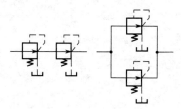

题 11 图

12. 在题12图中，设溢流阀调整压力为5MPa，减压阀的调整压力为1.5MPa，试分析液压缸活塞在空载时和碰到死挡铁后，管路中 A、B 处的压力值各是多少？两阀的阀口大小各有何变化？（略去摩擦和管路损失）

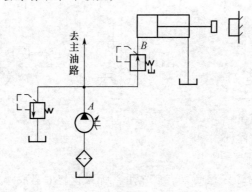

题12图

13. 溢流阀、减压阀和顺序阀各有什么作用？它们在原理上、结构上和图形符号上各有何异同？

14. 若将液压缸的回油口接在调速阀的进油口上，调速阀的出油口接油箱，调速能否正常进行？说明其工作的具体过程。

15. 能否将先导式减压阀和节流阀串联代替进油路上的调速阀？为什么？

16. 电液比例控制阀有哪些优点？有人说，电液比例控制阀既控制了液流的方向，又控制了液体的流量，你认为对吗？

17. 电液比例压力先导控制阀中的弹簧能否用一根刚性杆来代替？为什么？

18. 增量式数字控制阀有何优点？通常多用于哪些场合？

19. 液压伺服阀有哪些类型？

20. 电液伺服阀的组成和原理各是什么？

模块六　辅助元件

□ **模块学习目标**

了解辅助元件的类型和组成；
掌握辅助元件的功用和图形符号。

□ **模块学习内容**

液压系统的辅助元件是创造必要条件，保证液压系统正常工作必不可少的器件，包括蓄能器、过滤器、压力表及压力表开关、油箱、热交换器、密封装置、油管及管接头等。实践证明，它们对液压元件和系统的工作性能、工作效率、使用寿命等影响极大，因此在设计、制造、使用和维护液压设备时，必须予以足够的重视。

学习单元一　蓄 能 器

□ **单元学习目标**

了解蓄能器的功用和要求；
掌握蓄能器的工作原理和符号。

□ **单元学习内容**

蓄能器是液压系统中用来储存和释放液体压力能的装置，它的工作直接影响液压系统的工作性能。

一、蓄能器的功用

1．储存能量

间歇工作的液压系统（如起落架、襟翼收放系统）中，应用蓄能器提供峰值流量，从而可以减小液压泵的容量。

液压泵发生故障时，蓄能器可作为应急能源，如在飞机上利用蓄能器进行应急刹车和应急放下起落架、襟翼等。

2．吸收脉动压力

在能源系统中，蓄能器用于吸收液压泵的压力脉动。

3．缓和液压冲击

在液压系统中，蓄能器用于缓和由于液流速度急剧变化（如控制开关和滑阀的迅速关闭或外载荷的突然变化）时所产生的冲击压力。

4．获得动态稳定性

在液压伺服系统中，蓄能器用于改变系统的固有频率，增大阻尼系数和增高稳定裕度。

二、蓄能器的类型和特点

蓄能器有多种形式,根据蓄能方式不同,可分为重锤式、弹簧式、充气式三种,它们的结构简图和特点如表 6-1 所列。

表 6-1 蓄能器的结构简图和特点

名 称	结构简图及图形符号	特 点 和 说 明
弹簧式	弹簧、活塞、液压油 弹簧式	① 利用弹簧的伸缩来储存、释放压力能; ② 结构简单,反应灵敏,但容量小; ③ 供小容量、低压($p \leqslant 1MPa \sim 1.2MPa$)回路缓冲之用,不适用于高压或高频的工作场合
充气式 气瓶式	压缩空气、液压油 气瓶式	① 利用气体的压缩和膨胀来储存、释放压力能,气体和油液在蓄能器中直接接触; ② 容量大,惯性小,反应灵敏,轮廓尺寸小,但气体容易混入油内,影响系统工作平稳性; ③ 只适用于大流量的中、低压回路
充气式 活塞式	气口、壳体、活塞 活塞式	① 利用气体的压缩和膨胀来储存、释放压力能;气体和油液在蓄能器中由活塞隔开; ② 结构简单、工作可靠、安装容易、维护方便,但活塞惯性大,活塞和缸壁间有摩擦,反应不够灵敏,密封要求较高; ③ 用来储存能量或供中、高压系统吸收压力脉动之用

(续)

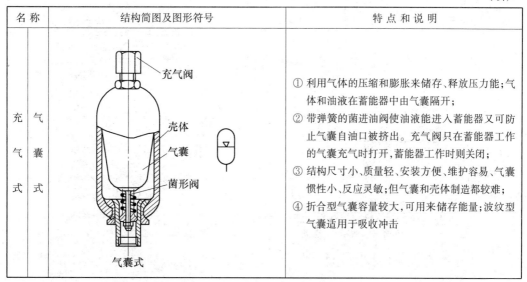

名称		结构简图及图形符号	特点和说明
充气式	气囊式		① 利用气体的压缩和膨胀来储存、释放压力能；气体和油液在蓄能器中由气囊隔开； ② 带弹簧的菌进油阀使油液能进入蓄能器又可防止气囊自油口被挤出。充气阀只在蓄能器工作的气囊充气时打开，蓄能器工作时则关闭； ③ 结构尺寸小、质量轻、安装方便、维护容易、气囊惯性小、反应灵敏；但气囊和壳体制造都较难； ④ 折合型气囊容量较大，可用来储存能量；波纹型气囊适用于吸收冲击

飞机上常用充气式蓄能器，主要有柱形活塞式和气囊式。

1. 柱形活塞式蓄能器

柱形活塞式蓄能器由外筒、螺盖、活塞等组成，左端螺盖上设置有充气接头，右端螺盖上设置有来油接头，活塞上有橡胶密封圈。活塞左室充有压缩氮气，右室为蓄压室，构造如图 6-1 所示。活塞上的毡圈将蓄能器分隔为气室和油室。活塞凹部面向气室，以尽可能地增大气室容积，减小蓄能器尺寸和质量。在气室内预先充入一定压力的气体，当系统供压部分压力增大到大于充气压力时，油液压力推动活塞使油室容积增大，气室容积相应减小，从而储存油量和提高气体压力；当系统压力降到小于气体被压缩后的压力时，气体膨胀推动活塞，气室容积增大，油室容积相应减小，从而排出油量并使气体压力降低。根据气体压力降低程度的不同，蓄能器的储存能量可以部分或全部地加以利用。

柱形活塞式蓄能器结构简单，安装固定方便，使用寿命长，但在低温时密封性较差且因活塞质量和摩擦力的影响，传递压力的灵敏性较差。

2. 气囊式蓄能器

气囊式蓄能器排除了柱形蓄能器活塞有较大摩擦力及密封性差的缺点。气囊在膨胀和压缩过程不与壳体摩擦，动作迅速，所以蓄能器反应灵敏、供油速度快。气囊式蓄能器一般由壳体、螺盖、橡皮隔膜等组成，如图 6-2 所示，图中橡皮隔膜把壳体内腔分成上下两室，上室由充气活门充入具有一定压力的氮气，下室可由进油接头充入油液。当传动部分不工作时，液压注出的油液从气囊式蓄能器壳体进油接头充入油液室，橡皮隔膜压缩氮气，由于氮气逐渐被压缩，所以阻止油液充入油液室的阻力逐渐变大，液压系统压力也因此升高。

隔膜由橡胶材料制成，通常厚度为 1.5mm~3mm，其形状多为袋状，亦称气囊。为了防止当油液全部排出时隔膜可能被压入通油接头，故在底部装有金属孔板。在安装橡胶隔膜时，盖板的固定紧度要适当，否则容易发生渗漏现象或挤破隔膜口框。气囊式蓄能器工作性能有优于柱形活塞蓄能器之处，但由于本身呈球形在飞机上不便于安装固定，所以一般飞机上两种结构形式蓄能器均得以应用。

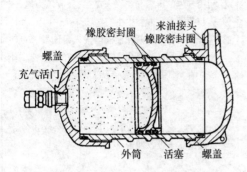
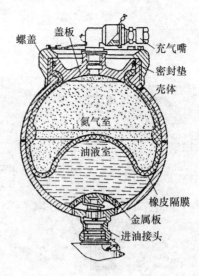

图 6-1 柱形活塞式蓄能器　　　　　图 6-2 气囊式蓄压器

三、蓄能器的容量计算

很多蓄能器是作为储能和供能元件，因此衡量储能和供能性能的指标是储油和供油容积，或称有效容积。有效容积的定义是：在一定压力范围内，蓄能器储存和提供给系统的油液容积。有效容积与蓄能器充气压力和工作压力的变化范围有关。蓄能器有效容积的计算方法如下。

如图 6-3 所示，假定蓄能器的结构容积为 V_0，充气压力为 P_0；其最小工作压力为 P_1，相应的气室容积为 V_1；其最大工作压力为 P_2，相应的气室容积为 V_2。蓄能器的有效容积 ΔV 的定义是：当工作压力为 P_1 和 P_2 时，相应的气室容积之差，即

$$\Delta V = V_1 - V_2 \quad (6-1)$$

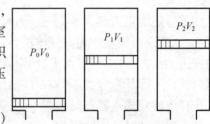

图 6-3 蓄能器的容积变化

根据气体状态方程，蓄能器工作过程中应有以下的关系，即

$$P_0 V_0^n = P_1 V_1^n = P_2 V_2^n \quad (6-2)$$

根据式(6-1)、式(6-2)可得

$$V_2 = \left(\frac{P_1}{P_2}\right)^{\frac{1}{n}} V_1 = \left(\frac{P_1}{P_2}\right)^{\frac{1}{n}} (V_2 + \Delta V)$$

整理后即为

$$\Delta V = \left[\left(\frac{P_2}{P_1}\right)^{\frac{1}{n}} - 1\right] V_2$$

因为

$$V_2 = \left(\frac{P_0}{P_2}\right)^{\frac{1}{n}} V_0$$

所以

$$\Delta V = \left[\left(\frac{P_0}{P_1}\right)^{\frac{1}{n}} - \left(\frac{P_0}{P_2}\right)^{\frac{1}{n}}\right] V_0 \qquad (6-3)$$

气体指数 n 视蓄能器的工作条件而定。按等温过程计算,可取 $n=1$;按绝热过程计算,对于空气取 $n=1.405$,对于氮气取 $n=1.41$,一般都取 $n=1.4$;由实验测定可取 $n=1.1 \sim 1.3$。

由上述公式可知,在使用过程中,影响蓄能器有效容积的主要因素是充气压力 P_0 和工作压力(P_1 和 P_2)的变化。

在维护使用过程中,根据飞机液压系统的需要,蓄能器的充气压力都有明确的规定,例如,苏-27飞机蓄能器的充气压力是 $10MPa \pm 0.5MPa$。因此,保持充气压力符合规定,是充分发挥蓄能器作用的有效措施。

四、蓄能器的使用和安装

蓄能器在液压系统中安装位置与其功用有关,安装蓄能器时主要应注意以下几点。
(1) 充气式蓄能器中应使用惰性气体(一般为氮气)。
(2) 气囊式蓄能器一般应垂直安装,油口向下,充气阀朝上。
(3) 安装在管路中的蓄能器必须用支架或支板固定且位于方便检查、维修的位置,远离热源。
(4) 用做降低噪声、吸收脉动和缓和冲击的蓄能器应尽可能靠近振源。
(5) 蓄能器与管路之间应安装截止阀,便于充气或检修;蓄能器与液压泵之间应安装单向阀,防止液压泵停止或卸荷时蓄能器存储的压力油倒流。
(6) 搬运和拆装时应排出压缩气体,注意安全。

学习单元二　过　滤　器

□ 单元学习目标

了解过滤器的分类和要求;
掌握过滤器的功用、工作原理和图形符号。

□ 单元学习内容

液压系统中的液压油是反复循环工作的,连续保持油液清洁,是液压系统的基本要求。如果油液中存有污物,就会造成液压元件内的零件磨损、滑阀卡滞、小孔堵塞等许多故障,以致影响系统的性能和破坏系统的工作。实践表明,各种污物在液压油中除了一小部分处于溶解状态外,大部分处于悬浮状态。对于溶解状态的污物,一般采取定期更换油液的方法来解决,而对于悬浮状态的污物就要用机械方法来排除,这就是采用过滤器(又称油滤)。

一、过滤器的主要性能参数及选用要求

过滤器的主要性能参数如下。

1. 过滤精度

过滤精度是指过滤器对各种不同尺寸的固体颗粒的滤除能力,是选用过滤器时首先要考虑的一个参数,直接关系到液压系统中油液的清洁度等级。过滤精度常以能通过滤芯杂质颗粒的最大直径 d 来衡量,d 越小则过滤精度越高。过滤精度可分为粗($d \geq 0.1mm$)、普通($d \geq 0.01mm$)、精($d \geq 0.005mm$)和特精($d \geq 0.001mm$)四个等级。

2. 压降特性

由于过滤介质对液体流动的阻力作用,因此液压油流经过滤器时,会在滤芯的两端出现一定的压差即压力降。该压力降随着流量的增大而增大。过滤器的压力降和流量的关系,称为压降特性。

滤芯尺寸和流量一定时,过滤器的过滤精度越高,压力降就越大。温度越低,油液的黏度越大,压力降就越大。流量一定时,滤芯的有效过滤面积越大,压力降就越小;实际工作过程中,随着固体杂质不断地吸附在滤芯上,过滤器的有效过滤面积不断减小,压力降也就不断增大。滤芯所允许的最大压力降,应不致使滤芯发生结构性破坏。因此,需要经常清洗或更换过滤器。

3. 纳垢容量

纳垢容量是过滤器在压力降达到规定值之前,可以滤除并容纳的污染物的数量。纳垢容量越大,过滤器的使用寿命就越长。一般来说,滤芯的尺寸越大,即过滤面积越大,纳垢容量就越大。

过滤器的选用要求如下。

(1) 过滤精度应满足系统提出的要求。

(2) 具有足够的通流能力,压力损失小。

(3) 滤芯应具有一定的强度,不会因液压力而破坏。

(4) 滤芯抗腐蚀性好,能在规定的温度下长期工作。

(5) 考虑过滤器的其他功能,对于需要滤芯堵塞报警的场合,则要选择带发讯装置的过滤器;对于不能停机的液压系统,须选择切换式结构的过滤器,更换滤芯时不需要停机。

二、过滤器的类型及特点

根据过滤器过滤原理和采用过滤介质不同,过滤器可分为表面型、深度型和磁性过滤器。

1. 表面型过滤器

表面型过滤器主要是把污染物阻挡在介质的表面上,其特点是过滤介质具有均匀的一定尺寸的小孔,它能绝对地滤除所有大于该尺寸污粒,但难以滤去织物纤维之类的污物。图 6-4(a)所示是以细铜丝网为过滤材料的过滤器。这是一种粗过滤器,过滤精度低,为 0.08mm～0.18mm;但是压力损失小,不超过 0.01MPa。图 6-4(b)所示是线隙式过滤器,滤芯是用特形铜丝或铝丝2缠绕在筒形骨架3的外圆上,利用线间的缝隙进行过滤。它也属于粗过滤器,过滤精度为 0.03mm～0.1mm,压力损失为 0.07MPa～0.35MPa。图 6-4(c)所示为过滤器的图形符号。表面型过滤器的优点是可以限定被清除杂质的颗粒度,滤芯可以清洗后重新使用,广泛用于液压系统的进油和回油路做粗过滤。

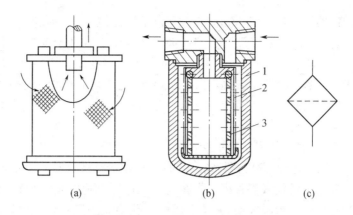

图 6-4 表面型过滤器
(a) 网式过滤器；(b) 线隙式过滤器；(c) 图形符号。
1—壳体；2—铜丝或铝丝；3—筒形骨架。

2. 深度型过滤器

深度型过滤器主要把污染物阻挡在过滤介质的毛细孔中，由于毛细孔只具有一定深度而无一定尺寸，因此它可以挡住大小不等的颗粒污物，但不能绝对地除去所有不同尺寸的污粒。深度型过滤器的过滤精度高，但是压力损失大，只能安装在压油管路和回油管路上。图 6-5(a) 所示为纸芯式过滤器，由两层过滤介质组成，外层是由滤纸折成波纹形的纸滤芯支持在网状滤架上，内层是由钢丝绕制而成钢丝滤芯。过滤精度为 0.01mm ~ 0.02mm，高精度的可达 0.001mm 左右；压力损失为 0.08MPa ~ 0.35MPa。

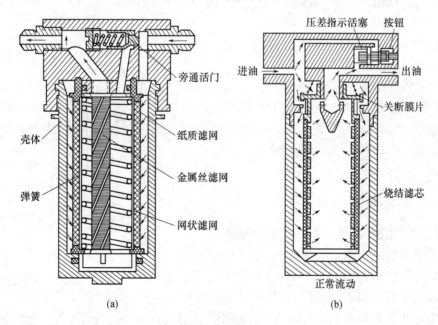

图 6-5 深度型过滤器
(a) 纸芯式过滤器；(b) 烧结式过滤器。

为了提高滤纸的强度和耐温能力，滤纸都在耐油的树脂中浸泡过，并在滤纸后面加衬一层织布或细铜网。为了使钢丝之间形成一定的缝隙，在钢丝上开有许多细小的突刺。

133

油液进入过滤器后,首先经过纸滤,再经钢丝滤后方能流出。油液中若有少量较大的污染物,由于油液流速方向发生变化,会自动地沉淀到过滤器的底部。大部分污染物被阻挡和吸附在滤纸上。在正常工作时,钢丝滤只能起辅助过滤用,一旦纸滤损坏时,便担负起主要过滤作用,并阻挡纸滤脱落的碎沫浸入系统。为了防止因纸滤被污物阻塞而丧失流通能力,油滤装有旁通活门,当纸滤内外压力差达到某一规定数值时,旁通阀活门开启,油液通过旁通阀经钢丝滤后去系统工作。

因纸质滤芯无法清洗,故需定斯更换滤芯。

图 6-5(b)所示为烧结式过滤器,它还装有过滤器堵塞指示器和关断膜片。

烧结滤芯一般由不锈钢或锡青铜粉末在高温和高压下烧结模压而成,在粉末中加入了一种在烧结时形成气体的添加剂,使其形成由细孔串通的多孔性金属过滤介质。粉末颗粒的尺寸决定了它的过滤精度,颗粒尺寸越小,过滤精度越高。烧结式过滤器的过滤精度可达 $1\mu m \sim 3\mu m$,并可过滤掉 100% 的尺寸为 $5\mu m$ 的污粒和 98% 的尺寸为 $2\mu m$ 的污粒。这种过滤器强度大,抗腐蚀性好,可在高温高压下工作。但制造比较复杂,需要在专用的振动台上清洗。

堵塞指示器由带磁性的活塞和指示按钮等组成,活塞两边分别感受进口和出口压力,烧结滤芯通畅时,压力差很小,活塞和按钮因磁性吸在一起。当滤芯出现堵塞,进、出口压力差增大到某一定值时,在压力差作用下活塞被推到左端,它对按钮的磁性吸力减小,指示按钮在弹簧作用下推向右端,即按钮的红色一端伸出壳体外面,以便及时清洗或更换滤芯。

关断膜片装在壳体头部,在拆下滤芯后,膜片在弹簧作用关断油路,油液便不能通过油滤而起自封作用。

3. 磁性过滤器

磁性过滤器的过滤介质由磁性材料组成,能够把油液中铁质微粒吸附出来,它一般与表面型或深度型油滤组合使用,如图 6-6 所示,它由上、下磁帽和磁钢棒组合而成,油液经纸滤后,从下磁帽底部进入磁滤芯,再由上磁帽流出。这种磁性过滤器能滤掉油液中小于 $2\mu m$ 的铁质微粒。

三、过滤器的安装

根据液压系统的不同要求,过滤器的安装位置通常有以下几种。

(1) 安装在泵的吸油口。这种安装方式可防止较大颗粒杂质进入液压泵,保护液压泵。要求过滤器有很大的通流能力(大于液压泵流量的 2 倍)和较小的压力损失(不超过 $0.01MPa \sim 0.02MPa$),这样过滤器的尺寸必然比较大,因此一般不采用此种安装方式。即使是为了保护对污物很敏感的液压泵,通

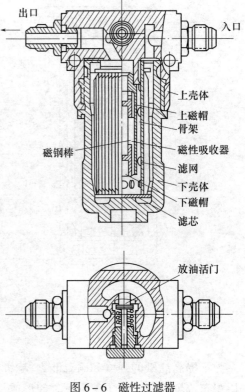

图 6-6 磁性过滤器

常也只在吸油口处安装较粗的网式或线隙式过滤器。

(2) 安装在泵的压油口。这种安装方式用来保护液压泵以外的液压元件,要求过滤器的过滤较高,有一定机械强度,能承受工作压力和冲击,压力损失一般小于 0.35MPa。此种方式常用于精度要求高的系统及调速阀和伺服阀前,以确保它们的正常工作。为了避免过滤器堵塞引起液压泵过载,过滤器必须安装在溢流阀之后或与差压式安全阀并联。

(3) 安装在回油路上。这种安装方式可滤去油液回到油箱前侵入系统或系统生成的污物,不能直接防止污物进入系统,只能循环地清除油液中的污物。由于回油压力低,可采用强度低的过滤器,其压力降对系统影响不大。为了防止过滤器堵塞引起系统压力过高或液压泵过载,一般与过滤器并联一个单向阀或安装堵塞发讯装置。

(4) 安装在独立的过滤回路中。在大型液压系统中,可专设由液压泵和过滤器组成的独立过滤回路,专门用来滤除液压系统中的污物,通过不断循环,提高油液清洁度。还可与热交换器等配合使用。

一般过滤器只能单向使用,须按规定液流方向安装,以利于滤芯清洗和安全。因此,过滤器不能安装在液流方向可能变换的油路上。必要时,油路中要增设单向阀和过滤器,以保证双向过滤。清洗或更换滤芯时,要防止外界污染物侵入液压系统。过滤器的符号如图 6-7 所示。

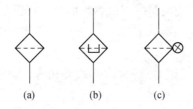

图 6-7 过滤器的图形符号
(a) 过滤器(一般符号);(b) 磁性过滤器;(c) 污染指示过滤器。

学习单元三　油箱和热交换器

□ 单元学习目标

了解油箱和热交换器的功用和要求;
掌握油箱和热交换器的工作原理和符号。

□ 单元学习内容

油箱是用来保证供给系统充分的工作油液,同时具有沉淀油液中的污物、逸出油中的空气和散热等作用。热交换器的作用是为了提高液压系统的工作稳定性,应使系统在允许的温度下工作并保持热平衡。

一、油箱

油箱主要用于储存液压系统中的液压油,此外还起散热降温、分离气泡和沉淀杂质的作用。油箱设计的好坏直接影响液压系统的工作可靠性,尤其对液压泵的寿命有重要影响,因此,合理的设计油箱是一个不可忽视的问题。

1. 油箱的容积计算

油箱的容积主要根据压力和散热要求来确定,必须保证在设备停止运转时,系统中的油液在自重作用下能全部返回油箱。一般有两种计算方法:经验估算法和热平衡计算法。对工作负载大、长期连续工作的液压系统,则需按液压系统发热量来计算油箱的容积。一般情况下,则按经验公式来估算油箱的容积,通常按以下公式估算,即

$$V = k\sum q + \sum V_c + V_a \tag{6-4}$$

式中 V——油箱的有效容积(L),即指液面高度 80% 时的油箱容积;

$\sum q$——同一油箱供油的各液压泵流量的总和(L/min);

k——系数,一般取 2min~5min,低压不连续工作时取小值,高压连续工作时取大值;使用变量泵时取小值,定量泵时取大值;油箱内设有冷却器时取小值,反之取大值。

$\sum V_c$——各液压缸最大储油量的总和(L);

V_a——系统中蓄能器的总容积(L)。

油箱的总容积一般为有效容积的 1.25 倍左右。

粗略估算时,对于低压系统油箱的有效容积取为液压泵每分钟流量的 2 倍~4 倍,中高压系统取为每分钟流量的 5 倍~7 倍。

2. 油箱的结构设计

根据油箱液面是否与大气相通,可分为开式油箱和闭式油箱,其中开式油箱应用最普遍。

1) 开式油箱

开式油箱中的油液液面与大气相通,具有与大气相通的自由液面,多用于各种固定设备。为了防止油液的污染,在油箱盖上应设置空气过滤器,使大气与油箱内的空气经过滤器相通。

开式油箱又分为整体式和分离式两种。整体式油箱通常是利用机械设备机体部分作为油箱,油箱与机械设备机体做在一起。其特点是:结构紧凑,各种漏油易于回收,但散热性差,油温的变化会影响机械设备的性能,另外维修也不方便,使机械设备复杂。分离式油箱是一个单独的与主机分离的装置,它可减少油箱发热对设备性能的影响,布置灵活,维修保养方便,便于设计成通用化、系列化的产品,因而得到广泛的应用,特别是精密设备大多采用分离式油箱。缺点是:占地面积增大。

图 6-8 所示为一分离式油箱的结构简图。图中 l 为吸油管,4 为回油管,中间有两个隔板 7 和 9,隔板 7 用来阻挡沉淀物进入吸油管,隔板 9 用来阻挡泡沫进入吸油管。沉淀污物可以从放油阀 8 放出。顶盖 5 上有通气孔,6 是油面指示器,当彻底清洗油箱时可将顶盖 5 卸开。

2) 闭式油箱

闭式油箱的液面不与大气接触,飞机上均采用闭式油箱。

图 6-9 所示为一种飞机密封增压油箱,箱壁为铝制,由内外两层构成,在两层之间通散热空气。油的上部开有加油口,加油口内有网式过滤器,加油口盖设置有密封胶圈,

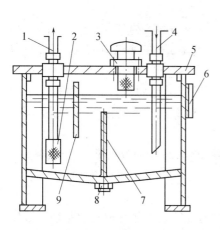
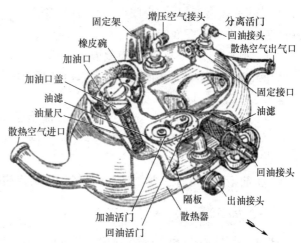

图 6-8 分离式油箱　　　　　图 6-9 密封增压油箱
1—吸油管；2—网式过滤器；
3—空气过滤器；4—回油管；5—顶盖；
6—液位计；7、9—隔板；8—放油塞。

拧紧后油箱即处于与大气隔离的密封状态,若此胶圈脱落、老化则不能保证油箱的密封增压。在油箱的上部还设置增压空气接头和分离活门回油接头。在油箱下部设置出油接头与液压泵吸油口相通,在油箱内出油接头连接一短管,使出油口高于油箱底部,这是为保证倒飞状态连续供油而设置的。回油接头稍高于油箱底部,内有一回油过滤器。油箱内部隔板把油箱内腔分成上下两部分,这样下室充满油液,上室油液占据大部分体积,少部分空间为增压空气占据。在隔板一壁上开有通气小孔,另外还设置加油活门和回油活门,两活门打开方向相反,平时靠弹簧力关闭,加油时需用干净的通条压下加油活门,以加快加油速度,油液也可靠重力流入下室;当因系统工作,回油量过多时,下室油液自行顶开回油活门流入上室。

3．设计油箱时应注意的事项

(1) 油箱应有足够的强度和刚度,一般用钢板焊接而成,容量在 100L 以内时,其壁厚为 3mm;容量为 100L～320L 时,其壁厚为 3mm～4mm;容量大于 320L 时,其壁厚为 4mm～6mm。油箱底部应有底脚,使底板与地面有一定的距离,一般为 150mm～200mm,底角的厚度为油箱侧壁厚度的 2 倍～3 倍。尺寸高大的油箱要加焊角板、筋条以增加刚度。油箱上盖板若要安装电动机、液压泵和其他元件时,不仅要适当加厚,还要采取局部加强措施。液压泵和电动机直立安装时,振动一般比横放安装时要小。

(2) 吸油管和回油管距离应尽量远,两管最好用隔板隔开,以增加油液循环的距离,提高散热效果,放出油中气泡并使杂质大都沉淀在回油管一侧。隔板的高度约为油面高度的 3/4,隔板的厚度应等于或大于油箱侧壁的厚度。

吸油管离油箱底部的距离应大于管径的 2 倍,距箱壁应大于管径的 3 倍,以便油流通畅。吸油管入口处一般应装有粗过滤器。回油管应插入最低油面以下,以防回油冲入油液使油中混入气泡。回油管距箱底部也应大于管径的 2 倍,管端切成 45°角,以增大回油

137

面积,使流速缓慢变化,减小振动,管口面向箱壁,以利于散热。泄油管不应插入油中,以避免增大元件泄漏腔处的背压。

(3) 要采取措施保护箱内油液清洁。油箱上盖板与四周都严格密封,盖板上的安装孔也要密封,防止灰尘、杂物进入油箱,加油口上要装过滤器,密封油箱应有通气孔,使液面和大气相通,通气孔处应有空气过滤器。

(4) 要便于清洗和维护。为便于放油,油箱底面应做成适当斜度且与地面有一定的距离,在箱底最低处安装放油阀或放油塞。油箱侧面应有观察油面高度的油面指示器。过滤器应便于装拆和清洗。

(5) 油箱内壁应涂上耐油的防锈材料,以延长油箱寿命,减少油液污染。

二、热交换器

为了提高液压系统的工作稳定性,应使系统在允许的温度下工作并保持热平衡。液压系统的油液工作温度一般希望保持在 30℃~50℃ 范围内,最高不超过 60℃,最低不低于 15℃。油温过高将使油液变质,加速其污染,同时油的黏性和润滑能力降低,增加油液的泄漏,缩短液压元件的寿命。油温过低,则液压泵启动时吸油有困难,系统的压力损失也增大。

如果液压系统单靠自然散热不能使油温限制在允许值以下,就必须安装冷却器;反之,如果环境温度太低无法使液压泵正常启动,就必须安装加热器。冷却器和加热器统称为热交器,其图形符号如图 6-10 所示,上图为带有冷却或加热介质的图形符号。

1. 冷却器

冷却器按其使用冷却介质的不同分为风冷、水冷和氨冷等多种形式,一般液压系统中多采用前两种。冷却器应满足散热面积足够、散热效率高、压力损失小等要求。

风冷式冷却器适用于缺水或不便用水冷却的液压设备。冷却方式有自然通风冷却和采用风扇强制吹风冷却两种。强制吹风冷却器结构比较简单,它通常由许多带散热片的管子所组成的油散热器和风扇两部分组成。油散热器可用汽车上的散热器代替。这种冷却可节约用水,但冷却效果较差。

水冷式冷却器有多种结构形式。最简单的一种是蛇形管冷却器,如图 6-11 所示,它一般用壁厚 1mm~1.5mm、外径 15mm~25mm 的紫铜管盘旋而成,安装在油箱内,管内有冷水流通,以带走油箱内的部分热量。这种冷却方式效率低,耗水量大,运转费用较高,但由于结构比较简单,所以应用较为普遍。

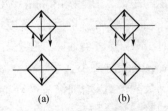
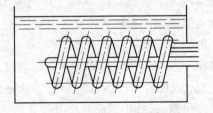

图 6-10 热交换图形符号
(a) 冷却器;(b) 加热器。

图 6-11 蛇形管冷却器示意图

液压系统中冷却效果较好的是多管式冷却器,它采用强制对流方式进行冷却,其结构如图 6-12 所示。它主要由铜管 3、端盖 1 和 4 及隔板 2 组成。工作时,冷却水由左端盖

1的a孔进入,经过多根水管3的内部,从右端盖4的孔d流出。而油液自油口c流入,在水管外部流过,从左侧上部的油口b流出,三块隔板2用来增加油液循环路线的长度。这种冷却器传热效率较高,结构紧凑,因此应用也比较普遍。

图6-13所示为近年来出现的翅片式冷却器的一种典型结构,它采用水管外面增加横向或纵向散热翅片(厚度为0.2mm~0.3mm的铝片或铜片),使散热面积增加(增加的散热面积可达光管的8倍~10倍),因此,冷却效果比直管式冷却器提高数倍,体积和质量相对减小了许多。由于翅片式冷却器冷却效果好,结构紧凑,当翅片采用铝片时,造价低、不易生锈,因此已逐渐受到人们的重视。

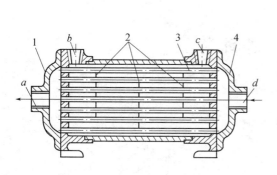

图6-12 多管式冷却器

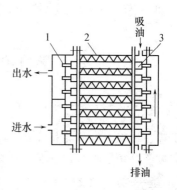

图6-13 翅片式冷却器结构示意图
1—通水管;2—翅片;3—通油管。

飞机液压系统中采用的冷却装置常见的有两种。一种是对液压油箱散热。将液压油箱的外壳做成两层,内外层之间有空隙。飞行中,可从外界引入冲压空气,经内外层组成的空隙再排出机外,给液压油箱散热,降低油温。另一种与水冷式冷却器相似,用航空煤油代替水给液压油降温;不仅降低了液压油的油温,而且提高了燃油的温度,有利于发动机的工作。

冷却器在液压系统中安装的位置应串联在回油路中或在溢流阀的溢流管路上,因为这里的油温较高,冷却效果较好。图6-14所示是冷却器的一种连接方式,液压泵输出的压力油直接进入液压系统,已经发热的回油和溢流阀1溢出的热油一起通过冷却器3进行冷却后,回到油箱。并联的安全阀2起保护冷却器的作用。当不需要进行冷却时,可将截止阀4打开,使油直接回油箱。

2.加热器

液压系统油液温度过低,将会引起油液的黏度过大,从而使液压泵的吸油和启动发生困难,这时可采用加热器。最简单的加热器是蛇形管加热器,它放入油液之中,管内通入热水或蒸汽。

目前,最常用的加热器为电加热器,其形状和安装示意图如图6-15所示,它可以通过控制电路对油液的加温进行自动调节。电加热器2应水平安装在油箱1的侧壁上,加热部分应全部侵入油液之内,严防因油的蒸发、油面的降低而使加热部分露出油面,安装位置应使油箱内油液有良好的自然对流。加热器功率不能选择过高,以免周围油温过高而使油质发生变化,为此可在油箱的不同部位多装几个加热器。

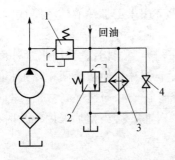

图 6-14 油冷却器的连接方式

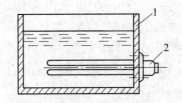

图 6-15 电加热器的安装示意图

学习单元四 密封装置

□ 单元学习目标

了解密封装置的分类和特点；
掌握密封装置的工作原理和结构。

□ 单元学习内容

密封装置是液压系统中用来减少系统内、外泄漏以提高系统工作效率的元件，是液压系统中不可缺少的重要组成部分，是提高设备可靠性和延长使用寿命的重要因素。

一、密封装置的作用和应满足的基本要求

1. 密封装置的作用

液压系统中密封装置的作用主要是防止液压油的内、外泄漏以及防止灰尘、空气、金属屑等异物侵入液压系统。

液压传动是具有一定压力的以液压油作为工作介质，依靠密封容积变化来传递力和速度的。因此，系统的内、外泄漏会使液压系统容积效率下降，设备的工作效率降低，或不能建立要求的工作压力，甚至使液压系统不能正常工作。外泄漏还会造成液压油的浪费，同时又污染环境。异物的侵入会污染液压油，空气进入液压系统会影响液压泵的工作性能和执行元件运动的平稳性。因此，密封装置是液压系统不可缺少的重要组成部分，是提高设备可靠性和延长使用寿命的重要因素。

2. 密封装置应满足的基本要求

(1) 在一定的工作压力和温度范围内具有良好的密封性能，其密封能力随油液压力的升高而增加。

(2) 密封装置与运动件之间摩擦力小且稳定，不会出现卡死或运动不均匀现象。

(3) 密封材料与选用的液压油有良好的"相容性"，抗腐蚀能力强，不易老化，不损坏被密封零件的表面。

(4) 耐磨性好，磨损后在一定程度上能自动补偿，寿命长。

(5) 结构简单，制造容易，维护、装拆方便，价格低廉。

二、密封装置的分类及特点

密封装置的密封原理有间隙密封和接触变形密封两种。间隙密封无需变形件,利用一定的配合间隙起密封作用。接触变形密封是利用密封件的变形达到完全消除两个配合面间隙或者使间隙控制在密封油液能通过的最小间隙以下。这个最小间隙和间隙密封配合的大小由液压油的压力、黏度、相对分子质量等决定。一般所讲的密封装置是指接触变形密封,常用的有O型密封圈、唇型密封圈和组合式密封圈。

1. 间隙密封

间隙密封是利用相对运动件配合面之间微小间隙来进行密封的,是一种最简单的密封形式。间隙密封的优点是摩擦力小,缺点是磨损后不能自动补偿;主要用于直径较小的圆柱面之间,如液压泵内的柱塞与缸体之间、滑阀的阀芯与阀孔之间的配合。

采用间隙密封的液压阀阀芯,通常在阀芯外表面开几条等距均压槽,如图6-16所示。均压槽的主要作用是使径向力分布均匀和平衡,减少液压卡紧力,改善阀芯在孔中的对中性;另外,均压槽所形成的阻力也有助于减少泄漏。均压槽一般宽0.3mm~0.5mm,深0.5mm~1.0mm;阀芯与阀孔的密封间隙一般取0.005mm~0.017mm。

2. O型密封圈

O型密封圈一般用耐油橡胶压制成,其横截面为圆形(简称O型圈),如图6-17(a)所示。O型密封圈是依靠O型密封圈预压缩,消除间隙而实现密封的,如图6-17(b)所示。O型密封圈结构简单,制造容易;密封性好,内外侧和断面都能起密封作用,具有压力的自适应能力和磨损的自动补偿能力;运动件的摩擦阻力小,安装方便,成本低,高低压均可使用。因此,O型密封圈在液压系统中得到广泛的应用。

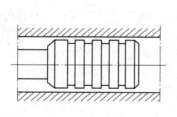

图6-16 间隙密封

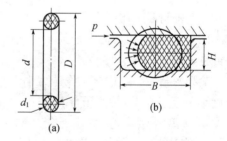

图6-17 O型圈密封

当动密封压力超过10MPa或静密封压力超过32MPa时,为了防止O型密封圈被压力油挤入间隙而提早损坏,如图6-18(a),须在O型密封圈的低压侧安放1.2mm~1.5mm厚的聚四氟乙烯挡圈,如图6-18(b)所示。当双向受压力油作用时,则在O型密封圈两侧各放一个挡圈,如图6-18(c)所示。

O型密封圈的安装沟槽,除矩形外,还有V形、燕尾形、半圆形、三角形等,都已经标准化,设计时可查阅有关手册及国家标准。

3. 唇型密封圈

唇型密封圈具有一对与密封面接触的唇边,一般用于往复运动密封。根据横截面形状的不同,可分为Y型、V型等。

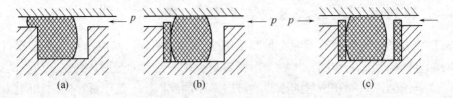

图6-18 O型密封圈的档圈安装

1) Y型密封圈

Y密封圈横截面为Y形,如图6-19所示,一般用耐油橡胶压制而成。其工作原理如图6-20所示。安装时唇口对着压力高的一侧,油压低时靠预压缩密封;高压时,密封圈唇口在液压力作用下变形,唇边紧贴密封面而实现密封。液压力越高,唇边贴得越紧,并且具有自动补偿磨损的能力。

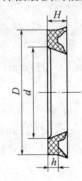

图6-19 Y型密封圈

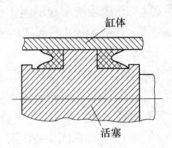

图6-20 Y型密封圈安装图

Y型密封圈工作压力大于14MPa或压力波动较大、滑动速度较高时,密封圈容易翻转。因此,应加支撑环固定密封圈。支承环上开有小孔,使压力油经小孔作用到密封圈以保证良好密封。

Y型密封圈一般适合工作压力小于等于20MPa、工作温度范围为-30℃~+100℃、速度小于等于0.5m/s的场合。

2) V型密封圈

V型密封圈是由多层涂胶织物压制而成的,由支承环、密封环和压紧环三部分组成,如图6-21所示。安装时,V型密封圈的V形口一定要面向压力高的一侧。V型密封圈的密封性能好,适用于工作压力小于等于50MPa,温度范围为-40℃~+80℃的场合。当压力更高时,可适当增加密封环的数量,以满足密封要求。安装时需要预紧,因此摩擦阻力比较大。

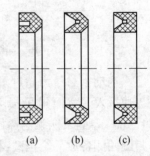

图6-21 V型密封圈

4.组合密封装置

随着液压技术的发展,液压系统对密封的要求越来越高,单独使用普通密封不能满足需要。因此,就出现了由两个以上元件组成的组合密封装置。常见的有组合密封垫圈和橡胶组合密封装置两种。

1) 组合密封垫圈

组合密封垫圈由软质密封环和金属环胶合而成,前者起密封作用,后者起支承作用。图 6-22 所示为组合密封圈,其外圈 1 由钢制成,内圈 2 为耐油橡胶。组合密封垫密封性能好,安装的压紧力小,承压高,广泛用于管接头或油塞的端面密封。

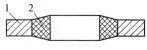

图 6-22 组合密封圈

1—钢圈;2—Q235 耐油橡胶。

2) 橡塑组合密封装置

橡塑组合密封装置一般由耐油橡胶和聚四氟乙烯塑料组成,如图 6-23 所示。图 6-23(a)所示为方形断面格来圈和 O 型密封圈组合而成的,用于孔密封;图 6-23(b)为阶梯形断面斯特圈与 O 型密封圈组合而成,用于轴密封。

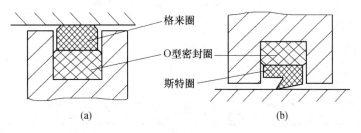

图 6-23 橡胶组合密封装置

(a) 格来圈;(b) 斯特圈。

组合密封装置中,O 型密封圈不与密封面直接接触,只是利用 O 型密封圈的良好弹性变形性能,通过预压缩产生的预压力将格来圈(或斯特圈)紧压在密封面上,实现密封。而与密封面接触的格来圈和斯特圈为聚四氟乙烯塑料,不仅具有极低的摩擦因数(0.02~0.04,仅为橡胶的 1/10),而且动、静摩擦系数相当接近,此外还具有自润滑性。因此,组合密封装置与金属组成摩擦副时不易黏着;启动摩擦力小,不存在橡胶密封低速时的爬行现象。

橡胶组合密封综合了橡胶与塑料的优点,耐高压、耐高温和高速,密封可靠,摩擦力小而稳定,寿命长。

学习单元五 管件和压力表

□ 单元学习目标

了解管件的功用、分类和要求;

掌握管件的符号安装、使用特点及压力表的工作原理。

□ 单元学习内容

液压系统所有元件都是依靠油管(导管)和管接头进行连接的,从而构成了一个完整的液压系统。飞机液压系统中,从质量上看,油管和接头占液压系统总质量的 30~35%;从分布上看,它们几乎布及机体的各个部分;从重要性上看,如果系统中任何一根导管或一个接头损坏,都可能造成系统的重大故障。导管和接头的正确安装、使用和维护,是机务工作中必须经常注意的问题。压力表用于观测液压系统中某一工作点的油液压力,以掌握系统工作状况。

一、油管的分类及用途

油管有硬导管和软导管两种。目前,飞机液压系统以使用硬导管为主。与软导管相比较,硬导管质量小且耐高压。飞机上常用的硬导管有不锈钢管(1Cr18Ni9Ti)和铝合金管(LF2)。不锈钢导管强度大、耐高温、抗腐蚀性能好,广泛用于高压油路。铝导管质量小,经表面氧化处理后有一定抗腐蚀能力,但强度较低,多用于低压回路。各种导管材料的抗拉强度极限如表6-2所列。

表6-2 导管材料的抗拉强度极限

材料名称	比重	强度极限 σ_b/MPa	持久极限/MPa
铝管(LF2)	2.67~2.83	176.76	122.75
钢管(20A)	7.3~7.8	392.80	188.54~259.25
不锈钢管(1Cr18Ni9Ti)		549.92	206.22
铜管(T3)	8.6~8.9	206.22	113.91

软导管可分为橡胶软管、金属软管、氟塑料软管、不锈钢软管和尼龙软管等,其中橡胶软管应用最多。软导管用来连接在工作中有较大位移的活动附件(如作动筒或助力器等)、振动较大且需要吸收压力脉动的附件(如液压泵)以及硬导管无法弯曲和安装的部位等。

橡胶软管分为低压和高压两种,低压橡胶软管由一层或两层橡胶和几层棉线编织物组成,如图6-24(b)所示。高压橡胶软管在橡胶层内夹有金属丝编织物,如图6-24(a)所示。橡胶软管抗振性好且能吸收压力的脉动和冲击,其工作压力可达25MPa~30MPa,工作温度范围为-55℃~150℃。缺点是:质量、径向尺寸和弯曲半径均较大,高温下内外表面均易老化。

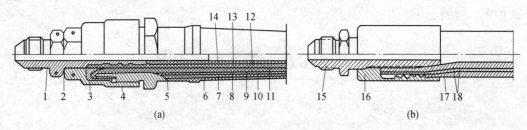

图6-24 橡胶软管
1—接头;2—软垫圈;3—锥套;4—螺帽;5—套筒;6—外胶层;7—棉线层;
8—中胶层;9—钢丝层;10—中胶层;11—钢丝层;12—中胶层;13—棉线层;14—内胶层;
15—接头;16—管套;17—内胶层;18—棉线层。

在现代飞机液压系统中,氟塑料软管逐渐取代橡胶软管。它由氟塑料内管和钢丝编织层组成(图6-25)。增加钢丝编织层的层数可提高它的耐压强度。这种软管的特点是:耐高温(230℃)、耐高压(40MPa)、液阻小、化学稳定性高、能承受脉冲载荷、径向尺寸和弯曲半径较小(采用波纹式氟塑料内管时,最小弯曲半径仅为软管外径的5倍)。

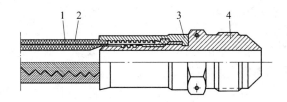

图 6-25 氟塑料软管

1—氟塑料内管；2—钢丝编织层；3—套筒；4—接头。

二、油管的安装和使用特点

在飞机使用过程中，由于导管破裂引起液压油泄漏，从而使液压系统失去作用的情况屡见不鲜，甚至在导管破裂后因油液外漏而烧毁飞机。但是，实际上导管本身所能承受的最大内压力（即爆破压力）远比系统的最大压力大得多，一般都有 6 倍~8 倍的安全系数。那么，导管为什么会爆破呢？引起导管爆破的一个重要原因是导管在管内外重复载荷下发生振动，从而产生疲劳，使其强度大大降低；而另一方面，是由于安装和使用不当，使导管产生机械损伤、腐蚀，或因固定、连接不良而使导管受损，也是导管爆破的主要原因之一。

1．导管的机械损伤

导管的磨损、变形和压伤等统称为机械损伤。造成导管机械损伤的原因有以下几种。

1）导管弯曲不良

在更换弯曲的导管时，如不按规定操作或弯曲半径过小，都会造成导管的外侧壁厚变薄过多，而内侧管壁则发生皱纹（图 6-26），从而使强度大大减弱并使其截面呈椭圆形而易产生纵向裂纹。因此，在弯制导管时，应采用专用工具按规定进行操作和检验，弯曲半径应符合规定的标准（表 6-3）。

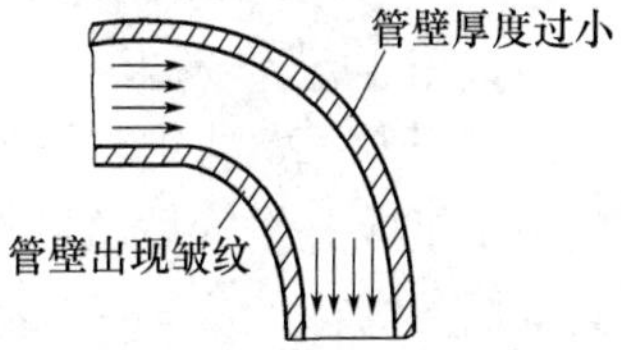

图 6-26 弯曲不良的导管

表 6-3 导管的最小弯曲半径

导管外径/mm	6	8	10	12	15	18	20	25
最小弯曲半径/mm	20	25	30	40	45	50	60	75

2）导管的安装间隙过小

在飞机的发动机舱或起落架舱等处，导管与附件十分拥挤，如果两根导管之间或导管与周围的附件之间空隙过小，极易使导管因摩擦碰撞而造成机械损伤。导管局部磨损变薄的主要原因是没有及时排除它们之间的摩擦。

3）安装导管时强行连接

在安装附件或导管时，由于角度不对等原因而强行连接，结果使导管因扭曲、拉伸而产生预应力，以及拆装时不细心而碰伤导管，都会造成导管损伤和爆破的情况。

4）导管的热膨胀

液压系统油液温度会在较大的范围内变化，环境温度也会出现较大的差值，使导管发生"热胀冷缩"现象，在导管内产生拉应力或压应力，当压应力超过失稳临界应力时，导管将发生失稳现象,这是不允许的。

2. 导管的腐蚀

导管外表面的腐蚀,通常是由于沾上水分、油泥及尘土而引起的。因此,必须注意导管外表面(尤其是固定点附近)的清洁。

导管内壁的腐蚀是由于油液污染所致。在维护使用过程中,应防止系统内混入空气、水分和其他杂质;对停放的飞机应按时做停放检查,使油液经常流动;在修理时,应尽量缩短系统拆开空放的时间,以减少空气氧化腐蚀作用。

3. 导管的固定

导管在飞机上的固定必须可靠。当导管中间装有附件时,应使这些附件另外与机体固定,使导管不承受外载荷。导管固定点之间的跑离应按技术规范所规定的数据确定。固定点不得随意拆除。导管夹子的固定紧度必须适当,如果夹子过松,易使导管与夹子发生摩擦且不起固定作用;如果固定过紧,导管表面(特别是铝管)易被夹伤变形。对于安装有减振垫的固定点,应确保垫子完整无损。

三、管接头

目前,飞机上常用的导管接头有扩口式、无扩口式和球面连接式三种。

1. 扩口式管接头

如图 6-27 所示,扩口式管接头由带喇叭口导管 4、平管嘴 3、外套螺帽 2 和带锥面的接头 1 组成。平管嘴通过外套螺帽使导管端部的扩口与接头的锥面紧密结合。航空管接头锥面角的标准 $\theta = 37°$(有的国家也用 30°、32°或 34°)。

在连接时,必须使导管扩口部分的几何轴线与接头的轴线相重合,以保证接头的密封性。拧外套螺帽时,不能拧得过紧,以免压坏喇叭口或将其挤入连接间隙中去而丧失密封性。接头的拧紧力矩一般都有规定(表 6-4),在特定条件下,要用定力扳手进行连接。

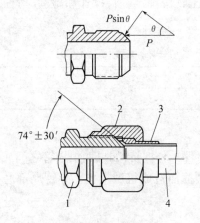

图 6-27 扩口式管接头

表 6-4 导管连接的拧紧力矩

导管外径/mm	力矩/(N·cm)
6	441.9 ~ 736.5
8	687.4 ~ 982
10	785.6 ~ 1080.2
12	1473 ~ 2749.6
16	2258.6 ~ 3928

扩口式管接头结构简单,装配较方便。但要用保险丝来防止松动,而且更换时导管在冷状态下进行扩口,故只能采用低强度的有一定塑性的管材。

2. 无扩口管接头

这种管接头如图 6-28 所示,它由接头 1、外套螺帽 2、衬套 3 和导管 4 组成。它的密

封性是依靠衬套在 A、B 两处同时封严而取得的,而不是导管直接与接头相密封。当液体压力增大时,管壁受内压力作用产生弹性变形而向外扩张,将 A、B 两处压得更紧,故这种接头的密封性是随着压力的提高而增强的,从而保证了高压情况下的良好密封性,并且只要较小的螺纹拧紧力矩就可保证密封。

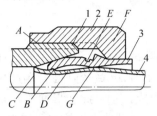

图 6-28 无扩口管接头

由于导管无需扩口,故可采用高强度的薄壁管材,同时因具有良好的抗振性,管接头不再用金属保险丝,不但减小了质量,而且方便了维护工作。目前,飞机广泛采用这种管接头。

3. 球面连接管接头

如图 6-29 所示,这种管接头由球面管嘴 3、外套螺帽 2、导管 4 和接管嘴 1 组成。球面管嘴与接管嘴分别与导管焊接,用外套螺帽将两个管嘴装配在一起,利用螺帽拧紧时的轴向力,使球面与接管嘴的锥角(其锥角为 60°)压紧,以保证密封。

这种管接头还可采用活动球面连接,有一定的活动补偿,其偏转角可达 5°左右。图 6-29(a)比图 6-29(b)增加了调整圈 5,其性能更好,球面管接头密封可靠,拆装方便,但结构较为复杂。

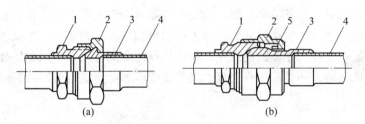

图 6-29 球面管接头

4. 快卸自封接头

快卸自封接头如图 6-30 所示,它由两组单向阀组成。未拆开前,单向阀相向顶开,成为液压通路。拆开后,单向阀自动关闭,防止油液外流,同时防止空气和污物浸入。它的特点是:拆装方便和自动封闭。在飞机上一般用于经常拆装导管的地方。

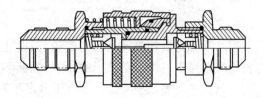

图 6-30 快卸自封接头

四、压力表和压力表开关

1. 压力表

压力表用于观测液压系统中某一工作点的油液压力，以便调整系统的工作压力。

1) 弹簧管式压力表

在液压系统中最常用的是图6-31所示的弹簧管式压力表。当压力油进入弹簧弯管1时，弹簧弯管的管端产生变形，变形的大小与油液的压力成比例。此变形通过杠杆4使扇形齿轮5摆转，扇形齿轮5再带动小齿轮6，使指针2偏转；最后由表盘3读出油液的压力值。压力表量程为系统最高工作压力的1.5倍左右。

2) 电动式压力表

电动式压力表用来测量某型飞机两个独立的液压系统内的液压油压力。它由两个液压警告灯配合，可以反映出液压系统的工作情况。

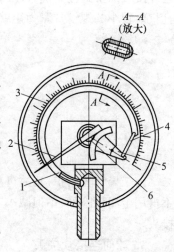

图6-31 弹簧管式压力表
1—弹簧弯管；2—指针；3—刻度盘；
4—杠杆；5—扇形齿轮；6—小齿轮。

液压表包括两个传感器和两个完全相同装在一个表壳的指示器。其测量范围为 $0kg/cm^2 \sim 250kg/cm^2$。它的测量原理如图6-32所示，传感器主要有弹簧管和电位计，指示器是一个动铁式电流比值表。由于弹簧管结构简单、工作可靠，所以在液压压力表中用弹簧管做敏感元件。测量压力时，弹簧管在压力作用下自由端产生位移，压力越大，位移量越大。当自由端向外移动时，经过曲臂连杆和活动摇臂，改变电位器电刷在电阻上的位置，从而改变指示器中两线框的电流比值，使指针在刻度盘上指示出相应的压力数值。当仪表不通电时，指针轴上的小磁铁受拉回小磁铁的作用，使指针停在零刻度以下的限制柱处。

指示器内还装了两个液压警告灯。当两系统压力低于规定值时，两警告灯亮。

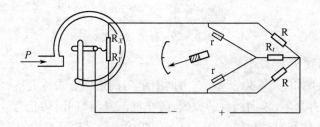

图6-32 2BYY-1A液压压力表测量原理图

2. 压力表开关

压力表应通过阻尼小孔以及压力表开关接入压力管道，以防止系统压力突变或压力脉动损坏压力表。压力表开关相当于一个小型截止阀，用于切断和接通压力表与油路的通道。压力表开关有一点、三点、六点等几种类型。多点压力表开关用一个压力表可与几个测压点油路相通，可分别测出相应点的油压力。

习题与思考题

1. 设蓄能器预充压力为 9MPa,并在绝对压力 10MPa~20MPa 工作,若要求供油量为 5L,试求该蓄能器的尺寸。
2. 过滤器的安装应注意哪些问题?
3. 确定油箱的容积应考虑哪些因素?
4. 举例说明冷却器的冷却原理。
5. 密封装置应满足哪些基本要求?
6. 比较橡胶软管和氟塑料软管的优缺点。

模块七 液压基本回路

□ **模块学习目标**

了解液压基本回路的类型、定义和组成；

掌握液压基本回路的作用、工作原理和性能特点。

□ **模块学习内容**

液压基本回路是由有关液压元件组成用来完成某种特定功能的典型油路结构。它是液压传动系统的基本组成单元。

一般按作用对液压基本回路进行分类。用来控制执行元件运动方向的回路称为方向控制回路；用来控制系统或局部压力的回路称为压力控制回路；用来调节执行元件运动速度的回路称为速度控制回路；用来控制多缸运动的回路称为多缸运动回路等。

熟悉和掌握这些基本回路的组成、工作原理及其性能特点，对分析、使用和设计液压系统是非常必要的。

学习单元一 速度控制回路

□ **单元学习目标**

了解速度控制回路的类型和组成；

掌握速度控制回路的作用、工作原理和性能特点。

□ **单元学习内容**

速度控制回路是研究执行元件的速度调节和速度变换问题，它包括调速回路、增速回路(或快速运动回路)和速度换接回路。

一、调速回路

调速原理：假设进入液压缸的流量为 q，液压缸进油腔的有效面积为 A，液压马达的排量为 V_m，则

液压缸的运动速度为

$$v = \frac{q}{A}$$

液压马达的转速为

$$n = \frac{q}{V_m}$$

由上述公式分析可知，改变流量 q，可改变液压缸活塞的运动速度；改变流量 q(或

V_m),可改变液压马达的转速。

按调速原理划分,调速回路可分为以下三种:

节流调速回路——采用定量泵供油,由流量控制阀实现调速;

容积调速回路——采用变量泵或变量马达调速;

容积节流调速回路——由容积调速和节流调速构成的联合调速回路。

1. 节流调速回路

采用定量泵供油,通过改变流量控制阀的通流面积来调节进入液压缸的流量,从而实现执行元件运动速度的调节。节流调速回路结构简单、成本低、使用维护方便,但能量损失大、效率低,故一般用于小功率场合。

根据流量控制阀在油路中安装的位置不同,可分为进口(进油路)节流调速回路、出口(回油路)节流调速回路和旁路节流调速回路。

1) 进口节流调速回路

如图 7-1 所示,流量控制阀安装在执行元件的进油路上,故称为进口节流调速回路。定量泵输出的多余油液经溢流阀溢回油箱,泵的出口压力为溢流阀的调整压力并基本保持恒定。为完成调速功能,不仅要求节流阀的通流截面积能够调节,而且必须保证溢流阀始终处于溢流状态。

(1) 速度负载特性。活塞的运动速度为

$$v = \frac{q_1}{A_1} = \frac{CA\left(p_p - \dfrac{F}{A_1}\right)^\varphi}{A_1} \tag{7-1}$$

式中　F——负载力;

　　　C——节流阀的流量系数;

　　　A——节流阀的通流截面积;

　　　φ——由阀口的长径比决定的指数;

　　　A_1、A_2——液压缸无杆腔和有杆腔的有效截面积;

　　　q_1——进入液压缸的流量。

由式(7-1)可知,液压缸的运动速度 v 与节流阀的通流面积 A 成正比;当 A 不变时,液压缸的运动速度 v 随负载 F 的增大而减小,其变化规律如速度负载特性曲线图 7-2 所示。曲线越陡,说明负载的变化对速度的影响越大,即速度刚性越差;曲线越平缓,速度刚性越好。

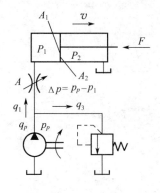

图 7-1　进口节流调速回路

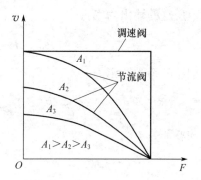

图 7-2　进口节流调速特性曲线

回路的最大承载能力为 $F_{\max} = p_p A_1$。此时，泵输出的流量全部经溢流阀溢流回油箱，进入液压缸的流量为零，液压缸进油腔的油压为最大，其值等于泵的出口压力。

(2) 功率和效率。

液压泵的输出功率为

$$P_p = p_p q_p = 常数 \tag{7-2}$$

液压缸的输出功率为

$$P_1 = Fv = F\frac{q_1}{A_1} = p_1 q_1 \tag{7-3}$$

回路的功率损失为

$$\Delta P = P_p - P_1 = p_p q_p - p_1 q_1 = p_p(q_1 + q_2) - (p_p - \Delta p)q_1 = p_p q_2 - \Delta p q_1 \tag{7-4}$$

由式(7-4)可知，该回路的功率损失由两部分组成，即溢流损失和节流损失。

回路的效率为

$$\eta = \frac{P_1}{P_p} = \frac{p_1 q_1}{p_p q_p} \tag{7-5}$$

由于存在两部分功率损失，因此这种调速回路的效率较低。回路功率越大，负载变化越大，回路效率越低。故该回路一般用于轻载、低速、负载变化不大且对速度稳定性要求不高的小功率液压系统。

2) 出口节流调速回路

如图7-3所示，节流阀安装在执行元件的回油路上。用节流阀调节液压缸的回油流量，从而控制进入液压缸的流量，达到调速的目的。

(1) 速度负载特性。活塞的运动速度为

$$v = \frac{q_2}{A_2} = \frac{CA\left(p_p\dfrac{A_1}{A_2} - \dfrac{F}{A_2}\right)^\varphi}{A_2} \tag{7-6}$$

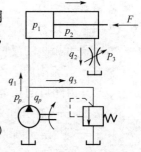

图7-3 出口节流调速

(2) 功率和效率。

液压泵输出功率为

$$P_p = p_p q_p = 常量 \tag{7-7}$$

液压缸的输出功率为

$$P_1 = Fv = \left(p_p \frac{A_1}{A_2} - p_2\right) q_2 \tag{7-8}$$

回路的损失功率为

$$\Delta P = P_p - P_1 = p_p q_p - \left(p_p \frac{A_1}{A_2} - p_2\right) q_2 \tag{7-9}$$

回路的效率为

$$\eta = \frac{P_1}{P_p} = \frac{\left(p_p \dfrac{A_1}{A_2} - p_2\right) q_2}{p_p q_p} \tag{7-10}$$

由式(7-1)和式(7-6)可知,进口和出口节流调速回路的速度负载特性基本相同。出口节流调速回路的运动平稳性较好,油液发热对回路的影响小,但由于回油腔压力的存在,使得在外负载相同的情况下,所需泵的供油压力较高,造成功率损失增大,泄漏增加,因此其效率往往比进口调速回路要低。在实际应用时,一般采用进口节流调速回路,通过在回油油路上加背压阀的办法,使其获得良好的综合性能。

3) 旁路节流调速回路

如图7-4所示,节流阀安装在液压缸进油路的分支油路上,构成旁路节流阀调速回路。改变节流阀的通流截面积,可间接地控制进入液压缸的流量,从而可实现对液压缸速度的调节。由于溢流阀的溢流作用由节流阀承担,故溢流阀在回路中作安全阀用,常态时关闭。因此,液压泵的出口压力完全取决于负载而不是一个恒定值。

(1) 速度负载特性。活塞的运动速度为

$$v = \frac{q_1}{A} = \frac{q_p - CA\left(\frac{F}{A_1}\right)^\varphi}{A_1} \tag{7-11}$$

在节流阀通流截面积不变的情况下,液压缸的运动速度受负载变化的影响更大,速度—负载特性很软。其主要原因有两点:一是当负载增大后,节流阀前后的压差也增大,从而使通过节流阀的流量增加,这样会减少进入液压缸的流量,降低液压缸的运动速度;二是当负载增大后,液压泵出口压力也增大,从而使液压泵的内泄漏增加,使液压泵的实际输出流量减少,液压缸速度随之减小。由图7-5可知,该回路的承载能力不是恒定的。当节流阀通流面积改变时,回路的承载能力也随之改变且通流面积越大,其承载能力越差。

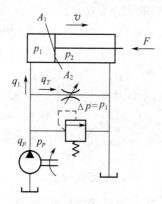

图7-4 旁路节流调速回路

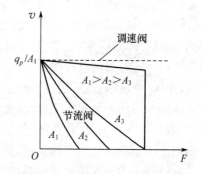

图7-5 旁路节流调速特性曲线

(2) 功率和效率。
液压泵输出功率为

$$P_p = p_p q_p = p_1 q_p \tag{7-12}$$

液压缸的输出功率为

$$P_1 = p_1 q_1 \tag{7-13}$$

回路的功率损失为

$$\Delta P = p_1 q_p - p_1 q_1 = p_1 q_T \tag{7-14}$$

回路的效率为

$$\eta = \frac{P_1}{P_P} = \frac{q_1}{q_p} \qquad (7-15)$$

在旁路节流阀调速回路中只有节流损失,而无溢流损失,因此,回路的功率损失小,效率较高。由于在该回路中液压泵的输出压力与负载相适应,没有多余的压力损失,因此,在高速和变载的情况下效率更高。

综上所述,旁路节流调速回路速度负载特性很软,低速时承载能力较差,故通常仅用于高速、重载且对速度稳定性要求不高的较大功率的液压系统中。

4) 调速阀节流调速回路

采用节流阀的节流调速回路,当负载变化时,会引起节流阀进、出口压差变化,导致执行元件运动平稳性下降,为克服这个缺点,可用调速阀代替回路中的节流阀。由于调速阀能在外负载变化的条件下使节流阀的进出口压差基本保持不变,因而采用调速阀可提高执行元件运动的平稳性。但调速阀工作时,除溢流损失、节流损失外,还多了减压损失,将会造成回路的功率损失增加。

2. 容积调速回路

节流调速回路由于存在节流损失和溢流损失,回路效率低,发热量大,因此只用于小功率场合。而容积调速回路是通过改变回路中变量泵或变量马达的排量来调节执行元件的运动速度的。在回路中,液压泵输出的油液直接进入执行元件,没有节流损失和溢流损失,而且泵的出口压力随负载变化而变化,所以效率高、发热量小。因此,容积调速回路多用于工程机械、矿山机械、农业机械和大型机床等大功率的调速系统中。

容积调速回路按油液循环方式不同可分为开式回路和闭式回路两种。在开式回路中,液压泵从油箱吸油后输入执行元件,执行元件排出的油液直接返回油箱。因此,油液能得到较好的冷却,但空气和脏物容易侵入回路,影响正常工作。在闭式回路中,泵的吸油口与执行元件的回油口直接相连,油液在回路内封闭循环,不通过油箱。这种回路结构紧凑,减小了空气侵入的可能性;缺点是散热条件差。为了补偿回路中的泄漏、补偿执行元件进油腔与回油腔之间的流量差,通常需要设置辅助补油泵,补油泵的流量一般为主泵流量的 10%～15%,压力通常为 0.3MPa～1.0MPa。

根据液压泵和液压马达(或液压缸)的组合方式不同,容积调速回路有三种形式:变量泵—定量执行元件组成的调速回路;定量泵—变量马达组成的调速回路;变量泵—变量马达组成的调速回路。

1) 变量泵—定量执行元件的调速回路

该回路包括变量泵—液压缸式容积调速回路和变量泵—定量马达容积调速回路两种。

变量泵—液压缸式容积调速回路(开式),如图 7-6(a)所示,溢流阀 2 做安全阀用,溢流阀 6 做背压阀用。变量泵—定量马达容积调速回路(闭式),如图 7-6(b)所示,泵 1 为小流量补油泵,其供油压力由溢流阀 6 调定,溢流阀 4 做安全阀用。执行元件的运动速度或转速由变量泵调节。

(1) 执行元件的运动速度或转速(不计泄漏损失)。

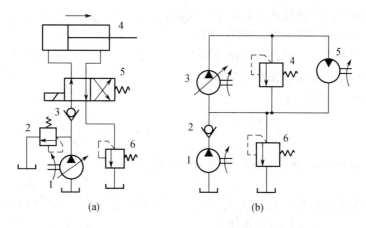

图 7-6 变量泵—定量执行元件容积调速回路

液压缸的运动速度为

$$v = \frac{q_p}{A} = \frac{V_p n_p}{A} \tag{7-16}$$

液压马达的转速为

$$n_m = \frac{q_p}{V_m} = \frac{V_p n_p}{V_m} \tag{7-17}$$

式中 q_p——液压泵的流量;

V_p、V_m——液压泵和液压马达的排量;

n_p、n_m——液压泵和液压马达的转速;

A——液压缸进油腔的有效工作面积。

由式(7-16)、式(7-17)可知,执行元件的运动速度或转速与泵的排量成正比关系。

(2) 执行元件输出的推力或转矩。

液压缸的输出推力为

$$F = p_p A \tag{7-18}$$

液压马达的输出转矩

$$T_m = \frac{p_p V_m}{2\pi} \tag{7-19}$$

由式(7-18)、式(7-19)可知,执行元件输出的转矩或推力与泵的排量无关,故该调速回路属恒推力或恒转矩调速。

(3) 执行元件输出的功率。

液压缸的输出功率为

$$P_c = Fv = \frac{F V_p n_p}{A} \tag{7-20}$$

液压马达的输出功率为

$$P_m = p_p q_p = p_p V_p n_p \tag{7-21}$$

由式(7-20)、式(7-21)可知,执行元件输出的功率与泵的排量呈线性关系。变量泵

—定量马达调速回路的特性曲线如图 7-7 所示。

2) 定量泵—变量马达的容积调速回路

定量泵—变量马达容积调速回路如图 7-8 所示。该回路是通过改变马达的排量来实现调速的。

(1) 马达的输出转速为

$$n_m = \frac{q_p}{V_m} \qquad (7-22)$$

由式(7-22)可知，马达的输出转速与马达的排量成反比。

(2) 马达的输出转矩。其表达式与式(7-19)相同，马达的输出转矩与马达的排量成正比。

(3) 马达的输出功率为

$$P_m = p_p q_p \qquad (7-23)$$

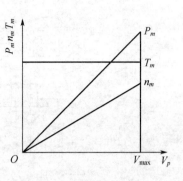

图 7-7 变量泵—定量马达调速回路的特性曲线

由式(7-23)可知，马达的输出功率与马达的排量无关，故该回路属恒功率调速。定量泵—变量马达容积调速回路的特性曲线如图 7-9 所示。

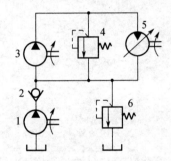

图 7-8 定量泵—变量马达调速回路图

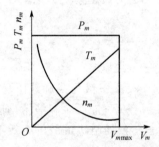

图 7-9 定量泵—变量马达调速特性曲线

3) 变量泵—变量马达的容积调速回路

变量泵—变量马达容积调速回路如图 7-10 所示。该回路是上述两种调速回路的组合。变量泵 1 正向或反向供油，马达 2 则正向或反向旋转，补油泵 4 通过单向阀 6 和 9 给闭式回路补油，安全阀 3 通过单向阀 7 和 8 在两个方向上对回路起过载保护作用。由于泵和马达均可变量，因此扩大了调速范围。其特性曲线如图 7-11 所示。

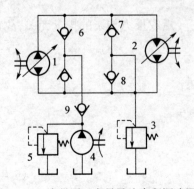

图 7-10 变量泵—变量马达容积调速回路

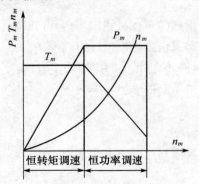

图 7-11 变量泵—变量马达调速回路特性曲线

该回路在调速时,首先将马达的排量调至最大,然后调节泵的排量,泵的排量增加马达的转速随之升高,当泵的排量调到最大后,再将马达的排量由大调小,使马达的转速进一步升高。

3. 容积节流调速回路

容积节流调速回路是采用变量泵供油,采用流量阀调速,液压泵输出的流量能自动地与执行元件所需流量相适应。这种回路虽有节流损失,但无溢流损失,其效率不如容积调速回路,但比节流调速回路高。运动平稳性与调速阀调速回路相同,比容积调速回路好。常用的容积节流调速回路包括定压式和变压式两种。本文只介绍定压式容积节流调速回路。

定压式容积节流调速回路如图 7-12 所示。该回路由限压式变量叶片泵、调速阀和液压缸等主要元件组成。液压缸的运动速度由调速阀控制,变量泵输出的流量 q_p 与进入液压缸的流量 q_1 相适应。其工作原理是:在节流阀通流截面积 A 调定后,通过调速阀的流量 q_1 是恒定不变的。因此,当 $q_p > q_1$ 时,泵的出口压力上升,通过压力反馈作用(见限压式变量叶片泵工作原理),使限压式变量叶片泵的流量自动减小到 $q_p \approx q_1$;反之,当 $q_p < q_1$ 时,限压式变量泵的出口压力下降,通过压力反馈作用,又会使其流量自动增大到 $q_p \approx q_1$。调速阀在这里的作用不仅使进入液压缸的流量保持恒定,而且还使泵的输出流量基本保持恒定,从而使液压缸所需要的流量与液压泵的输出流量相匹配。

该回路的调速特性如图 7-13 所示。由图可见,这种调速回路节流损失的大小与液压缸进油腔压力 p_1 有关,当 p_1 为最大时,回路中的节流损失最小;p_1 越小,节流损失越大。p_1 的正常工作范围为

$$p_2 \frac{A_2}{A_1} < p_1 < (p_p - \Delta p_{\min}) \tag{7-24}$$

式中　p_2——液压缸回油腔的压力;

$\Delta p_{\min}$——保证调速阀正常工作的最小压差,一般中低压时为 0.5MPa 左右,中高压时为 1MPa 左右。

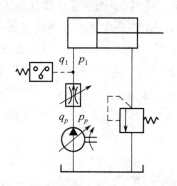

图 7-12　定压式容积节流调速回路图

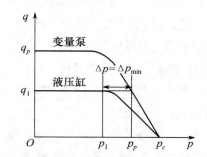

图 7-13　定压式容积节流调速回路的调速特性

二、增速回路

增速回路是指在不增加液压泵流量的前提下,提高执行元件的运动速度,以提高系统

的工作效率。

图 7-14 所示为采用差动连接的增速回路。二位二通阀电磁铁 3YA 的通、断电可实现泵正常给系统供油和卸荷两种状态的切换。当 3YA 断电时，1YA 通电、2YA 断电，液压缸活塞右移；2YA 通电、1YA 断电，液压缸左移；1YA、2YA 同时断电，压力油进入液压缸左右两腔，这种连接方式称为差动连接，由于无杆腔面积大于有杆腔面积，故活塞仍然向右运动，但此时活塞的有效作用面积减小（为活塞杆的有效面积），活塞的推力减小，而运动速度增加。差动连接可以提高液压缸向右空载行程的运动速度，缩短工作循环时间，是实现液压缸快速运动的一种简单、有效的方法。

图 7-15 所示为采用蓄能器的增速回路。当换向阀处于中位时，液压缸不动，液压泵经过单向阀 2 向蓄能器 3 充液，使蓄能器蓄能。当蓄能器压力升高到外控内泄顺序阀 1 的调整压力时，顺序阀 1 打开，液压泵卸荷，蓄能器通过单向阀保压；当换向阀切换到左位或右位时，液压泵和蓄能器同时给液压缸供油，实现快速运动。

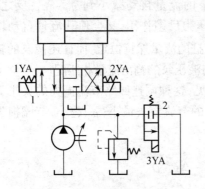
图 7-14　差动连接增速回路

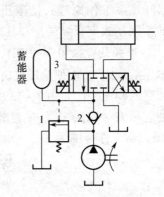
图 7-15　采用蓄能器的增速回路

图 7-16 所示为采用双泵供油的增速回路。利用外控内泄顺序阀 5 来实现单泵供油或双泵供油的切换控制。当主换向阀 6 在左位或右位工作时，换向阀 7 电磁铁通电，这时系统压力低于顺序阀 5 的调整压力，两泵同时向液压缸供油，实现液压缸的快速运动。当快进完成后，阀 7 断电，液压缸经节流阀 8 回油，因流动阻力增大而引起系统压力升高，当压力达到或超过顺序阀 5 的调定压力时，大流量泵 2 通过阀 5 卸荷，只有小流量泵 1 向系统供油，实现液压缸慢速运动。顺序阀 5 的调定压力至少应比溢流阀 9 的调定压力小 10%~20%。双泵供油增速回路简单合理，回路效率较高，通常用于执行元件快进和工进速度相差较大的场合。

图 7-17 所示为采用增速缸的增速回路。增速缸由活塞缸和柱塞缸复合而成。当换向阀处于左位工作时，压力油经柱塞孔进入增速缸小腔 6，推动活塞快速向右运动，这时增速缸大腔 5 中产生局部真空，将液控单向阀 3 打开，从油箱中吸油；当执行元件接触工件负载增加时，回路压力升高，使顺序阀 4 开启，液控单向阀 3 关闭，液压油进入增速缸大腔 5，活塞转换成慢速运动，推力增加。回程时，压力油进入活塞右腔，同时打开液控单向阀 3，将大腔 5 的油液排回油箱，活塞快速向左退回。

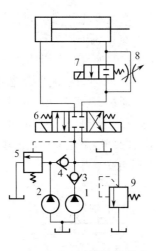
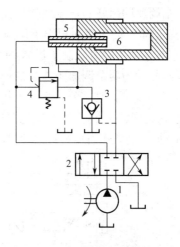

图 7-16 采用双泵供油的增速回路　　　　图 7-17 采用增速缸的增速回路

三、速度换接回路

速度换接回路是使执行元件在一个工作循环中由一种速度变换为另一种速度的回路。要求的主要性能是速度变换的平稳性。

图 7-18 所示为行程控制的速度换接回路。通常用于快速与慢速的换接。图 7-18(a)是采用行程阀的速度换接回路。当换向阀处于左位工作时,活塞向右运动,在活塞杆上的挡铁 1 碰到行程阀 2 之前,活塞快速运动;在挡铁压下行程阀 2 时,行程阀关闭,液压缸右腔的油液将通过调速阀 3 回油箱,活塞转换为慢速运动。当换向阀处于右位工作时,无论行程阀处于何种状态,压力油均可通过单向阀进入液压缸右腔,使活塞快速向左退回。图 7-18(b)为采用行程开关的速度换接回路。其工作原理与图 7-18(a)相同,主要区别是快、慢速变换的控制方式不同,该回路是利用行程开关 3 控制电磁铁 4 的通断电来实现速度变换的。

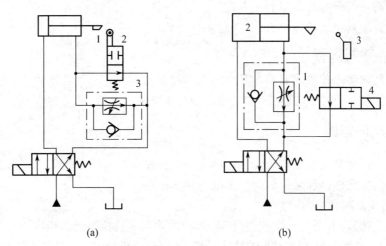

图 7-18 行程控制的速度换接回路

图 7-19 所示为采用两个调速阀来实现不同工进速度的换接回路。为实现两种进给速度的转换,常用两个调速阀串联或并联在油路中,用换向阀进行切换。图 7-19(a)所

示为两个调速阀串联的速度换接回路,它仅适用于第二进给速度小于第一进给速度的场合,故调速阀 B 的通流面积小于调速阀 A。在这种调速回路中,调速阀 A 一直处于工作状态,它在速度换接时限制了进入调速阀 B 的流量,因此它的速度换接平稳性较好。图 7-19(b)所示为两个调速阀并联的速度换接回路。调速阀并联时,两个进给速度可以分别调整,互不影响,但一个调速阀工作时另一个调速阀无油通过,其定差减压阀处于最大开口位置,在速度转换期间,因通过该调速阀的流量过大会造成工作部件的突然前冲。因此它不宜用于同一行程中有两种进给速度转换的场合,主要用于两种进给速度预选的场合。

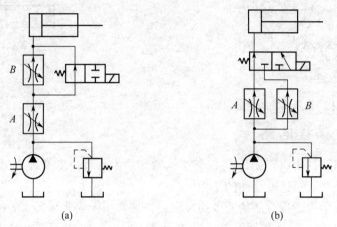

图 7-19 调速阀控制的速度换接回路

学习单元二　方向控制回路

□ 单元学习目标

了解方向控制回路的类型和组成;
掌握方向控制回路的作用、工作原理和性能特点。

□ 单元学习内容

方向控制回路的作用是利用各种方向阀来控制进入执行元件液流的通、断或变向,以实现执行元件启动、停止和换向。常见的方向回路有换向回路、锁紧回路和制动回路。

一、换向回路

所谓换向回路是指改变执行元件运动方向的回路。在液压系统中常用的换向回路有采用换向阀的换向回路和采用双向变量泵的换向回路。

1. 采用换向阀的换向回路

采用二位四通(五通)、三位四通(五通)换向阀均可实现执行元件换向。二位阀只能实现执行元件正、反向运动,而三位阀有中立位置,不同中位机能可使系统获得不同性能,如具有 M 型中位机能的换向阀除能实现二位阀的功用外,还能实现执行元件停止及液压泵卸荷的功用。图 7-20 和图 7-21 所示为采用二位三通和二位四通换向阀的换向回路。

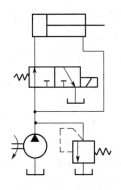
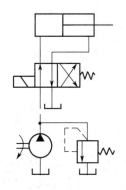

图 7-20　用二位三通阀换向回路　　图 7-21　用二位四通阀的换向回路

2．采用双向变量泵的换向回路

在闭式回路中常用双向变量泵来实现执行元件的换向和调速。图 7-22 所示为采用双向变量泵的换向回路。当液压缸左侧进油活塞向右运动时,因活塞两侧的有效面积不同,使进油流量大于回油流量,双向变量泵吸油侧流量不足,可通过液控单向阀 4 从油箱补油;当活塞向左运动时,回油流量大于进油流量,变量泵吸油侧多余的油液,通过进油侧油压打开液控单向阀 3 排油至油箱。溢流阀 2 和溢流阀 5 分别用于控制液压缸左侧和右侧进油的最高压力,以保证系统安全。

二、连续换向回路

图 7-23 所示为时间控制制动的换向回路。主油路只受换向阀 4 控制,在图示工作状态下,液压泵输出的油液经换向阀 4 进入液压缸右腔,推动活塞向左运动,左腔的回油经换向阀 4 和节流阀 1 回油箱;换向时,活塞杆上的挡块带动拨杆使先导阀 7 由左向右移动,液压泵输出的控制油(虚线所示)经先导阀 7、单向阀 3 进入换向阀的左端,换向阀右端的油液经节流阀 6 和先导阀 7 排入油箱,换向阀的阀芯向右移动。当阀芯移动到中间位置时,压力油、液压缸两腔和油箱互通,活塞运动因失去推力而迅速减慢;当阀芯上的锥面关死进入液压缸右腔的通道时,活塞停止运动,并打开进入液压缸左腔的通道,活塞向右运动,实现了执行元件的换向。调节回油路上节流阀的通流面积,可调节活塞直线往复运动的速度。调节换向阀 4 两端节流阀 2、6 的通流面积,可调节换向阀 4 阀芯的运动速

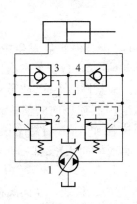
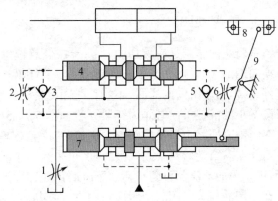

图 7-22　用双向变量泵的换向回路　　图 7-23　时间控制制动的连续换向回路

度,从而实现对活塞制动时间的调节。当换向阀 4 两端节流阀 2、6 的通流面积调定后,活塞制动时间就确定不变,因此该回路称为时间控制制动的换向回路。

时间控制制动的换向回路可以做到无冲击,但因运动部件的惯性及换向阀和节流阀性能的影响,换向精度不高,通常适用于工作部件运动速度较高,但换向精度要求不高的场合,如平面磨床液压系统。

图 7-24 所示为行程控制制动的连续换向回路。主油路除了受换向阀 4 的控制外,其回油还受先导阀 7 的控制。在图示工作状态下,压力油经换向阀 4 进入液压缸右腔,活塞向左运动,液压缸左腔的油液经换向阀 4、先导阀 7、节流阀 1 回油箱。换向时,活塞杆上的挡块带动先导阀阀芯向右移动,先导阀阀芯中间的制动锥将液压缸左腔的回油通道逐渐关小,对活塞进行预制动,使活塞移动速度减慢。当回油通道被关得很小、活塞速度很慢时,换向阀的控制油路才开始切换,推动换向阀 4 换向,使活塞停止运动,并随即反向启动。不论运动部件原来的速度快慢如何,换向时先导阀 7 总是要先移动一段固定行程,使工作部件先进行预制动后,再由换向阀来使它换向,因此可提高换向精度。制动的平稳性与制动锥的锥度大小有关。

这种回路由于先导阀的制动行程恒定不变,所以换向精度较高,但运动部件速度快时制动时间短,换向冲击大,所以主要用于工作部件运动速度不大但换向精度要求较高的场合,如外圆磨床液压系统。

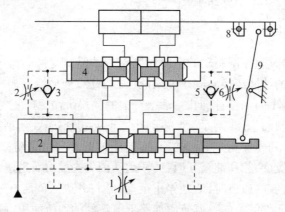

图 7-24 行程控制制动的连续换向回路

三、锁紧回路

锁紧回路的作用是使液压缸活塞能在任意位置停止,并可防止其停止后发生窜动。三位换向阀的 M 型或 O 型中位机能可用于封闭液压缸的两腔,使活塞在行程范围内任意位置停止,但由于滑阀的泄漏,不能长时间保持在停止位置不动,锁紧性能不高,故通常采用泄漏量小的液控单向阀作为锁紧元件。图 7-25(a)所示为采用液控单向阀使卧式液压缸双向锁紧回路。当换向阀处于中位时,因液控单向阀突然失压而关闭,将活塞锁紧,使其不能左右窜动。对于立式液压缸,可采用一个液控单向阀实现单向锁紧,如图 7-25(b)所示。单向节流阀可防止活塞下降时因超速而产生振动和冲击。

在采用液控单向阀的锁紧回路中,换向阀应采用 Y 型和 H 型中位机能。换向阀在中位时,液控单向阀立即失压而关闭,使锁紧精度提高。

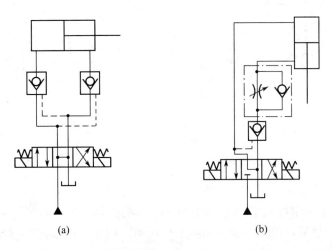

图 7-25 用液控单向阀的锁紧回路

学习单元三　压力控制回路

□ 单元学习目标

了解压力控制回路的类型和组成；
掌握压力控制回路的作用、工作原理和性能特点。

□ 单元学习内容

压力控制回路是利用压力控制阀来控制系统和系统某一部分的压力，以满足执行元件对力和力矩的要求，或者实现工作机构平衡或顺序动作。它包括调压、减压、增压、卸荷、保压或缓冲等回路。

一、调压回路

调压回路是依靠溢流阀调节油液压力，使液压系统整体或某一部分的压力保持恒定，以实现稳压溢流。常见的调压回路有单级调压、远程调压、多级调压和比例调压等调压回路。

1. 单级调压回路

图 7-26 所示为单级调压回路。在液压泵出口处并联一溢流阀即可组成单级调压回路，以调节整个系统的工作压力。

2. 远程调压回路

图 7-27 所示为远程调压回路。将远程调压阀 2 接在先导式溢流阀 1 的遥控口上，液压泵的工作压力即可由远程调压阀 2 做远程调节。远程调压阀可以安装在操作方便的地方，其调定压力应小于主溢流阀的调定压力。

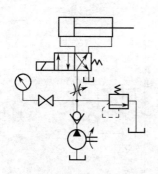

图 7-26 单级调压回路

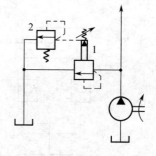

图 7-27 远程调压回路

3. 多级调压回路

图 7-28 所示为多级调压回路中的二级调压回路,两个溢流阀各调一级压力,由二位二通换向阀变换,使系统得到两级不同的工作压力。图 7-29 所示为多级调压回路中的三级调压回路,将主溢流阀 1 的遥控口通过三位四通换向阀 2 分别接至远程调压阀 3 和 4,使系统具有三种压力调定值:换向阀在左位时,系统压力由阀 3 调定;换向阀在右位时,系统压力由阀 4 来调定;而换向阀在中位时,由主溢流阀 1 调定系统的最高压力值。各远程调压阀的调定压力应小于主溢流阀的调定压力。

4. 比例调压回路

图 7-30 所示为电液比例调压回路,可以通过电液比例阀实现无级调压。根据执行元件各工况对压力的不同要求,调节输入电液比例阀的电流,即可改变系统的工作压力。该回路的调压过程平稳、冲击小,更易于实现远距离控制和连续控制。

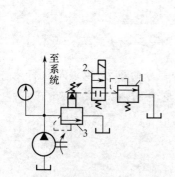

图 7-28 远程调压回路

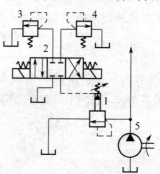

图 7-29 多级调压回路

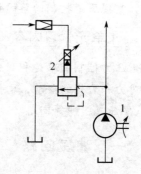

图 7-30 比例调压回路

二、减压回路

减压回路的作用是使系统中某一支路获得比系统压力低而稳定的工作压力。例如,机床中的工件夹紧、导轨润滑及液压系统的控制油路等常采用减压回路。

图 7-31(a)所示为定值减压阀减压回路。主油路的油压由主油路负载决定,支路油压由减压阀调定,回路中单向阀的作用是在主油路油压降低到小于减压阀调整压力时,将减压支路与主油路隔开,实现短时间保压。

图 7-31(b)所示为二级减压回路。在先导式减压阀 4 的遥控口上通过二位二通阀 2

接入远程调压阀1,组成二级减压回路。当二位二通阀的电磁铁断电时,支路油压由先导式减压阀调定;当电磁铁通电时,支路油压由远程调压阀调定。但应注意:远程调压阀的调定压力应小于先导式减压阀的调定压力。

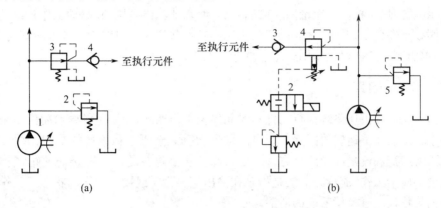

图 7-31 减压回路

三、增压回路

增压回路的作用是使系统中某一支路的压力高于系统压力。利用增压回路,液压系统就可以采用供油压力较低的液压泵来获得较高的支路压力。增压回路中实现增压的主要元件是增压缸,其增压比为增压缸大小活塞面积之比,即

$$p_2/p_1 = A_1/A_2$$

图 7-32(a)所示为采用单作用增压缸的增压回路。由于该回路不能获得连续高压油,因此它只适用于有一个需要较大的单向作用力、行程小且作业时间短的液压系统。当换向阀3处于左位工作时,增压缸4输出高压油驱动工作缸7的活塞运动;当换向阀处于右位工作时,增压缸活塞左移,工作缸靠弹簧复位,高位油箱6经单向阀5给增压缸右腔补油。

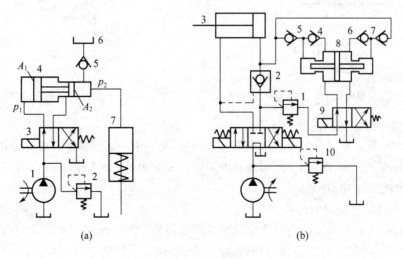

图 7-32 增压回路

图 7-32(b)所示为采用双作用增压缸的增压回路。由于双作用增压缸能连续输出高压油,因此该回路是适用于增压行程较大的场合。当三位换向阀处于右位工作时,工作缸 3 左移,随工作缸负载的增大,系统压力升高,将顺序阀 1 打开,油液经换向阀 9 进入双作用增压缸缸,增压缸活塞无论向左或向右运动,均能输出高压油,驱动工作缸运动;当三位换向阀处于左位工作时,工作缸回程,增压回路不起作用。单向阀 4、5、6、7 起防干扰作用,其中单向阀 4、6 还对双作用式增压缸起补油作用。

四、卸荷回路

卸荷回路是在液压系统执行元件短时间停止工作期间,为避免频繁启闭液压泵,而使泵在很小输出功率下运转的回路。因泵的输出功率等于压力和流量的乘积,故泵的卸荷可分为压力卸荷和流量卸荷两种方法。压力卸荷法是将泵的出口直接通油箱,使泵在零压或接近零压下工作;流量卸荷法是指泵在输出流量为零或接近于零的状态下工作,此时泵的供油流量仅用于补偿系统的泄漏。

1. 用换向阀中位机能的卸荷回路

图 7-33 所示为采用换向阀中位机能的卸荷回路。用三位四通换向阀 M 型(或 H 型、K 型)中位机能,使换向阀在中位时泵的出口直接通油箱,实现泵的卸荷。它适用于低压小流量($p_p \leqslant 2.5 \mathrm{MPa}$, $q_p \leqslant 40 \mathrm{L/min}$)的液压系统。对于高压大流量液压系统采用此法时会产生较大的液压冲击,应采取适当的缓冲措施。

2. 用二位二通阀的卸荷回路

图 7-34 所示为采用二位二通阀的卸荷回路。当电磁铁断电时,实现泵卸荷;当电磁铁通电时,泵正常给系统供油。但应注意:二位二通阀的流量规格必须与泵的流量相匹配。

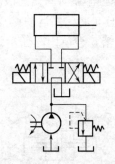
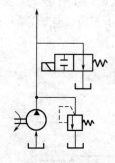

图 7-33 利用换向阀中位机能的卸荷回路　　图 7-34 利用二位二通阀的卸荷回路

3. 用先导式溢流阀的卸荷回路

图 7-35 所示为采用先导式溢流阀的卸荷回路。当二位二通阀电磁铁断电时,泵正常给系统供油;当电磁铁通电时,实现泵的卸荷。固定阻尼器可防止卸荷和升压两种状态切换时产生的液压冲击。

4. 压力补偿变量泵的卸荷回路

图 7-36 所示为采用压力补偿变量泵的卸荷回路。当液压缸活塞运动到行程端点或换向阀处于中位时,泵的供油压力升高,输出流量减小;当泵的供油压力升高到预调的最大压力时,泵的输出流量减至只需补偿系统泄漏的流量,回路实现保压卸荷。

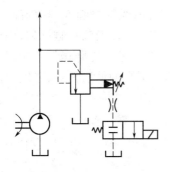
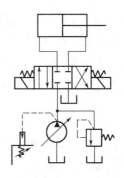

图 7-35　利用先导式溢流阀的卸荷回路　　　　图 7-36　压力补偿变量泵的卸荷回路

五、保压回路

保压回路是在液压缸不动或因工件变形而产生微小位移的情况下,保持系统压力不变的回路。评定保压性能的主要指标是保压时间和压力稳定性。

图 7-37 所示为采用液控单向阀的保压回路。它是利用液控单向阀反向截止时密封性好的特点实现保压的。一般在 20MPa 工作压力下保压 10min,压力降不超过 2MPa。

图 7-38 所示为自动补油保压回路。保压元件仍采用液控单向阀,保压控制采用电接触式压力表。由电接触压力表设定压力波动范围。换向阀 2 的电磁铁 1YA 通电,活塞下降加压,当压力升高到压力表 4 上限调定压力时,上触点接通,1YA 断电,液压泵卸荷,系统保压;当压力下降到下限压力时,下限触点接通,1YA 通电,泵又恢复给液压缸供油,使压力回升,实现补油保压。该回路保压时间长,压力稳定性好。

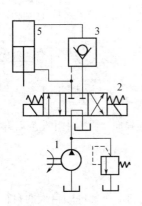
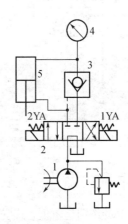

图 7-37　采用液控单向阀的保压回路　　　　图 7-38　自动补油保压回路

六、泄压回路

泄压回路的作用是使执行元件高压腔中的压力缓慢释放,以免泄压过快而引起的剧烈振动和冲击。

图 7-39 所示为采用顺序阀控制的泄压回路。采用带卸荷阀芯的液控单向阀实现保压和泄压,泄压压力和回程压力均由顺序阀控制。保压结束后使换向阀 2 左位接入回路,

此时液压缸下腔压力升高,开启顺序阀 5,泵输出的压力油经顺序阀 5 和节流阀 4 回油箱,由于节流阀的作用,回油压力(可调至 2MPa 左右)虽不足以使液压缸回程,但能顶开液控单向阀 3 的卸荷阀芯,使液压缸上腔泄压。当液压缸上腔压力降至低于顺序阀 5 的调定压力(一般为 2MPa~4MPa)时,顺序阀 5 关闭,切断了泵的低压循环,泵输出的压力油进入液压缸的下腔,同时顶开液控单向阀 3 的主阀芯,使活塞回程。回路中换向阀 6 的作用是在保压过程中切断顺序阀 5 的控制油路,保证回路的保压性能。这种泄压回路是在换向阀 2 切换时不立即接通回程油路,只有在上腔压力降至允许的最低压力时,才能自动回程。

图 7-40 所示为延缓换向阀切换时间的泄压回路。保压时主换向阀 2 处于中位,主液压泵卸荷,二位二通换向阀 9 通电,辅助液压泵 8 向液压缸供油保压。保压完毕后,先使 3YA 断电,辅助液压泵 8 经溢流阀 7 和换向阀 9 卸荷,液压缸上腔压力油经节流阀 6、溢流阀 7 和换向阀 9 泄压。节流阀 6 在泄压时起缓冲作用,泄压时间由时间继电器 3 控制,经过一段时间延迟,使 2YA 通电,换向阀 2 左位工作,活塞回程。该回路的特点是:在泄压过程中,不论高压腔的压力是否泄至零压,都必须延长一个固定的时间后才能换向。

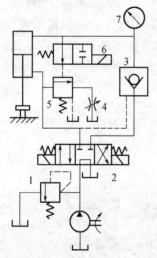
图 7-39 用顺序阀控制的泄压回路

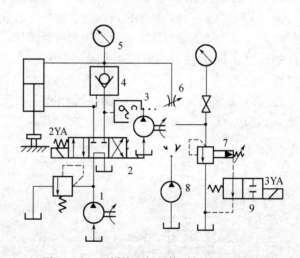
图 7-40 延缓换向阀切换时间的泄压回路

七、平衡回路

平衡回路的作用是防止立式安装的液压缸和与其相连的工作部件因自重而自行下落。

图 7-41 所示为采用单向顺序阀的平衡回路。调整顺序阀的调整压力,使其稍大于立式液压缸活塞和工作部件自重在液压缸下腔产生的背压,即可防止活塞因自重而下落。这种回路在活塞下行时,回油腔有一定的背压,运动平稳,但顺序阀调整压力调定后,若工作负载减小,系统的功率损失将增大。

图 7-42 所示为采用液控单向阀的平衡回路。由于液控单向阀反向截止时的密封性好,因此该回路的闭锁性能好。通过调整单向节流阀 2 的通流面积来改变液压缸回油腔产生的背压,从而达到防止活塞加速下行的目的。

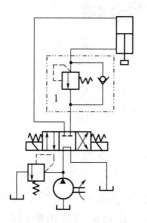
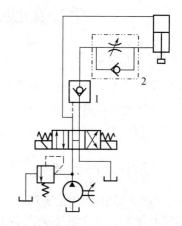

图 7-41 采用单向顺序阀的平衡回路　　图 7-42 采用液控单向阀的平衡回路

八、缓冲回路

制动缓冲回路的功能是实现执行元件平稳地换向或由运动状态平稳地过渡到静止状态。

图 7-43 所示为采用行程节流阀的缓冲回路。在液压缸有杆腔回油路上接入单向行程节流阀 2,当活塞向右运动到预定位置时,活塞杆上的挡铁 1 压下行程节流阀 2 的阀芯,使节流阀的开度逐渐减小直至关闭,从而使运动部件逐渐减速直至停止,达到在行程终点减速缓冲的目的。

图 7-44 所示为采用溢流阀的缓冲制动回路。当执行元件向右运动过程中,换向阀突然切换,液压缸回油路上的压力因运动部件的惯性而突然升高,当压力超过溢流阀 3 的调定压力时,阀 3 溢流,以缓和管路中产生的液压冲击,同时通过单向阀 1 向液压缸的左腔补油。为保证系统能正常工作,溢流阀的调整压力要比正常工作时系统压力高 5%~10%。

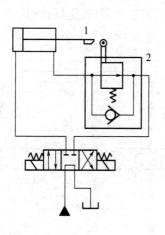
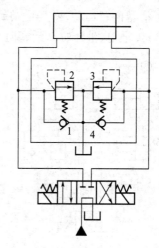

图 7-43 用行程节流阀的缓冲回路　　图 7-44 用溢流阀的缓冲制动回路

学习单元四　多缸动作控制回路

□ 单元学习目标

了解多缸动作控制回路的类型和组成；
掌握多缸动作控制回路的作用、工作原理和性能特点。

□ 单元学习内容

一、顺序动作回路

顺序动作回路的作用是实现多个执行元件按预定的顺序动作。顺序动作回路按控制方式不同可分为压力控制、行程控制和时间控制三大类。这种回路在机械制造等行业的液压系统中得到了普遍应用。如组合机床回转工作台的抬起和转位、夹紧机构的定位和夹紧等，都必须按固定的顺序运动。下面主要介绍最常见的压力控制和行程控制顺序动作回路。

1. 压力控制顺序动作回路

压力控制顺序动作回路是利用液压系统在工作过程中的压力变化来控制执行元件顺序动作的回路。

图 7-45 所示为采用顺序阀控制的顺序动作回路。以钻床液压系统为例，钻削加工的过程是：夹紧工件→钻头进给→钻头退回→松开工件。换向阀左位接入回路，夹紧缸 1 活塞向右运动，完成工件夹紧操作；工件夹紧后，回路压力升高，顺序阀 3 开启，压力油进入液压缸 2 的无杆腔，推动活塞向右运动，实现钻削加工；钻孔结束后，换向阀 4 右位接入回路，液压缸 2 活塞左移，完成钻头退回操作；钻头退回操作结束后，回路压力升高，顺序阀 5 打开，夹紧缸 1 退回原位。

图 7-46 所示为采用压力继电器控制的顺序动作回路。其工作原理是利用压力继电器控制电磁换向阀电磁铁的通、断电来实现顺序动作的。按启动按钮，1YA 电磁铁得电，液压缸 1 活塞向右运动，当其运动到右端点后，回路压力升高，压力继电器 1YJ 动作，使电磁铁 3YA 通电，液压缸 2 活塞向右运动，当其运动到右端点后，按返回按钮，1YA、3YA

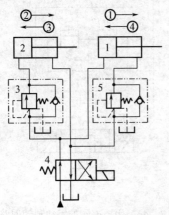
图 7-45　用顺序阀控制的顺序回路

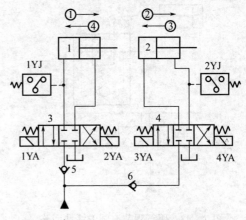
图 7-46　用压力继电器控制的顺序回路

断电,4YA 通电,液压缸 2 退回左端点,回路压力升高,压力继电器 2YJ 动作,使电磁铁 2YA 通电,液压缸 1 活塞退回,实现图示的顺序动作。

压力控制的顺序动作回路中,顺序阀和压力继电器的调定压力必须大于前一动作执行元件的最高压力,一般应高出 10%~15%,否则前一动作尚未结束,下一动作往往在管路中压力冲击或波动下产生先动现象,有时会引起误动作,造成设备故障或人身事故。该回路通常适用于系统中执行元件数目不多、负载变换不大的场合。

2. 行程控制顺序动作回路

图 7-47 所示为采用行程阀控制的顺序动作回路。在初始状态下,液压缸 1、2 的活塞均处于左端。电磁换向阀 4 通电后,液压缸 1 活塞先向右运动,当活塞杆上的挡块压下行程阀 3 后,液压缸 2 活塞才向右运动;电磁换向阀 4 断电,液压缸 1 活塞退回,其挡块离开行程阀后,液压缸 2 退回,实现图示动作顺序。回路特点:动作可靠,但改变动作顺序困难。

图 7-48 所示为采用行程开关控制的顺序动作回路。按启动按钮,电磁铁 1YA 通电,完成动作顺序①;当活塞杆上的挡块触动行程开关 2S 时,使电磁铁 2YA 通电,液压缸 2 右行完成动作顺序②;当液压缸 2 右行至触动行程开关 3S 时,使 1YA 断电,液压缸 1 返回,实现顺序动作③后,触动 1S,使 2YA 断电,液压缸 2 返回,完成顺序动作④。回路特点:调整挡块位置可调节液压缸的行程,通过电气系统可任意改变动作顺序,方便灵活,应用广泛。

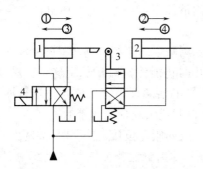

图 7-47 用行程阀控制的顺序回路

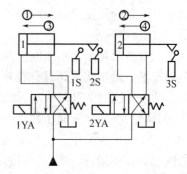

图 7-48 用行程开关控制的顺序回路

3. 时间控制顺序动作回路

时间控制是指在一个执行元件开始动作后,经过一定的时间延迟,另一个执行元件才开始动作。在液压系统中,时间控制一般可用延时阀来控制。

图 7-49 所示为采用延时阀的时间控制顺序动作回路。电磁铁 1YA 通电,换向阀 1

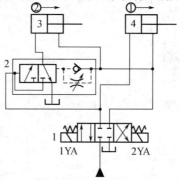

图 7-49 时间控制顺序动作回路

处于左位工作,压力油经过阀1进入液压缸4的左腔,推动活塞向右运动;液压油同时进入延时阀2的左侧油口,经一定时间延迟后,二位三通液控换向阀阀芯右移,液压油进入液压缸3的左腔,推动活塞右移,使液压缸按图示顺序动作。1YA断电,2YA通电,液压油同时进入液压缸3、4的右腔,使两缸快速退回,同时,液压油经延时阀的单向阀推动二位三通液控换向阀复位。这种延时阀的延迟时间易受温度的影响而在一定范围内波动。

二、同步回路

同步控制回路是用于保证系统中的两个或多个执行元件在运动中以相同的位移或速度运动,也可以按一定的速比运动。它通常用于多个执行元件同时驱动一个工作部件的场合。同步运动可分为位置同步和速度同步两种。衡量同步运动优劣的指标是同步精度,通常用其位移的绝对误差和相对误差来表示。影响同步精度的因素很多,如外负载不均衡、泄漏量不同、摩擦阻力不等、元件的变形及空气的混入等都会使执行元件运动不同步。同步控制回路多采用速度同步,严格地做到每一瞬间速度同步是非常困难的,而速度的微小差异,在运动一定时间后就会造成显著的位置不同步,因此,应在执行元件行程终点处采用适当的补偿措施。在同步精度要求较高的场合,应采用位置同步回路。

1. 流量同步回路

流量同步是利用流量控制阀来控制进入和流出液压缸的流量,使液压缸活塞运动速度相等,实现速度同步。

图7-50所示是采用调速阀控制的同步回路。用两个调速阀分别调节两个液压缸活塞的运动速度。由于调速阀具有在外负载发生变化时仍能保持流量稳定这一特点,所以通过调节两个调速阀的开口大小,就能使两个液压缸的活塞保持速度同步。这种回路结果简单,但调整比较麻烦,同步精度不高,不宜用于偏载或负载变化频繁的场合。

图7-51所示为采用分流集流阀的同步回路。换向阀左位接入回路时,活塞上升,分流集流阀起分流作用;换向阀右位接入回路时,活塞下降,分流集流阀起集流作用。无论活塞上升还是下降,无论承受的负载是否相同,两个液压缸都能以相等的流量分流和集流,实现速度同步。由于同步作用靠分流集流阀自动调整,使用方便,但回路效率低,压力损失大。

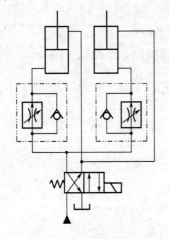

图7-50 用调速阀控制的同步回路

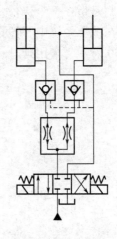

图7-51 用分流集流阀的同步回路

图 7-52 所示为采用比例调速阀控制的同步回路。回路中采用一个普通调速阀 1 和一个电液比例调速阀 2,它们分别装在由 4 个单向阀组成的桥式回路中。调速阀 1 控制液压缸 3 的运动,电液比例调速阀 2 控制液压缸 4 的运动。图示接法能够使两个液压缸在左右两个方向上保持同步。当两活塞出现位置偏差时,可通过检测装置发出的电信号,自动调节电液比例调速阀的开度,使两个液压缸仍能保持同步。这种回路调节方便,同步精度高,两活塞位置的绝对误差可降至 0.5mm。

2. 容积同步回路

图 7-53 所示为带补偿装置的同步回路。将有效工作面积相等的两个液压缸串联起来,可以实现两缸的同步且在活塞行程端点处能自动消除两缸的位置误差。当两缸活塞同时下行时,若缸 1 活塞先到达行程端点,则挡块压下行程开关 1S,电磁铁 3YA 得电,换向阀 4 左位接入回路,压力油经换向阀 4 和液控单向阀 3 进入缸 2 上腔,进行补油,使其活塞继续下行到达行程端点。如果缸 2 活塞先到达端点,行程开关 2S 使电磁铁 4YA 得电,换向阀 4 右位接入回路,压力油进入液控单向阀 3 的控制腔,并打开阀 3,缸 1 下腔与油箱接通,使其活塞继续下行到达行程端点,从而消除积累误差。

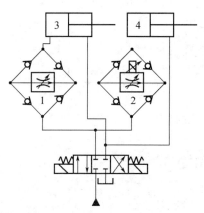

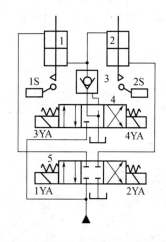

图 7-52 用比例调速阀控制的同步回路 图 7-53 带补油装置的串联缸同步回路

图 7-54 所示为采用同步马达的同步回路。采用两个同轴等排量液压马达作配油环节,输出等流量的油液来控制两个液压缸的同步。节流阀 5 用于消除两缸在行程端点处产生的位置误差。

图 7-55 所示为采用同步缸的同步回路。同步缸 2 是两个尺寸相同的缸体和两个活塞共用一个活塞杆的液压缸,活塞向左或向右运动时输出或接受相等容积的油液,在回路中起着配流的作用,使有效面积相等的两个液压缸 4 和 5 实现双向同步运动。同步缸 2 的两个活塞上装有双作用单向阀,可以在行程端点消除误差。当活塞向右运动到达右端点时,顶开其两活塞上的右侧单向阀,若某个工作缸未到达行程端点,则压力油便通过顶开的单向阀给其补油,使两个工作缸保持位置同步。

容积同步回路因具有行程端点位置补偿功能且消除了流量控制阀压差对流量的影响,因此其同步精度优于流量同步回路。

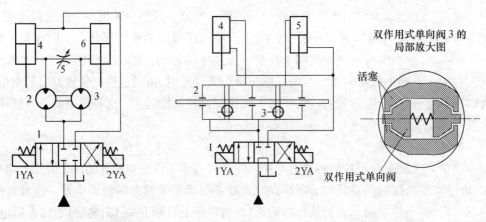

图 7-54 用同步马达的同步回路　　　　图 7-55 用同步缸的同步回路

3. 伺服同步回路

图 7-56 所示为采用电液伺服阀的同步回路。根据两个位移传感器 B 和 C 的反馈信号持续不断的调整伺服阀 A 的阀口开度,控制两液压缸输入或输出的流量,实现精确的位置同步,其位置误差不超过 0.05mm～0.2mm,但系统复杂、造价高。此回路适用于两缸相距较远且同步精度要求很高的场合。

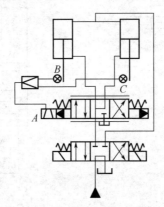

图 7-56 用伺服阀的同步回路图图

三、互不干扰回路

互不干扰回路的作用是使系统中多个执行元件在完成各自工作循环时彼此互不干扰。图 7-57 所示是利用双泵供油来实现多缸快慢速互不干扰的回路。液压缸 6 和 7 完成各自"快进—工进—快退"的工作循环。其工作情况如下。当电磁铁 1YA、2YA 得电且 3YA、4YA 失电时,两缸均作差动连接,由大流量泵 12 供油使活塞快速向右运动即快进。若缸 6 先完成快进动作,通过挡块和行程开关使电磁铁 3YA 得电,1YA 失电,大流量泵 12 进入缸 6 的油路被切断,而改为小流量泵供油,经调速阀 3 获得慢速工进,不受缸 7 快进的影响。当两缸转换为工进,均由小流量泵供油后,若缸 6 先完成工进,通过挡块和行程开关实现反向换接,缸 6 改由大流量泵 12 供油,使活塞快速返回,这时缸 7 仍由小流量泵 1 供油继续完成工进,不受缸 6 的影响。当所有电磁铁都失电时,两缸都停止运动。

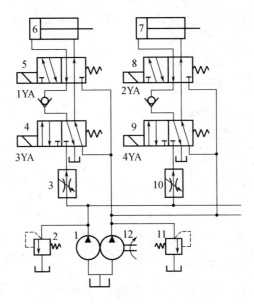

图 7-57 多缸快慢速互不干扰回路

习题与思考题

1. 如题1图所示，若溢流阀的调整压力分别为 $p_{Y1}=5\text{MPa}$，$p_{Y2}=4\text{MPa}$，主系统的负载为无限大，不计管道损失和调压偏差。试问：

(1) 换向阀处于常态位时，泵的工作压力为多少？B 点和 C 点的压力各为多少？

(2) 换向阀电磁铁通电时，泵的工作压力为多少？B 点和 C 点的压力又为多少？

2. 如题2图所示，试问泵有几种供油压力？其值各为多少？

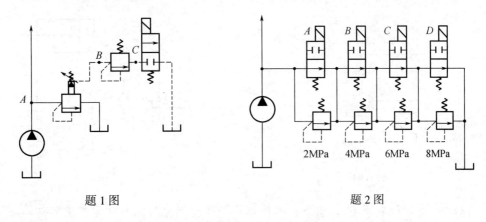

题1图　　　　　　　　　题2图

3. 如题3图所示，试确定下列各种情况下，系统的调定压力各为多少？(1) 1YA和3YA都通电、2YA断电；(2) 1YA、2YA和3YA都断电；(3) 1YA断电、2YA和3YA都通电。

4. 如题4图所示的夹紧回路中，已知溢流阀的调整压力为6MPa，两个减压阀的调整压力分别为 5MPa 和 3.5MPa,若不计管道损失和调压偏差,试确定活塞在空载运行时和工件被夹紧时,A、B、C 三点的压力值。

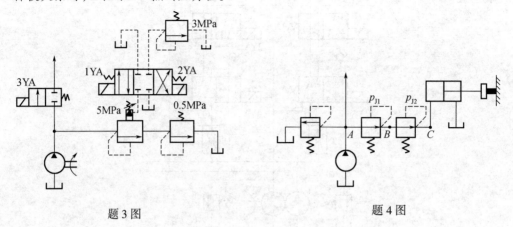

题 3 图　　　　　　　　　　　题 4 图

5. 在液压系统中,当工作部件停止运动以后,使液压泵卸荷有什么好处? 有哪些卸荷方法?

6. 锁紧回路中三位换向阀的中位机能是否可任意选择? 为什么?

7. 变量泵—定量马达的容积调速回路为什么称为恒转矩调速回路?

8. 容积节流调速回路中的流量阀和变量泵之间是如何实现流量适应的?

9. 如题 9 图所示,液压缸无杆腔面积 $A = 100\mathrm{cm}^2$,负载 F 在 500N ~ 4000N 的范围内变化,如将泵的工作压力调至 6.3MPa,是否合适?

10. 现有进口节流调速回路如题 10 图所示。该回路中液压缸完成快速进给、慢速加工、快速退回工作循环,液压缸的负载及负载变化都比较大,工作中发现液压缸在慢速加工时速度变化太大,需要对原回路进行改造,问如何改进该回路,才能保证液压缸在工作进给时速度不发生变化? 说明原因。

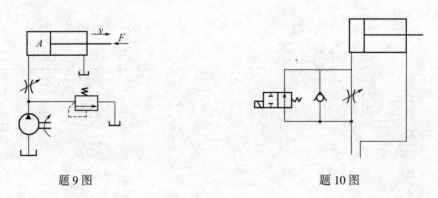

题 9 图　　　　　　　　　　　题 10 图

11. 减压回路如题 11 图所示。液压缸 1 和 2 分别进行纵向加工和横向加工。现场观察发现,在液压缸 2 开始退回时,液压缸 1 立即停止,直至液压缸 2 退至终点,液压缸 1 才能继续工进。试分析故障原因并提出解决办法。

12. 如题 12 图所示两缸完全相同,负载 $F_1 > F_2$。若压力损失不计,试分析两缸的动作顺序和速度快慢。

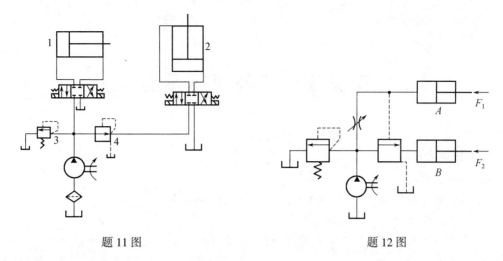

题 11 图 　　　　　　　　　　题 12 图

13. 如题 13 图所示,试列出实现"快进→一工进→二工进→快退→停止"工作循环时的电磁铁动作顺序表。

14. 如题 14 图所示液压系统能实现"A 夹紧→B 快进→B 工进→B 快退→B 停止→A 松夹→泵卸荷"等功用。

(1) 试列出实现上述功用时的电磁铁动作顺序表。

(2) 说明该系统是由哪些基本回路组成的。

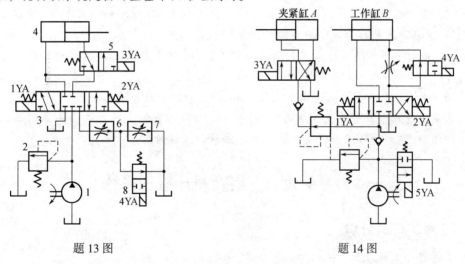

题 13 图 　　　　　　　　　　题 14 图

15. 液压系统中为什么要设置快速运动回路?实现执行元件快速运动的方法有哪些?

模块八　典型液压系统

□ **模块学习目标**

了解液压系统的定义和类型；
掌握液压系统的阅读步骤、组成、作用、工作原理和特点；
理解液压系统的表示方法和图形符号；
熟悉液压技术在国民经济中的综合应用，提高分析和解决实际问题的能力。

□ **模块学习内容**

液压技术广泛应用于众多领域。根据主机性能和要求的不同，液压系统的组成、作用和特点也不同。选用合适的液压元件和液压基本回路，即可组成典型的液压系统，其工作原理可用标准图形符号组成的液压系统原理图来表示。

一般可按以下方法和步骤，阅读和分析液压系统原理图。

（1）了解主机的功用、主机对液压系统的要求、液压系统应该完成的运动和动作循环。

（2）分析液压系统的组成，掌握各个液压元件的名称、作用和连接关系，若有多个执行元件，须将系统分解为多个子系统进行分析。

（3）分析液压系统工作原理和油流路线，特别要注意各工况转换时的发讯元件及控制动作。

（4）分析组成液压系统的各个液压基本回路，归纳液压系统的特点。

本章通过几个典型的液压系统举例，进一步加深对各种液压元件和基本回路的综合应用和理解，熟悉和掌握分析液压系统的方法和一般设计原则。

学习单元一　组合机床液压系统

□ **单元学习目标**

了解组合机床液压系统的功用和要求；
掌握组合机床液压系统的组成和工作原理。

□ **单元学习内容**

组合机床是由具有一定功用的通用部件和一部分专用部件组成的高效、专用、自动化程度较高的机床，下面以组合机床动力滑台液压系统为例加以介绍。

一、组合机床动力滑台液压系统概述

动力滑台是组合机床上用来实现进给运动的重要通用部件，配置动力头和主轴箱后，可以完成钻、扩、铰、镗、铣孔，攻丝、倒角等工序和工作台转位、定位、夹紧、输送等辅助动

作。动力滑台由液压缸驱动,在电气和机械装置的配合下可以实现多种工作循环。

图 8-1 所示为 YT4543 型动力滑台液压系统原理图,其进给速度范围为 6.6mm/min~660mm/min,最大进给力为 45kN。该系统采用限压式变量叶片泵向系统供油,采用单活塞杆液压缸驱动负载。可实现的典型工作循环是:快进→第一次工作进给→第二次工作进给→死挡铁停留→快退→原位停止。其电磁铁及行程阀动作顺序如表 8-1 所列。

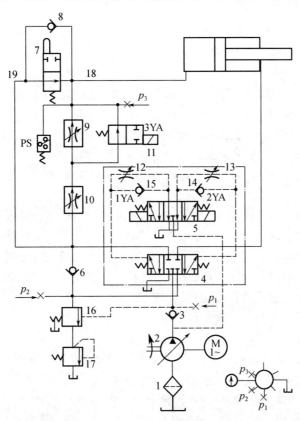

图 8-1 YT4543 型动力滑台液压系统原理图

表 8-1 电磁铁动作顺序表

元件 动作顺序	1YA	2YA	3YA	PS	行程阀 7
快进(差动)	+	-	-	-	导通
一工进	+	-	-	-	切断
二工进	+	-	+	-	切断
死挡铁停留	+	-	+	+	切断
快退	-	+	±	-	导通→切断
原位停止	-	-	-	-	导通

二、YT4543 型动力滑台液压系统工作原理

1. 快速进给

按下启动按钮,先导阀 5 的电磁铁 1YA 通电,使液动换向阀 4 在控制压力油作用下左

位接入系统。由于快速进给为空载行程,液控顺序阀 16 因系统压力较低而处于关闭状态,变量泵输出较大流量,液压缸两腔差动连接,动力滑台快速进给,其主油路如下。

进油路:过滤器 1→变量泵 2→单向阀 3→液动换向阀 4 左位→行程阀 7→液压缸左腔。

回油路:液压缸右腔→液动换向阀 4 左位→单向阀 6→行程阀 7→液压缸左腔。

其控制油路如下。

进油路:过滤器 1→变量泵 2→先导阀 5 左位→单向阀 15→液动换向阀 4 左端。

回油路:液动换向阀 4 右端→节流阀 13→先导阀 5 左位→油箱。

2. 第一次工作进给

滑台快进终了,挡块压下行程阀 7,切断快进油路,电磁铁 1YA 继续通电,液动换向阀 4 仍以左位接入系统。由于工进时系统压力升高,液控顺序阀 16 打开,单向阀 6 关闭,变量泵 2 输出流量自动减小,液压缸右腔的油液经液控顺序阀 16、背压阀 17 流回油箱,动力滑台转换为第一次工作进给,其主油路为如下。

进油路:过滤器 1→变量泵 2→单向阀 3→液动换向阀 4 左位→调速阀 10→电磁阀 11→液压缸左腔。

回油路:液压缸右腔→液动换向阀 4 左位→液控顺序阀 16→背压阀 17→油箱。

3. 第二次工作进给

第一次工作进给结束,挡块压下电气行程开关,使电磁铁 3YA 通电,电磁阀 11 右位接入系统,此时油液需经调速阀 10 和 9 后才能进入液压缸无杆腔。由于调速阀 9 的通流面积小于调速阀 10 的通流面积,动力滑台速度减小,实现第二次工作进给,进给速度由调速阀 9 来调节,其回油路与第一次工作进给相同。

4. 死挡铁停留

滑台第二次工作结束碰到死挡铁后,滑台停止运动,液压缸无杆腔压力升高,压力继电器 PS 发出信号给时间继电器,使滑台在死挡铁位置上停留一定时间后再开始下一次动作,其停留时间由时间继电器控制。设置死挡铁可以提高工作台停留时间的位置精度,以满足加工端面和台肩孔的需要。

当滑台在死挡铁位置上停留时,变量泵的供油压力升高,流量减少,直至限压式变量泵的流量减少到仅能满足补偿泵和系统的泄漏量为止。这时变量泵处于需要保压的流量卸荷状态。

5. 快退

压力继电器 PS 动作,通过时间继电器延时发出信号,使电磁铁 1YA、3YA 断电,2YA 通电,这时,先导阀 5 右位工作,使液动换向阀 4 在控制压力油的作用下右位接入系统,由于此时为空载行程,系统压力较低,变量泵输出流量最大,使滑台快速退回,退至一定距离后(即到达一工进起点),行程阀 7 复位,其主油路如下。

进油路:过滤器 1→变量泵 2→单向阀 3→液动换向阀 4 右位→液压缸右腔(有杆腔)。

回油路:液压缸左腔→单向阀 8→液动换向阀 4 右位→油箱。

其控制油路如下。

进油路:过滤器 1→变量泵 2→先导阀 5 右位→单向阀 14→液动换向阀 4 右端。

回油路:液动换向阀 4 左端→节流阀 12→先导阀 5 右位→油箱。

6. 原位停止

当滑台快退到原位时,挡铁压下原位行程开关,使电磁铁 1YA、2YA 和 3YA 都断电,阀5和阀4处于中位,液压缸两腔油路均被切断,滑台原位停止。这时,变量泵2出口压力升高,输出流量减到最小,其输出功率接近于零,变量泵零流量卸荷。

三、YT4543型动力滑台液压系统的特点

由以上分析可知,该液压系统主要由下列基本回路组成:限压式变量泵和调速阀组成的容积节流调速回路,差动连接增速回路,电液换向阀的换向回路,单向阀、行程阀和调速阀组成的速度换接回路,串联调速阀的二次进给回路等。液压系统的主要性能由这些基本回路所决定,其特点如下。

(1) 由于采用限压式变量泵和调速阀的容积节流调速回路,快进转换为工进后,无溢流功率损失,系统效率较高。在回油路上设置了背压阀,提高了滑台运动的平稳性,并可获得较好的速度负载特性。

(2) 采用差动连接增速回路,在泵的选择和能量利用方面更为经济合理。

(3) 采用单向阀、行程阀和调速阀进行速度换接,在快进转工进时,动作可靠,位置准确,速度切换平稳。

(4) 采用串联调速阀的二次进给回路,使启动冲击和速度转换冲击较小,并便于利用压力继电器发出电信号进行自动控制。

(5) 在滑台工作循环中,采用死挡铁停留,不仅提高了进给位置精度,还扩大了滑台工艺使用范围,更适用于镗阶梯孔、锪孔和锪端面等工序。

学习单元二 液压机液压系统

□ 单元学习目标

了解液压机液压系统的功用和要求;
掌握液压机液压系统的组成和工作原理。

□ 单元学习内容

一、液压机液压系统概述

液压机是工业部门广泛使用的压力加工机械,也是最早采用液压传动的机械之一。常用于对金属、塑料、木材等可塑性材料的压制工艺,如冲压、弯曲、翻边、薄板拉伸等,也可从事校正、压装、塑料及粉末制品的压制成型工艺。液压机液压系统是以压力控制为主的系统,由于液压传动用于机器的主传动,系统压力高、流量大、功率大,因此要特别注意提高系统的效率,而且要防止泄压时产生压力冲击。

对液压机液压系统的基本要求如下。

为完成一般的压制工艺,要求主缸(上液压缸)驱动上滑块实现快速下行→慢速加压→保压延时→快速返回→停止的工作循环;要求顶出缸(下液压缸)驱动下滑块实现向上顶出→向下退回→停止的工作循环,如图8-2所示。

二、YA32-200型四柱万能液压机液压系统

图8-2所示为YA32-200型四柱万能液压机液压系统原理图,系统中有两个液压

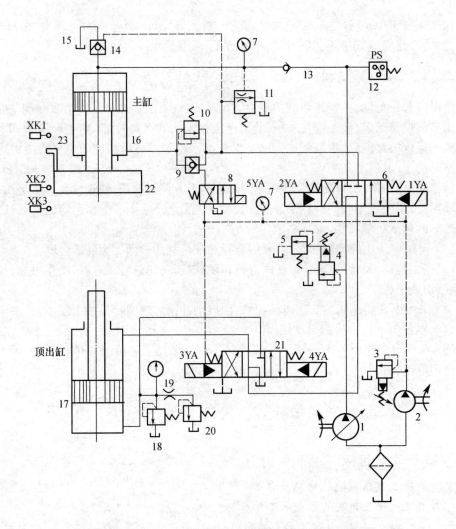

图 8-2 YA32-200 型四柱万能液压机液压系统原理图

泵,主泵 1 是一个高压、大流量恒功率压力补偿变量泵,主要用于向主油路供油,最高工作压力为 32MPa,其压力由远程调压阀 5 调定,溢流阀 4 用以防止系统过载。辅助泵 2 是一个低压小流量的定量泵,主要用于向控制系统供油,其压力由溢流阀 3 调定。该液压系统工作循环的电磁铁动作顺序表如表 8-2 所列。

表 8-2 电磁铁动作顺序表

动作顺序	电磁铁	信号来源	电磁铁				
			1YA	2YA	3YA	4YA	5YA
主缸	快速下行	按启动按钮	+	-	-	-	+
	慢速加压	XK2	+	-	-	-	-
	保压	PS	-	-	-	-	-
	泄压回程	时间继电器	-	+	-	-	-
	停止	XK1	-	-	-	-	-

(续)

动作顺序		电磁铁	信号来源	电磁铁				
				1YA	2YA	3YA	4YA	5YA
顶出缸		顶 出	按 钮	-	-	+	-	-
		退 回	按 钮	-	-	-	+	-
		停 止	按 钮	-	-	-	-	-
		压 边	按 钮	+		±	-	-

1. 主缸运动

1) 快速下行

按下启动按钮,电磁铁 1YA、5YA 通电吸合。低压控制油使电液换向阀 6 切换至右位,同时经换向阀 8 打开液控单向阀 9。泵 1 输出的压力油经换向阀 6 的右位、单向阀 13 至主缸 16 上腔,而主缸下腔经液控单向阀 9、阀 6 的右位、阀 21 的中位回油。实际上,此时主缸滑块 22 在自重作用下将快速下降,泵 1 的全部流量还不足以补充上腔空出的容积,因而上腔形成局部真空,置于液压缸顶部的充液箱 15 内的油液在大气压力及油位的作用下,经液控单向阀 14(充液阀)进入主液压缸上腔,主缸快速下行。

2) 慢速接近工件、加压

当主缸滑块 22 上的挡铁压下行程开关 XK2 时,电磁铁 5YA 断电,换向阀 8 处于常态位置,液控单向阀 9 关闭。主缸回油经平衡阀 10、换向阀 6 的右位、阀 21 的中位回油箱。由于回油路上有背压,滑块单靠自重就不能下降,这时由泵 1 供给的压力油使之下行,速度减慢。同时,主缸上腔压力升高,充液阀 14 关闭。压力油推动活塞使滑块慢速接近工件,当主缸的活塞抵住工件后,阻力急剧增加,上腔油压进一步提高,变量泵的排量自动减少,主缸活塞的速度变得更慢,以极慢的速度对工件加压。

3) 保压

当主缸上腔的油压达到压力继电器的调定值时,压力继电器 12 发出信号,使电磁铁 1YA 断电,换向阀 6 回复中位,将主缸上下腔封闭。同时,泵 1 的流量经阀 6、阀 21 的中位卸荷。单向阀 13 保证了主缸上腔良好的密封性,主缸上腔保持高压。保压时间可由压力继电器控制的时间继电器调整。

4) 泄压、快速回程

保压过程结束,压力继电器 12 控制的时间继电器发出信号,使电磁铁 2YA 通电(当定成压制成型时,可由行程开关 XK3 发出信号),主缸处于回程状态。但由于液压机油压高,而主缸的直径大、行程长,缸内液体在加压过程中受到压缩而储存的能量相当大,如果此时上腔立即与回油箱相通,则系统内液体积蓄的弹性能量突然释放出来,产生液压冲击,造成机械和管路的剧烈振动,发出很大的噪声。为此,保压后必须先泄压,然后再回程。

当电磁铁 2YA 通电,电液换向阀 6 切换至左位后,主缸上腔还未泄压,压力很高,带阻尼孔的卸荷阀 11 呈开启状态,主泵 1 的供油经阀 11 中的阻尼孔回油。此时,主泵 1 在低压下运转,由于主缸上腔压力很大,此压力不足以使主缸活塞回程,但能够打开液控单向阀 14 中的卸荷阀芯,主缸上腔的高压油经此卸荷阀芯的开口而泄回充液箱 15,这就是泄压过程,这一过程持续到主缸上腔压力降到卸荷阀11关闭为止。此时,主泵1经卸荷阀11的通路被切断,油压升高并推开液控单向阀14中的主阀芯,这时压力油经液控单向阀9,主缸16下腔,使主缸活塞快速回程。主缸上腔的油液经液控单向阀14流回充液箱15,当充液箱中油液达到一定高度时,由溢流管道溢回主油箱。

5) 停止

当主缸滑块上的挡铁23压下行程开关XK1时,电磁铁2YA断电,主缸被中位为M型机能的阀6锁紧,主缸活塞停止运动,回程结束。此时,泵1的油液经阀6、阀21回油箱,泵处于卸荷状态。实际使用中,主缸随时都可以处于停止状态。

2. 顶出缸运动

顶出缸17只是在主缸停止运动时才能动作,由于压力油先经过电液换向阀6后才能进入控制顶出缸运动的电液换向阀21,也即电液换向阀6处于中位时,才有油通向顶出缸,实现了主缸和顶出缸的运动互锁。

1) 顶出

按下启动按钮,3YA通电,电液换向阀21左位接入系统工作,压力油由泵1经阀6中位,阀21左位进入顶出缸下腔,上腔的油液经阀21回油箱,活塞上升。

2) 退回

按下退回按钮,3YA断电,4YA通电,电液换向阀21右位接入系统工作,油路换向,上腔进油,顶出缸活塞下降。

3) 停止

按下停止按钮,电磁铁3YA、4YA断电,电液换向阀21中位接入系统工作,顶出缸停止运动。

4) 浮动压边

在薄板拉伸压边时,要求顶出缸既保持一定压力,又能跟随主缸滑块的下压而下降。这时,应先使3YA通电,使顶出缸停止在顶出位置,然后又断电,顶出缸下腔的油液被阀21封住。主缸滑块下压时,顶出缸活塞被迫随之下行,顶出缸下腔回油经节流器19和背压阀20流回油箱,从而建立所需的压边力。图8-2中溢流阀18是当节流器阻塞时起安全保护作用的。

三、YA32-200型四柱万能液压机液压系统的特点

(1) 采用高压大流量的恒功率变量泵供油,既符合工艺要求,又节省能量,这是液压机液压系统的一个特点。

(2) 该液压机利用活塞滑块自重的作用实现快速下行,以缩短辅助时间,并用充液阀对主缸充液,这使系统结构简单,液压元件减少,并能节省能量,这在中、小型液压机中是一种常用的方案。

(3) 该系统采用单向阀13保压。为了减少由保压转换为快速回程时的液压冲击,采用了卸荷阀11和液控单向阀14组成的泄压回路,油路简单,泄压可靠。

(4) 顶出缸与主缸互锁,只有在换向阀6处于中位,即主缸不运动时,压力油才能进入阀21,使顶出缸运动。同样,主缸的回油要经过电液换向阀21才能回油箱,从而保证了在顶出缸停止运动时,主缸才能运动。这是一种安全措施。

学习单元三 数控加工中心液压系统

□ 单元学习目标

了解数控加工中心液压系统的功用和要求；
掌握数控加工中心液压系统的组成和工作原理。

□ 单元学习内容

一、数控机床液压系统概述

数控机床液压系统与普通液压系统一样，仍然是由四大部分组成的。数控机床中常用的液压油有普通液压油(类组号 L-HL)、液压-导轨油(类组号 L-HG)和高黏度指数液压油(类组号 L-HR)。

二、数控加工中心液压系统

图 8-3 所示为 TH6350 卧式加工中心液压系统。该系统可以完成主轴变速齿轮的

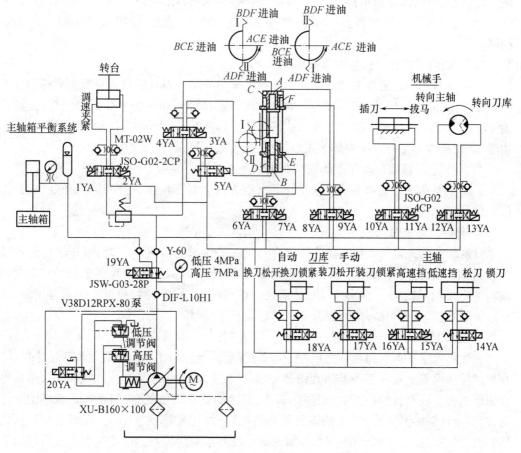

图 8-3 TH6350 卧式加工中心液压系统

移动、机械手换刀运动、主轴内刀具的放松与夹紧、刀库上刀具的自动和手动放松与夹紧、分度转台的夹紧与放松及主轴箱平衡等任务。液压系统由液压泵、液压缸、执行元件和各种相关的液压控制阀组成。控制阀采用分散布局、就近安装的原则,分别安装在刀库和立柱上。液压泵采用双级压力控制变量柱塞泵,液压系统的工作压力通过调节两个压力调节螺钉进行调整,较低压力调至4MPa,较高压力调至7MPa。低压用于控制转台的夹紧与松开,机械手的刀具交换动作,刀库的松开、夹刀,主轴的松刀、夹刀,主轴的高、低挡变速动作等。高压用于平衡主轴箱。在吸油口附近安装有粉末冶金烧结型过滤器,每工作三个月清洗一次。如发现严重堵塞,应更换新的滤芯。

1. 主轴变速齿轮移动支路

主轴变速齿轮移动支路为图上右下角第三条油路,由液压缸活塞杆带动主轴箱内变速齿轮,实现变速齿轮的左、右移动,使变速齿轮通过不同的啮合,实现高、低速区不同的转动。

2. 机械手换刀运动支路

机械手换刀运动支路为图上右上角第二条油路。机械手为回转式单臂双爪机械手,手臂与液压缸缸体安装在一起。由进入液压缸的压力油使手臂移动,实现插刀和拔刀动作。液压缸行程末端可进行节流缓冲,以使动作平稳。机械手手臂回转动作靠四位套筒液压缸(图上中间部分所示)与回转液压缸(齿轮齿条机构)来实现,当上、下大液压缸活塞运动时,使机械手手臂实现90°回转;当小液压缸活塞运动时,使机械手手臂实现180°回转。

1) 主轴内刀具的放松与夹紧支路

主轴内刀具的放松与夹紧支路为图上右下角的油路。刀具的自动夹紧是靠蝶形弹簧施加预紧力,通过拉杆及夹头拉住刀柄的尾部,使刀具锥柄和主轴锥孔紧密结合,夹紧力为11956N。松刀时,液压缸活塞推动拉杆压缩蝶形弹簧,夹头张开,使刀柄上的拉钉能自由进出,刀具即可交换。新刀具装入后,液压缸活塞后移,新刀被夹紧。

2) 刀库上刀具的自动和手动放松与夹紧支路

刀库上刀具的自动和手动放松与夹紧支路为图上右下角第一条和第二条油路,其工作原理同1)所示。

3) 分度转台夹紧与放松支路

分度转台的夹紧与放松支路为图上左边第二条油路。分度转位时,液压缸将分度转台抬起,上下齿盘脱开(图中未示出),齿轮副啮合,行程开关发出抬起终了信号。分度伺服电动机带动蜗轮副、齿轮副转动,从而使工作台转动,按5°位数分度。完成分度后,液压缸夹紧转台,齿轮副脱开,行程开关发出定位终了信号。

4) 主轴液压平衡支路

主轴箱液压平衡支路为图上最左边一条油路,系统压力由蓄能器补油和吸油来维持。在机床操作面板上有一平衡补油旋钮开关,第一次开动机床时,首先启动电动机,然后将旋钮旋至补油位置,这时其他油路停止工作,液压油处于高压状态,向平衡系统供油。此时,调整液压泵供油压力,当主轴箱处于最高位置时,使其达到7MPa。观察立柱后面的压力表,当系统压力达到7MPa时,应将旋钮位置旋至关闭位置。经常观察立柱后面的压力表,当主轴箱处于最高位置而压力低于7MPa时,即需进行补油,补油方法和开机时充油方法是一样的。蓄能器的压力是由气囊的气压产生的,当长期使用气体渗漏而造成气压不足时,将影响蓄能器的供油压力,因此,应向蓄能器气囊补充氮气,充气压力为5MPa。

*学习单元四　飞机液压系统

□ 单元学习目标

了解飞机液压基本回路和液压系统的功用和要求;
掌握飞机液压基本回路和液压系统的工作原理。

□ 单元学习内容

飞机液压系统的组成与其他设备基本相似,但由于飞机总体对液压系统的安全性、可靠性、质量及环境条件等有更严格的要求,因此,飞机液压系统有其自身的特点。

一、飞机液压基本回路

飞机液压基本回路按其功用可分为供压回路(液压源)和工作回路两个部分,液压源回路应满足工作部分供压、卸荷与散热等方面的要求并要有充分的可靠性,因此,液压源回路可分为定量泵、变量泵和应急泵源回路等多种。

随着飞机的发展,液压系统的用途日趋扩大,工作部分所操纵的对象也日益增多。目前,飞机液压传动系统的工作回路如图8-4所示。

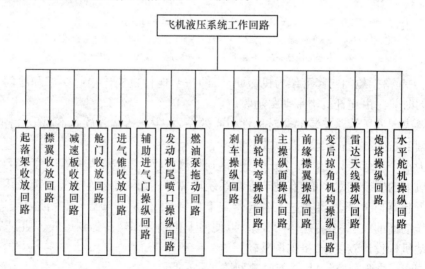

图8-4　飞机液压系统的工作回路

下面介绍几种常用的工作回路。

1. 起落架收放回路

起落架收放回路用于飞机起飞离地后,将起落架及起落架舱门收起并上锁,而在飞机着陆前,控制起落架放下并上锁的关键回路。同时,在起落架收放过程中,控制起落架舱门按顺序开和关。

飞机起落架收放时间的要求可参考有关设计规范,在实际应用中使用节流和缓冲元件实现控制速度和防止冲击的目的。

1) 简单起落架收放回路

图 8-5 所示为一简单的起落架收放回路原理图,通过电液换向阀的换向控制前、主起落架的收上与放下。

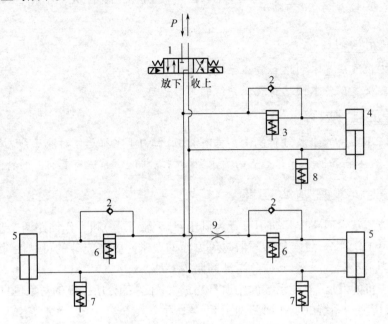

图 8-5 简单起落架收放回路

1—电液换向阀;2—单向阀;3—前起上位锁;4—前起收放作动筒;5—主起收放作动筒;
6—主起上位锁;7—主起下位锁;8—前起下位锁;9—限流阀。

前、主起落架舱门与起落架为机械联动,即一套连杆机构连接起落架和舱门,起落架收放的同时舱门由连杆机构带动跟随收放。

为解决因液压管路安装的非对称性引起的左、右主起落架收放的不同步,可通过限流阀 9 来调节,达到左右主起落架收放的同步。

因为每个起落架只使用一个作动筒,达到起落架收放和起落架舱门开关的目的,使回路在飞机上的安装相对简单,有助于提高系统可靠性;又因为起落架上位锁采用程序锁,即在放下起落架时,压力油先进入各起落架上位锁,上位锁开锁后,压力油才能进入与之对应的作动筒的放下腔,将起落架放下,以便使上位锁开锁载荷降到最低。但起落架与舱门的联动机构设计较复杂,机构调整较困难。

2) 机控(协调阀控制)起落架收放回路

图 8-6 所示为一常用的协调阀控制起落架收放和起落架舱门开关顺序的典型起落架收放回路原理图。通过电液换向阀控制起落架的收上与放下。

当进行起落架放下时,压力油首先进入舱门放下管路,打开舱门锁 3,然后进入舱门作动筒 7 打开舱门。当舱门打开到位后,连动机构会压通(放下)协调活门 5 使压力油进入起落架放下管路,先打开起落架上位锁 8(同时进入下位锁 10 使其归位准备接受起落架锁环进入),然后进入起落架收放作动筒 9 放下起落架,到位后 10 上锁。

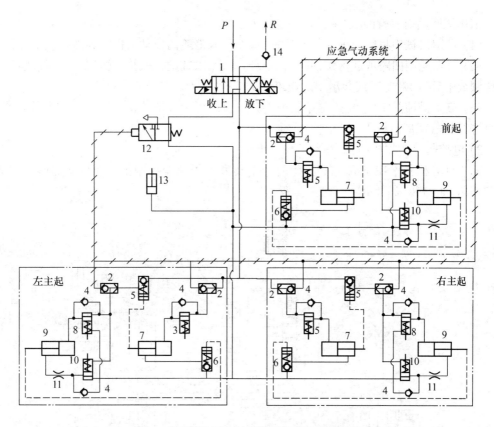

图 8-6 协调阀控制程序的起落架收放回路

1—电液换向阀；2—应急转换阀；3—舱门锁；4—单向阀；5—(放下)协调阀；6—(收上)协调阀；
7—舱门作动筒；8—起落架上位锁；9—起落架收放作动筒；10—起落架下位锁；
11—限流阀；12—应急排油阀；13—自动刹车作动筒；14—单向阀。

当起落架收上时，来自电液换向阀 1 的压力油先打开起落架下位锁 10，然后进入作动筒 9 将起落架收起，在起落架机构压通(收上)协调阀 6 后，压力油才能进入舱门作动筒 7 将舱门关闭。

起落架收上和放下过程的回油，经过电液换向阀和单向阀，回到主液压系统总回油管路。通过对限流阀 11 的调整，可以保证左右主起落架的同步。该起落架收放回路一般用于起落架收放运动过程复杂且舱门和起落架不易联动的飞机。

因为舱门和起落架具有独立的液压控制回路，舱门机构和起落架机构彼此独立，使机构调整简单；用协调阀控制舱门和起落架的动作顺序，可完全保证动作顺序的正确性；其上、下位锁开锁作动筒的复位弹簧腔分别与收上、放下管路相通，使得起落架收上或放下时，上位锁或下位锁的作动筒完全复位，保证起落架的上位锁或下位锁可靠上锁，同时可防止回油压力过高或在回油路上的某种压力冲击下，上、下位锁意外开锁；在起落架收上的过程中，收上管路的压力油还进入一个自动刹车作动筒 13，使高速旋转的主机轮在收入主起落架舱之前被刹停，可防止机轮的高速旋转意外损坏起落架舱内的设备和管路；该回路中设置一个应急排油阀 12，主要是防止应急放下起落架时，过多的油液瞬时进入液压系统油箱而将系统损坏，引起整个液压系统失效。但该回路比较复杂，增加顺序控制用的协调阀安装协调较困难。

采用该回路时,应注意以下几个问题。

(1) 可用机械锁将舱门锁在打开位置,从而可取消舱门作动筒内的滚珠锁或卡环锁。

(2) 可在舱门回路或起落架回路增加液压锁,用以辅助机械锁(尤其是作动筒内部的滚珠锁或卡环锁)对舱门或起落架的锁定。

(3) 应急排油阀12置于起落架收上管路,这样,可保证电液换向阀卡在收上位置时,仍可进行起落架应急放下。

3) 电控起落架收放回路

随着计算机技术在飞机上的应用,已将电传和电子综合控制技术应用于起落架收放控制回路,如图8-7所示。

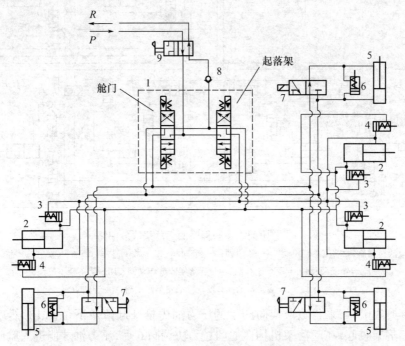

图 8-7 电控起落架收放回路

1—双电液换向阀;2—起落架收放作动筒;3—起落架下位锁;4—起落架上位锁;
5—舱门作动筒;6—舱门锁;7—地面开舱门手动阀;8—单向阀;9—自由放排油阀。

这种回路的工作是在一个带逻辑电路的电子综合控制单元的控制下完成的,其控制顺序是:收上起落架时,开舱门—收上起落架—关舱门;放下起落架时,开舱门—放下起落架—关舱门。当驾驶员给出收上起落架指令时,首先,舱门电液换向阀的下电磁铁通电,使压力油进入舱门打开管路,再分为两路,一路进入舱门锁6使舱门开锁,另一路进入舱门作动筒5使舱门打开。在所有舱门打开之后,由电子综合控制单元的逻辑电路判断,给起落架电液换向阀的下电磁铁通电,使压力油进入起落架收起管路,并分为三路:一路到起落架下位锁3进行开锁;另一路到起落架收放作动筒2,将起落架收起;第三路到起落架上位锁4。将上位锁的开锁作动筒可靠地顶回,从而保证起落架准确上锁。在所有起落架均收上并上锁后,通过逻辑电路的控制,使舱门电液换向阀的上电磁铁通电,电液换向阀换向,压力油进入关舱门管路,直接通过地面开舱手动阀7后,再分为两路:一路将舱门锁可靠地顶回至待上锁位置；另一路到舱门作动筒5,将舱门关闭并上锁。至此完成了起落架收上的全部过程。

起落架放下过程与此相反,当驾驶员发出放下指令时,通过电子综合控制单元,先控制舱门电液换向阀将舱门打开,在所有舱门都打开之后,再由电子综合控制单元控制起落架电液换向阀将起落架放下并上锁；然后,再控制舱门关闭,从而完成了放下起落架的全过程。

由于在起落架处于放下位置时舱门处于关闭状态,给地面维护带来不便,因此必须设有地面开舱门装置。在该回路中,使用一个地面开舱门控制阀,在该阀手动换向后,将舱门作动筒的两腔沟通,人工打开舱门锁,即可在地面将舱门打开。

该回路一般用于大型民用飞机,因此还具有液压系统故障的情况下将起落架自由放下的功能。进行自由放起落架时,只需机械接通自由放排油阀9,使电液换向阀1压力油口和回油口同时与总回油路相通,然后机械打开起落架上位锁和舱门锁,使起落架在自重和空气动力作用下放下并上锁。

该回路有完全独立的起落架收放和舱门开关控制回路。采用该回路的关键是必须采用一个控制起落架和舱门的逻辑电路控制单元,可采用接近式感应开关作为起落架和舱门到位的判断。

采用该起落架收放回路时,必须做到以下三点。

(1) 收上起落架时,起落架舱门全部打开,起落架电液换向阀收上电磁绕组才能通电。

(2) 放下起落架时,起落架舱门全部打开,起落架电液换向阀放下绕组才能通电。

(3) 起落架在选择位置全部上锁,舱门电液换向阀关闭电磁绕组才能通电。

2．机轮刹车控制回路

机轮刹车控制系统的功用是在飞机着陆后,利用液压力使飞机安全平稳地进行机轮刹车。

1) 惯性防滑刹车控制回路

图8-8所示为一种简单的惯性防滑刹车回路原理图。

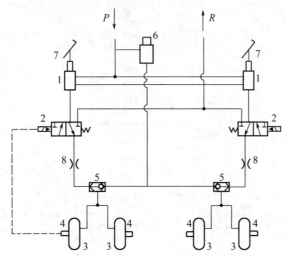

图8-8 惯性防滑机轮刹车回路

1—液压刹车阀；2—电液换向阀；3—机轮；4—惯性传感器；5—转换阀；
6—应急刹车阀；7—脚操纵机构；8—限流阀。

当驾驶员进行刹车时,只需踩压刹车脚踏板,通过刹车操纵机构,驱动刹车阀1,使刹车阀输出与驾驶员施加的脚蹬力成正比的压力油,通过电液换向阀2后,经过梭(转换)阀5分两路进入同侧的两个主轮,进行刹车。

当机轮因刹车而产生打滑拖胎时,安装于机轮内部的惯性传感器4动作,触动一个电开关,电液换向阀2换向,进入机轮的刹车管路与系统回油接通,使实际刹车压力迅速释放,机轮则因刹车压力下降而又迅速转动起来,从而解除机轮打滑。而在机轮打滑解除后惯性传感器复位,电液换向阀2断电换向,使刹车阀1输出的压力油经过电液换向阀,再次进入机轮,对机轮实施刹车,如此反复,直到飞机刹停为止。

电液换向阀2的出口都装有一个限流阀8,可控制压力进入机轮和在防滑的时候,机轮刹车压力释放的时间延长,防止压力冲击,降低防滑工作频率,保证飞机刹车过程的平稳性。

该回路由左右两套完全相同且相互独立的部分组成,只要对左右刹车施加不同的刹车压力,就可实现差动刹车。

该回路还设置了简单可靠的应急刹车控制回路,主要控制元件为应急刹车阀,其输出压力油经过两个转换阀5,直接进入机轮进行刹车。当正常刹车回路的附件或管路出现故障的情况下,可迅速接通应急刹车回路,并可人工调整应急刹车压力,对机轮进行应急刹车。

该回路结构简单,防滑辅助设备少。但使用惯性传感器防滑,刹车效率不高;用一个电液换向阀控制一侧主机轮的防滑,容易对前轮产生一个侧向交变力,加重了前轮减摆装置的负担。

对于有四个及四个以上主机轮的飞机。可在每个主机轮的刹车管路上设置防滑电液换向阀,使每个主轮的防滑独立控制,可提高刹车效率,增加飞机刹车过程的平稳性。

2) 电子防滑刹车控制回路

图8-9所示为电子防滑刹车控制回路的原理图,与图8-8所示回路比较,主要增加了防滑控制部分。

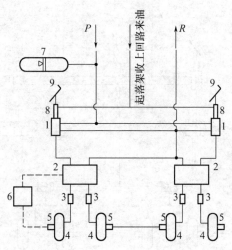

图8-9 电子防滑刹车控制回路
1—液压刹车阀;2—防滑伺服阀;3—定量器;4—机轮;5—速度传感器;
6—防滑控制盒;7—刹车蓄能器;8—自动刹车作动筒;9—脚蹬机构。

驾驶员只需通过踩压左右刹车脚踏板,即可进行刹车控制。

电子防滑刹车控制回路可提供以下五种刹车模式。

(1) 正常电子防滑刹车。

(2) 差动刹车。

(3) 关断防滑控制后,可实现人工控制刹车。

(4) 停放刹车(由蓄能器提供液压能源)。

(5) 起落架收起时的自动刹车。

除上述刹车模式外,电子防滑刹车控制回路还应具备以下两项辅助功能。

(1) 系统机内自检测及报警。

(2) 刹车机轮之间的交叉保护。

电子防滑控制回路是一种自适应防滑控制系统,能控制机轮实际刹车压力始终与跑道表面状况相适应,使跑道所能提供的摩擦力的利用率水平较高,刹车效率可达90%以上,同时,又可保证飞机刹车过程平稳,轮胎磨损均匀。

该回路中,各机轮的防滑控制是相互独立的。

采用该回路必须注意如下问题。

(1) 该回路使用的伺服阀为压力伺服阀,应注意伺服阀被污染而导致工作失灵。由于刹车装置的工作环境较恶劣,容易产生大量污染物,而且刹车管路为压力传输管路,无连续流体流动,随着刹车—松刹车的过程,刹车作动筒内的污染物会沿刹车管路上移,并有可能进入伺服阀,导致伺服阀被污染而失效。因此,应定期对刹车管路和刹车作动筒进行清洗或采取有效措施,以防止刹车作动筒内的污染颗粒进入伺服阀。

(2) 由于压力伺服阀的设计压力工作点一般较高,而有时飞机所需的刹车压力较低,因此,可在伺服阀出口管路上加一个减压加速器,达到既保证伺服阀的工作点,又将刹车作动筒与伺服阀完全隔开,使刹车作动筒的污染物不能进入伺服阀。

3. 电传刹车控制回路

电传刹车控制回路是指用电信号传输刹车指令的刹车控制回路。电传刹车控制回路可分为模拟式和数字式控制回路。

图8-10所示为电传操纵刹车控制回路原理图。

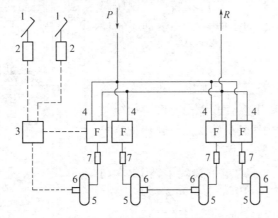

图8-10 电传刹车控制回路

1—脚蹬机构;2—位移传感器;3—刹车控制单元;4—伺服阀;

5—机轮;6—速度传感器;7—定量器。

如图 8-10 所示,液压动力源的压力油直接输入四个刹车伺服阀 4,当驾驶员踩压脚踏板操纵刹车时,脚踏机构 1 驱动位移传感器 2,使位移传感器输出电信号至刹车控制单元 3,刹车控制单元 3 对信号进行处理,输出信号到伺服阀,伺服阀则按照所接受的电信号,输出一定压力的液压油,进入机轮刹车作动筒进行刹车。在刹车滑跑过程中,速度传感器 6 时刻感受机轮转速并送到刹车控制单元进行处理。如果机轮出现打滑,通过刹车控制单元判断处理,对打滑机轮的刹车伺服阀输入松刹车信号,使打滑机轮解除打滑。

采用电传控制,在设计安装过程中,应注意如下问题。

(1) 电器元件的电磁兼容性。

(2) 伺服阀防污染要求。电传刹车控制回路的特点是液压系统安装简单,质量小,控制系统集成度高,容易实现机内自检测和故障安全保护。

电传刹车控制回路可方便地实现自动刹车模式(即不需要驾驶员踩压刹车脚踏板就可进行刹车的模式)且液压系统安装简单,质量小,控制系统集成度高,容易实现机内自检测和故障安全保护。

鉴于机轮刹车控制回路在飞机上的重要性,一般飞机的机轮刹车控制回路应具有备用回路。目前,民用飞机一般采用两套独立的机械操纵电子防滑刹车控制回路且能在故障情况自动转换或人工转换,也有采用以一套电传刹车控制回路为主,以一套机械操纵电子防滑刹车控制回路为备用回路或两套独立的电传刹车控制回路互为备用的设计方案。军用飞机上一般采用一套机械操纵电子防滑刹车控制回路或一套电传刹车控制回路为主,而以应急气动刹车为备用回路。

另外,还应考虑停机坪刹车和起落架收起时的机轮自动刹车问题。

4. 前轮转弯控制回路

前轮转弯控制回路是利用液压驱动飞机前轮转向的控制回路,主要用于飞机地面滑行时操纵飞机转弯和在飞机起飞及着陆滑跑时小角度修正航向,同时,还要起到飞机前轮减摆的作用。

1) 机械反馈式前轮转弯控制回路

图 8-11 所示为机械反馈式前轮转弯控制回路原理图,其转弯操纵阀 2 有两种输入方式,即手轮操纵输入和脚蹬操纵输入,对应于前轮转弯大转角模式和有限转角模式。

该回路的反馈方式是通过反馈拉杆和钢索将转弯作动筒与转弯操纵阀相连,使作动筒与转弯操纵阀在位置上相对应,达到按驾驶员输入前轮转弯指令控制飞机前轮转向的目的。

另外,在电液换向阀 4 通电的情况下,转弯作动筒 5 的两腔通过节流阀 3 和电液换向阀 4 相互沟通,以保证在前轮存在摆振趋势时,可通过节流阀 3 进行阻尼,消除摆振。

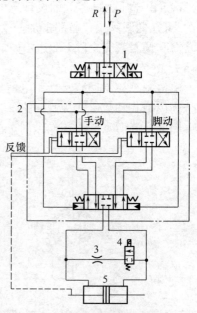

图 8-11 机械反馈式前轮转弯控制回路

1—电液换向阀;2—转弯操纵阀;
3—节流阀;4—电液换向阀;
5—转弯作动筒。

该回路比较简单,但从输入到反馈全部是机构传动,使安装和调整复杂,维护比较困难。

2)电液伺服前轮转弯控制回路

图 8-12 所示为电液伺服控制前轮转弯回路的原理图。该回路主要是通过位移传感器代替输入输出机构,通过转弯控制单元 7,进行输入和反馈信号的比较判断,检测前轮的偏转角度,用输入和反馈信号的差值控制伺服阀工作,驱动前轮转弯作动筒,保证前轮按驾驶员的指令转向。

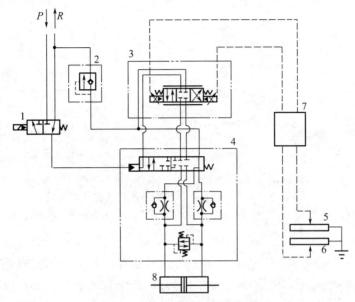

图 8-12 电液伺服前轮转弯控制回路
1—电液换向阀;2—回油补偿器;3—伺服阀;4—转弯减摆器;5—手轮位置传感器;
6—反馈位置传感器;7—转弯控制单元;8—转弯作动筒。

为了保证飞机前轮转弯的动态过程特性,通常在最大动力操纵前轮转弯状态下,操纵速率不超过 20°/s,且在操纵输入信号与反馈信号之间相差 3~5 时,应得到最大操纵速率,保证足够的前轮操纵响应特性。

当驾驶员切断转弯控制开关时,电液换向阀 1 断电,转弯控制回路与回油相通,转弯减摆器 4 的阀芯在弹簧力作用下移至最左端,使转弯作动筒的两腔通过阻尼阀相互沟通,可在飞机高速滑跑过程中,提供前轮摆振阻尼。

回路中,回油补偿器 2 的功用是使整个转弯控制回路的回油压力提高,以防止在前轮减摆过程中,转弯作动筒由于瞬时负压而产生气穴,降低减摆能力。

该回路安装、调整、维护简单方便。如果转弯控制单元采用数字式或模拟式计算机完成控制律运算,即形成电传操纵前轮转弯控制回路。

如果使用电传转弯控制,还应设置机内自检测,实现故障指示、报警与故障安全保护。

5. 襟翼收放回路

襟翼收放回路主要要求实现二位或多位襟翼操纵并保证左、右襟翼收放同步,一般情况下,有用终点开关加液压锁实现襟翼的多位控制、有用差动回路实现浮动式襟翼无定位控制、有用液压马达实现襟翼多位控制。

1) 用终点开关加液压锁实现多位控制的襟翼收放回路

图 8-13 所示为后退式襟翼收放回路原理图。收放作动筒的位置由终点开关控制，左、右襟翼通过等量协调阀达到同步。作动筒在收上位置由作动筒内的钢珠锁或卡环锁锁住，中间和放下位置靠液压锁锁住。

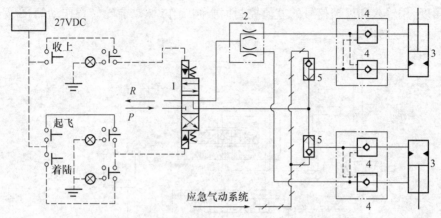

图 8-13　终点电门加液压锁控制的襟翼收放回路
1—电液换向阀；2—等量协调活门；3—襟翼作动筒；4—液压锁；5—应急转换阀。

当飞机准备起飞时，驾驶员按下襟翼控制盒中的"起飞"按钮，则给电液换向阀 1 的放下电磁铁通电，压力油与放下管路相通，经过应急转换阀 5 和放下管路液压锁 4 进入作动筒 3 的放下腔，同时，也将收上管路液压锁 4 打开。在作动筒开锁后，作动筒伸出，将襟翼放下。当襟翼到达起飞位置时，触动终点开关，使电液换向阀断电回至中位。此时，作动筒收放管路的液压锁可将襟翼锁在起飞位置，起飞位置信号灯燃亮。在此过程中，作动筒的回油通过打开的液压锁和等量协调阀（分流集流阀）2 及电液换向阀 1，回到系统油箱，等量协调阀控制运动过程的同步。收上为放下的逆过程，仍是靠等量协调阀实现左右襟翼的同步动作。

为了保证飞机安全着陆，在该回路中采用了气动应急放下措施。

采用该襟翼收放回路时，应注意以下两点。

(1) 在收、放管路上都应设置液压锁，放下管路液压锁防止襟翼在中间和放下位置时，由于气动载荷作用而自动收上，收上管路液压锁则防止襟翼在中间位置时由于重力作用而掉下。

(2) 使用等量协调阀，必须注意流量的匹配且应该双向调节。

2) 游动式襟翼收放回路

图 8-14 所示为游动式襟翼收放回路原理图。游动式襟翼要求襟翼能随飞机飞行速度增大而逐渐收上；随飞机飞行速度减小而逐渐放下。采用差动控制回路可以满足这个要求。如图 8-14 所示，襟翼收放作动筒的收上腔直接与压力管路相通，而放下腔则通过电液换向阀与压力油或回油相通。

当驾驶员按下襟翼"放下"按钮，电液换向阀 1 通电换向，使作动筒的放下腔与压力油相通，作动筒活塞的面积差使活塞输出放下作用力，在液压源压力恒定的情况下，其输出力也恒定。随着飞行速度增加，作用在活塞杆上的外载荷也增大，当外载荷增大到能克服

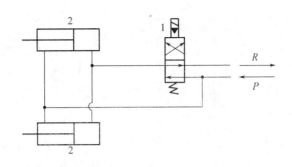

图 8-14 游动式襟翼收放回路
1—电液换向阀；2—襟翼作动筒。

放下作用力时,活塞杆开始回缩使襟翼进入游动状态。

当驾驶员按下襟翼"收上"按钮时,电液换向阀断电换向,作动筒放下腔与回油相通,在收上腔高压作用下收上襟翼。

游动式左右襟翼的位置是靠气动载荷自动调整的。

当襟翼处于游动状态时,作动筒内的一部分液压油要被挤回油箱,因此,在系统高压进油管路和回油管路之间应并接一个安全阀且从安全阀到作动筒之间不允许设置单向阀。

在作动筒的收上位置可以设置滚珠锁把襟翼固定在收上位置,防止在飞机停放期间襟翼由于重力作用而自动掉下。

3) 液压马达控制襟翼收放回路

图 8-15 所示为液压马达实现襟翼收放回路原理图,襟翼的收放是靠液压马达通过传动装置带动螺旋作动器实现的,由于所有的螺旋作动器是由一个主输出轴带动,所以左右各襟翼的位置协调和同步特性是完全机械固定的。当襟翼需要多位控制时,还需配合终点开关一起使用。

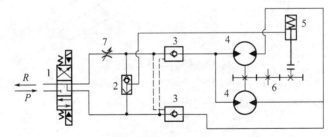

图 8-15 液压马达控制襟翼收放回路
1—电液换向阀；2—转换阀；3—液压锁；4—液压马达；5—制动装置作动筒；
6—机械传动装置；7—限流阀。

襟翼收上过程与放下过程在原理上是一致的。

该回路原理简单,左右各襟翼能保证绝对同步协调,但由于使用机械传动装置,质量较大,机械维护工作量大。

6. 副翼、方向舵、升降舵控制回路

副翼、方向舵、升降舵等舵面的回路系统通常划归飞机操纵/飞控专业。液压系统仅为该系统提供能源动力,舵面操纵的控制关系如图 8-16 所示。

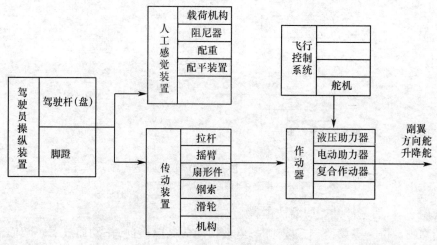

图 8-16 舵面操纵控制关系图

舵面操纵系统交联图如图 8-17 所示,操纵系统和飞控系统各自的位移/速度输出通过复合摇臂 3 叠加在一起进入助力器 4,经过液压力放大后去操纵舵面。

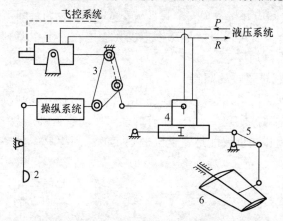

图 8-17 舵面操纵系统交联图

1—舵机;2—人工操纵机构;3—复合摇臂;4—助力器;5—三角摇臂;6—舵面。

舵面操纵系统液压关系图如图 8-18 所示。

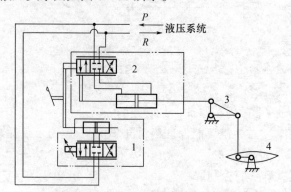

图 8-18 舵面操纵系统液压关系图

1—舵机;2—人工助力器;3—三角摇臂;4—舵面。

助力器驱动舵面关系图如图 8-19 所示。

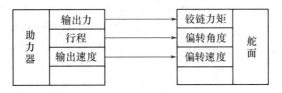

图 8-19　助力器驱动舵面关系图

对液压系统的供油要求：

功率（流量）、泄漏量、污染度、油温、应急情况下的供油要求；

助力器的输出要有足够的输出力（克服铰链力矩），并满足行程（舵面偏角）、速度（舵面偏转角速度）的要求。

7．减速板、舱门等控制回路

此类控制回路是纯方向性控制回路，本节以电液换向阀为例加以说明，如果将电液换向阀改为手动或液动（或气动）换向阀，则为手动或液动（气动）控制系统，工作原理不变。

1）二位电液换向阀控制回路

图 8-20 所示为二位电液换向阀控制回路原理图，适用于飞机上较短时间使用的二位作动部件，如减速板、扰流片等。

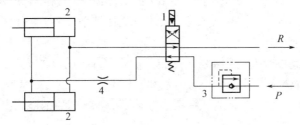

图 8-20　二位电液换向阀控制回路
1—电液换向阀；2—作动筒；3—单向热膨胀阀；4—节流阀。

进油管路串接的单向热膨胀阀 3 是为防止该作动部件在飞机停机后，意外打开，也可将锁闭在作动筒收上腔的油液因温升使油液膨胀而引起的高压释放掉。回路中的节流阀 4 用于控制作动筒的工作速度。

2）三位电液换向阀控制回路

如果某作动部件在两个位置均需停留较长时间，则应选择三位电液换向阀控制回路。图 8-21 所示为三位电液换向阀控制回路原理图。

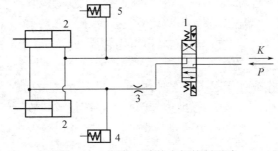

图 8-21　三位电液换向阀控制回路
1—电液换向阀；2—作动筒；3—节流阀；4—收上位置锁；5—放下位置锁。

三位电液换向阀控制回路一般用于货舱门、客舱门、弹舱门等部件的驱动。

此回路为一基本型,根据电液换向阀中立位置的滑阀机能不同,可实现多种功用;各位置锁的设置一般应视具体情况而定,也可用液压锁或作动筒内部锁代替;执行部件也可为液压马达,如直升机起重系统和空中加油机输油管路的收放等。

二、歼击机全机液压系统

图 8-22 所示为某歼击机全机液压系统原理图,有两套相互独立的液压系统(收放系统和助力操纵系统)。

液压收放系统用于正常收放前主起落架、襟翼、减速板、进气锥、辅助进气门、放气门以及操纵发动机喷口、前轮转弯、带动燃油泵液压马达等,同时为副翼、平尾双腔助力器的一腔提供液压源。

液压助力系统用于为副翼或平尾双腔助力器的另一腔、方向舵助力器、方向舵载荷机构以及纵向阻尼舵机等提供能源。

为保证助力系统可靠工作,在助力系统能源回路上并联一台应急风动泵,为助力操纵系统提供应急能源。起落架应急放下采用了高压冷气。

1. 供压部分

液压收放系统与助力操纵系统的供压部分(液压源)基本相同,主要由自供油箱、变量柱塞泵、过滤器、单向阀、安全阀、蓄能器、煤油—液压油散热器、压力表传感器及液压电门等组成。

由于飞机飞行高度较高,液压泵转速较大,为提高液压泵的充填效率采用了自供油箱,利用增压活塞将弹簧力及系统压力给油箱里的油液增压。又因为供压部分输出功率较大,在系统回油管路上安装煤油—液压油散热器,全部热油都能得到充分冷却,但会产生较大的回油反压。

应急风动泵由风动涡轮带动,平时收入机身内,应急时放出。在应急回路上装有溢流阀控制系统压力。

2. 工作部分

1) 进气锥调节系统

进气锥调节系统采用了电液伺服阀控制的无级位置控制系统,进气锥的位置随飞行马赫数增加自动向前伸出。

2) 放气门收放系统

当飞机作超声速飞行时,如果进气道的进气量大于发动机所需进气量,打开放气门放出多余的空气,防止发生喘振。放气门收放系统由两个作动筒和一个两位四通电磁阀组成,电磁阀由锥体放气操纵系统自动控制,也可用转换开关进行人工控制。

3) 辅助进气门收放系统

发动机在地面工作或处于起飞状态时,由于飞机飞行速度为零,为保证发动机所需进气量,打开辅助进气门补充进气。辅助进气门收放系统组成与放气门收放系统相似,用转换开关进行人工控制。

4) 前轮转弯操纵系统

前轮转弯操纵系统采用伺服阀控制的位置系统,作动部件是前轮减摆器(相当于一个

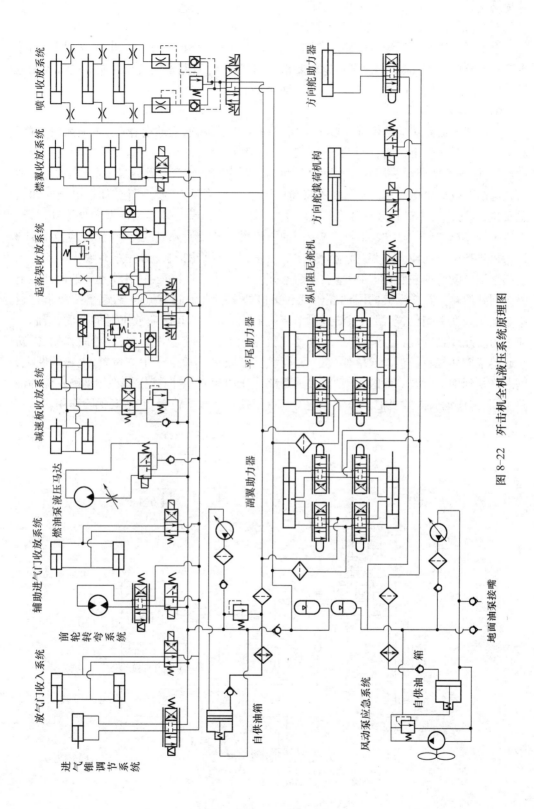

图 8-22 歼击机全机液压系统原理图

叶片马达)。

5) 燃油泵液压马达系统

燃油泵液压马达系统由电磁阀、调速阀、叶片马达与单向阀组成。电磁阀通电,马达带动燃油泵旋转,为满足燃油泵恒速的要求,在马达供油管路上装有调速阀。电磁阀断电后,马达停止转动,为防止马达反转,在回油管路上装有一个单向阀。

6) 起落架收放系统

起落架收放系统应能保证在收上起落架时先开下位锁,后收起落架,再关闭轮舱门;放下起落架时先开上位锁,后打开轮舱门,放下起落架(起落架放下速度比轮舱门打开速度慢)。图8-23所示为用顺序作动筒和触动式顺序阀的收放回路,供压部分来的高压油通到起落架收放电磁阀1。当驾驶员将舱内起落架开关置于"放下"位置时,电磁阀切换至右位,高压油首先进入开锁作动筒2(顺序作动筒)的顶端一腔推动活塞向外运动,打开上位锁,同时也打开了中间油路。从中间油路流出的高压油分成两路:一路经应急活门3进入机轮护板作动筒的左腔,推动活塞向右运动,打开机轮护板;另一路经液压锁4进入主起落架作动筒的左腔,推动活塞放下起落架。在上述工作过程中,各作动筒的回油经电磁阀回到油箱。在作动筒的回油腔(右腔)出口处安装有单向节流阀5,起落架放下过程中单向阀处在关闭位置,回油只能经过节流阀流出,减小了起落架放下时的速度,缓和了撞击力。此外,还可以使起落架放下速度比机轮护板打开速度慢一些,起延时作用,以防止起落架撞坏机轮护板。起落架放下后,驾驶员把收放开关置于中立位置,电磁阀断电,阀芯恢复到中立位置。此时,作动筒收放管路与回油相通,单向液压锁将作动筒左腔的油路关闭,与作动筒内的机械滚珠锁一起将起落架锁紧在放下位置,起双套保险作用。

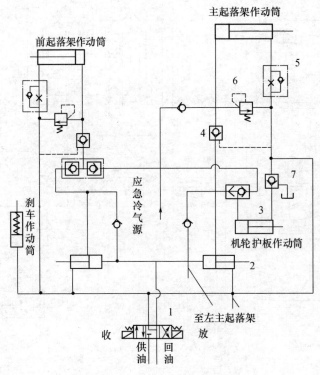

图8-23 起落架系统工作原理图

应急放下起落架采用压缩空气作为应急能源。应急放下起落架时,驾驶员首先用手拉开上位锁,然后再打开应急放起落架冷气开关,储存在冷气瓶中的高压气体通过应急活门 3 进入起落架与机轮护板作动筒放下腔,将机轮护板打开并放下起落架。

当驾驶员将起落架开关置于"收上"位置时,电磁阀切换至左位,高压油通至收上管路。一方面高压油进入开锁作动筒,使起落架上位锁的锁钩复位;另一方面进入起落架作动筒右腔使起落架收起。为了保证先收起落架再关闭机轮护板的顺序动作,采用了触动式顺序回路。当起落架收上后,触动按压式顺序阀 7,高压油进入机轮护板作动筒右腔,将机轮护板收上。

7) 襟翼收放系统

襟翼收放系统作动筒的收放位置是由终点电门来控制,左右襟翼收放作动筒通过分流阀达到位置协调。作动筒收上位置有钢珠锁锁住。

8) 减速板收放系统

飞机使用减速板作着陆时制动和空中战术制动,因而要求减速板的操纵简单,对左右对称的减速板要求动作协调。减速板按钮一般装在驾驶杆和油门杆上,两个电路是并联的,驾驶员按动按钮,电磁阀通电,减速板打开;驾驶员松开按钮,电磁阀断电,减速板关闭。

9) 喷口操纵系统

喷口操纵系统由三位四通电磁阀、双向液压锁、热安全阀、定量器、同步活门和作动筒组成。电磁阀由自动调节系统进行控制。定量器用于管路破裂时防止油液外漏,在作动筒回油时,油液可以畅通无阻地反向流过定量器。为保证三个作动筒的动作同步,在作动筒进出油路上安装有同步活门,用调整各管段流动阻力的方法使三个作动筒同步动作。

10) 副翼、平尾和方向舵助力操纵系统

副翼和平尾助力器作动筒都是双腔的,每个腔均有自己的分配机构,每个腔均由单独的液压泵供压。方向舵助力器为单腔结构,仅由助力操纵系统泵源供压。

11) 纵向阻尼舵机系统

纵向阻尼舵机由增稳系统进行控制,它通过复合摇臂与平尾助力器连接,这样就保证了驾驶员操纵与阻尼舵机操纵的独立性。

12) 方向舵液压式载荷机构

方向舵液压式载荷机构能够给驾驶员脚蹬以力的感觉,其传动原理如图 8-24 所示。

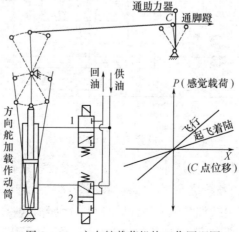

图 8-24 方向舵载荷机构工作原理图

电磁阀 1 通电,高压油与加载作动筒细杆接通,粗杆腔通过电磁阀 2 与回油接通,这时载荷机构输出较大的作用力,用于空中飞行。电磁阀 1 与电磁阀 2 同时通电,加载作动筒两腔同时通入高压油,因两腔面积不等,推力相互抵消掉一部分,载荷机构输出较小的作用力,用于起飞着陆。

三、波音 737 全机液压系统

我国现役民用飞机种类很多,如波音公司的 737、747、757,空中客车公司的 320、330,巴西航空工业公司的 ERJ－145 系列等。不同系列的飞机其液压系统组成不同,但功用接近。下面以波音 737－300 为例,介绍现役民用飞机液压系统的组成和功用。

1. 供压部分(液压源)

供压部分(液压源)的作用是向液压系统提供增压液压油,以进行助力操纵。现代飞机上都有几个独立的液压源系统。所谓独立的液压源系统是指每个液压源都有单独的液压元件,并可以独立向液压系统提供油液。

图 8－25 所示为波音 737－300 型飞机的液压源系统。波音 737 飞机上分为 A、B 及备用液压系统,以满足飞行操纵、起落架收放、前轮转弯、刹车、反推力装置等工作的需要。A 系统和 B 系统在飞行过程中总是处于工作状态,备用系统在必要时才启用。

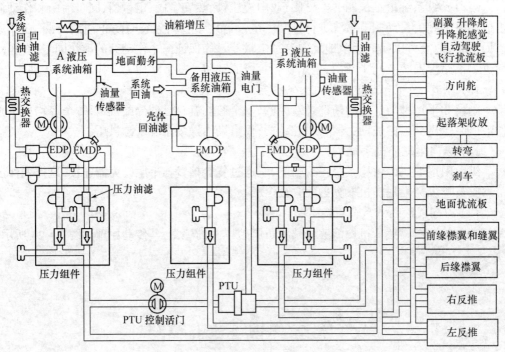

图 8－25　波音 737 飞机液压源系统

液压源系统的基本组成部分是:液压油箱及油箱增压系统、液压泵、压力组件、回油组件、液压指示系统、地面勤务系统、液压管路。液压管路主要包括:供油管路、压力管路和回油管路,而回油管路又包括油泵壳体回油管路和系统回油管路。

A、B 系统的压力分别由位于左、右发动机上的驱动泵(EDP)和在主轮舱电动马达驱动泵(EMDP)提供，两个系统在正常飞行中持续不断地工作。A系统用于给主要的飞行控制、内侧飞行扰流板、地面扰流板、起落架和左反推装置提供液压油，并可作为刹车系统的备用液压源。B系统用于给上飞行控制、侧飞行扰流板、后缘襟翼、前缘襟翼和缝翼、刹车以及右反推装置提供液压油，并可作为起落架收放系统的备用液压源。

备用系统是为方向舵、反推装置、前缘装置等重要系统提供备用液压油的一个重要部分。备用系统的压力源是由一个电动马达驱动泵供给。

2. 工作部分

1) 起落架收放系统

起落架正常收放是由A液压系统供压，由起落架选择手柄控制。应急收上起落架时，可使用B系统供压。应急放起落架装置可在没有液压油的情况下，靠重力放下起落架。

图8-26所示为波音737飞机右主起落架的收放系统图，主要附件有起落架选择活门、收放作动筒、收上锁及放下锁作动筒、起落架舱门作动筒、主起落架小车定位作动筒及小车定位往复活门、液压管路等。

起落架选择活门由起落架收放手柄控制，其作用是将收放时的机械信号转换成液压信号，引导液压油通到起落架收放管路，从而实现起落架的液压收放。

主起落架舱门作动筒的作用是利用液压油打开及关闭主起落架舱门且锁定舱门在关闭位置。在作动筒内有一个内部机械锁，可将舱门作动筒活塞杆锁定在缩入位置，即舱门关闭位置。舱门打开压力或外部机械传动机构可打开舱门锁。

小车定位往复活门组件的主要作用是将起落架收上或放下管路的压力输送到小车定位作动筒。

收上起落架时，将起落架控制手柄放到"UP"位置，起落架选择活门将压力油引到起落架收上管路。先开放下锁，后收起落架。当起落架到达收上位置时，收上锁机构上锁，把起落架锁紧在收上位置。

放下起落架时，将起落架控制手柄放到"ON"位置，起落架选择活门将压力油引到起落架放下管路。先开收上锁，后放起落架。当起落架到达完全放下位置时，放下锁机构上锁，把起落架锁紧在放下位置。

巡航飞行时，将起落架控制手柄放到"OFF"位置，选择活门将压力油口堵死，使放下管路和收上管路都通回油。锁紧弹簧保持收上锁处于上锁位置。

2) 刹车系统

波音737飞机刹车系统原理如图8-27所示。主轮刹车正常工作由B系统供压，B系统有刹车蓄能器，可用于停留刹车或当A系统和B系统无压力时向刹车系统供压。当B系统供压时，人工刹车使用正常刹车计量活门控制刹车压力。

备用工作可由A系统供压。当A系统正常供压而B系统压力低于10.3MPa(1500PSI)时，备用刹车选择活门自动选择A系统压力进行备用刹车，由备用刹车计量活门控制刹车压力，从备用刹车选择活门来的压力油也通到蓄能器隔离活门；当压力高于10.3MPa时，将蓄能器隔离。

自动刹车由P2板上的电门选择，使用B系统压力，进行内侧和外侧机轮刹车。在中央操纵台上有停留刹车手柄和停留刹车指示灯，可以进行停留刹车。

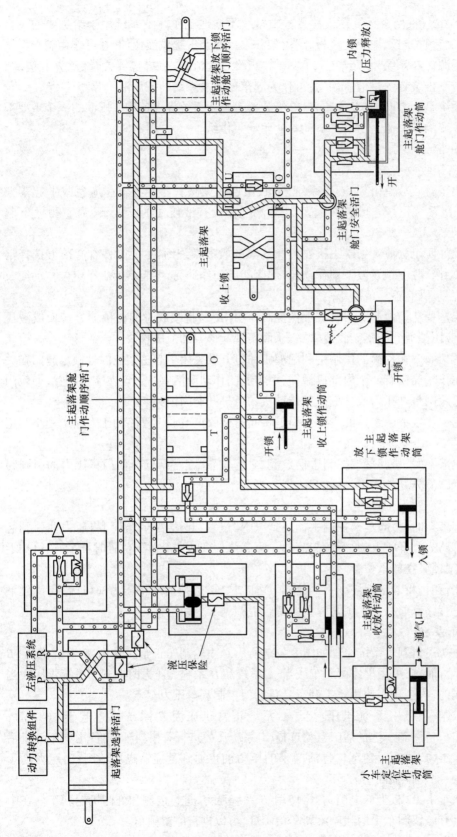

图 8-26 波音 737 飞机起落架收放系统

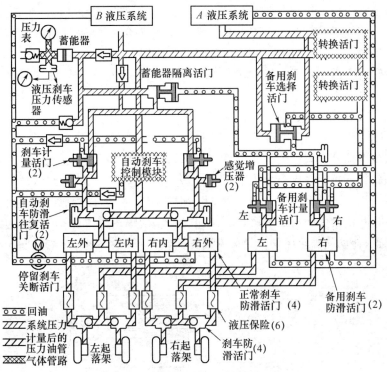

图 8-27　波音 737 飞机刹车系统

为了提高刹车效率,除停留刹车外,其他所有刹车都受到防滞刹车系统的控制。正常刹车和自动刹车由正常防滞活门调节刹车压力,备用刹车由备用防滞活门调节刹车压力。

3) 前轮转弯系统

前轮转弯系统如图 8-28 所示,飞机在地面时,液压系统压力油经过起落架转换活门

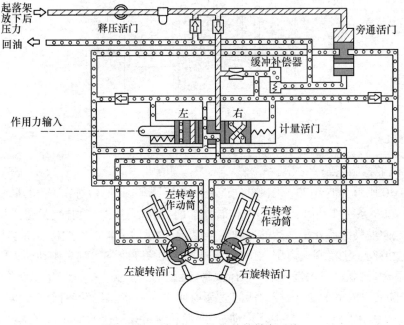

图 8-28　波音 737 飞机前轮转弯系统

207

和起落架选择活门后,进入起落架放下管路。放下管路的压力经释压活门、过滤器到达转弯计量活门。当操纵转弯时,钢索驱动转弯计量活门摇臂,使活门柱塞运动偏离中立位置,就接通了转弯作动筒的液压油路,油液经旋转活门后,进入前轮转弯作动筒,作动筒输出驱动前轮转弯。由于钢索是绕在转弯衬套上的,所以在前轮偏转的同时,也带动钢索,使计量活门柱塞向中立位置移动。当前轮偏转角度和操纵量一致时,计量活门刚好回到中立位,切断作动筒的油液,前轮保持此偏转角。

4) 副翼系统

副翼系统有两个副翼动力控制组件(PCU),如图 8-29 所示,分别由 A、B 液压系统供压来驱动副翼偏转。液压系统正常工作时,旁通活门在正常位,经过过滤的液压油供应到控制活门。当输入摇臂被操纵向右运动时,滑块向下运动,控制活门使作动筒右腔通高压,左腔通回油,作动筒向右输出运动。作动筒右移使输入摇臂回中立位置,也使控制活门回中立位置,作动筒停止运动。当输入摇臂被操纵向左运动时,作动筒向左输出运动。

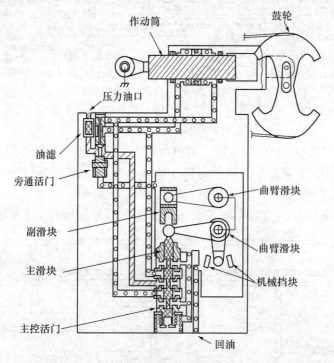

图 8-29 副翼动力控制组件

5) 方向舵控制系统

图 8-30 所示为波音 737 飞机方向舵控制系统原理图,包括 A 系统和 B 系统控制活门、A 系统和 B 系统作动筒、偏航阻尼器转换活门、偏航阻尼器作动筒、旁通活门等。

来自方向舵脚蹬或配平马达的驾驶员操纵指令,由输入摇臂经内部主综合杆,驱动控制活门的主滑阀。主滑阀偏离中立位后,接通 A、B 系统油路到对应作动筒,活塞杆在液压力作用下运动,驱动方向舵偏转。当活塞杆运动时,还通过外部综合杆反作用输入摇臂。因此,随着方向舵的偏转,控制活门逐渐返回中立位置。当活门回到中立位置时,又关闭了 A、B 系统油路,活塞杆停止运动,方向舵就保持在对应的偏转角度上。

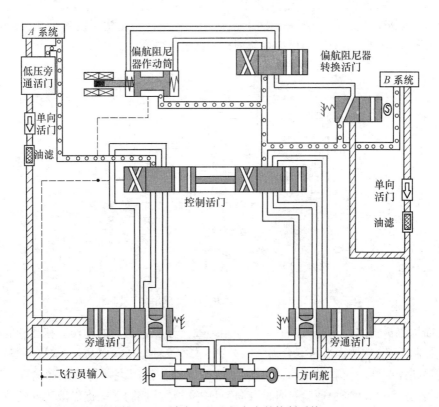

图 8-30 波音 737 飞机方向舵控制系统

如果有一个液压系统失效,则对应的旁通活门在弹簧力作用下运动到旁通位置,将对应作动筒的两个腔直接连通,以防产生液压锁紧。

如果飞机出现非操纵偏航,偏航阻尼器就输出指令到偏航阻尼伺服转换活门,改变偏航阻尼作动筒两端压力,作动筒运动。由于作动筒活塞和内部副综合杆连接,因此可通过副综合杆驱动控制活门副滑阀,也接通液压油路,驱动方向舵偏转。偏航阻尼作动筒活塞带动位置传感器向偏航阻尼器提供方向舵偏转量反馈信号。偏航阻尼器最多能使方向舵偏转 ±3°。

当脚蹬和偏航阻尼器同时输入时,两个输入信号由内部主、副综合杆综合后,再驱动控制活门滑阀移动。方向舵总的偏转量是操纵输入偏转量和阻尼器输入偏转量的和。

6) 升降舵系统

升降舵系统主要对飞机进行俯仰操纵。两个升降舵分别铰接在左、右水平安定面后缘,由驾驶杆的前后运动来操纵。正常情况下与副翼的控制相似,由 PCU 驱动。当 A、B 液压系统都失压时,可直接进行人工操纵,为此,在每个升降舵上设置了 3 块平衡板和 1 个补偿片。

7) 扰流板/减速板系统、地面扰流板

扰流板主要用于帮助副翼进行横向操纵。减速板主要用于减小升力、增加阻力。

飞行扰流板控制组件如图 8-31 所示。飞行扰流板的操纵主要靠飞行扰流板液压作动筒来完成。当加上液压信号后,超程活塞夹住内曲臂,这样外部输入杆能使控制活门定位。当断开液压信号时,超程活塞放松,防止输入杆通过内部曲臂将运动传递到控制活门。弹簧使伸出单向活门和热释压活门复位,挡住油液以防止扰流板飘浮,超压将使释压活门打开释压。放下单向活门可使扰流板以极快速度放下。

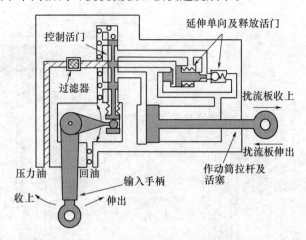

图 8-31　飞行扰流板控制组件

地面扰流板由地面扰流板控制活门控制地面扰流板作动筒的动作。在驾驶舱内扳动减速板控制手柄,就使扰流板混合器上的减速板输入扇形盘转动,从而通过摇臂和连杆把运动传递到控制活门上。当减速板手柄在"放下"位时,活门直接将液压油输到地面扰流板作动筒的放下端。当手柄后拉时,活门移过中立位置,控制活门提供液压油到位于管路上的地面扰流板旁通活门,再到作动筒的打开端,作动筒放下端通过控制活门连到回油管路。

8) 后缘襟翼系统

后缘襟翼的正常操纵由液压系统控制。当转动襟翼操纵手柄时,通过钢索移动襟翼控制连杆,这样确定后缘襟翼控制活门位置,让 B 系统的液压油驱动襟翼液压马达,马达通过扭力管和传输组件带动襟翼。当襟翼移动时,动力组件随动鼓轮上的钢索转动控制组件的一个伺服机构,伺服机构内的凸轮控制活门返回。当达到襟翼所需位置时,控制活门回到中立位置,切断液压马达供油,襟翼停止运动。后缘襟翼速度是由安装在压力管路上的襟翼控制活门中的一个流量限制活门控制的。

9) 前缘装置

前缘装置的作用是增加机翼的升力。前缘装置包括 2 对前缘襟翼和 3 对前缘缝翼,各有 1 个作动筒驱动。前缘襟翼有 2 个位置:收上位和放出位。前缘缝翼有 3 个位置:收上位、放出中间位和完全放出位。

前缘装置由后缘襟翼来定位,后缘襟翼控制组件里的前缘装置控制活门由襟翼伺服系统操纵。当后缘襟翼使用手柄操纵时,前缘装置可使用 B 系统压力和动力转换组件(PTU)压力;当后缘襟翼使用电门操纵时,前缘装置使用备用系统压力。自动缝翼工作时,使用 B 系统或 PTU 压力。

10) 自动驾驶作动筒

自动驾驶作动筒接受自动驾驶仪的电信号,输出液压信号,给副翼 PCU 提供横向自动驾驶操纵信号,并向自动驾驶仪提供反馈信号。

11) 发动机反推控制系统

发动机反推控制系统如图 8-32 所示,主要由反推杆反推棘爪机构、控制电门、液压作动器、反馈钢索、反推控制组件,液压作动筒(6个:2个主作动筒;4个副作动筒)、反推阻挡门(10个)和反推整流罩组成。

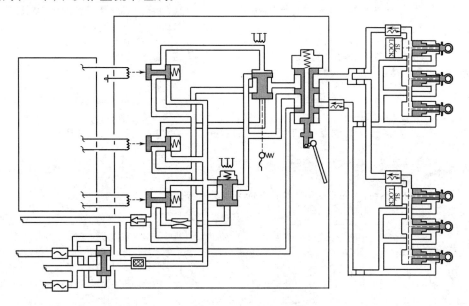

图 8-32 波音 737 飞机发动机反推控制系统

将反推杆从"断开"位置上拉起并触动推力杆上的电门闭合,该电门触动液压作动器即反推控制组件的活门移动到伸出位置,此时操纵液压油到反推作动筒,使反推整流罩伸出,阻挡门关闭气道。

反推杆向"断开"位置返回时,控制台推力轮上的凸轮接通电门,该电门触动反推控制活门,控制油路去反推作动筒,使反推整流罩收回到原位置。

*学习单元五　液压系统的常见故障及排除方法

液压系统的常见故障和排除如表 8-3 所列。

表 8-3　液压系统常见故障及其排除方法

故障现象	产　生　原　因	排　除　方　法
系统无压力或压力不足	① 溢流阀开启,由于阀芯被卡住,不能关闭,阻尼孔堵塞,阀芯与阀座配合不好或弹簧失效; ② 其他控制阀阀芯由于故障卡住,引起卸荷; ③ 液压元件磨损严重,或密封损坏,造成内、外泄漏; ④ 液位过低,吸油堵塞或油温过高; ⑤ 泵转向错误,转速过低或动力不足	① 修研阀芯与壳体,清洗阻尼孔,更换弹簧; ② 找出故障部位,清洗或修研,使阀芯在阀体内运动灵活; ③ 检查泵、阀及管路各连接处的密封性,修理或更换零件和密封; ④ 加油,清洗吸油管或冷却系统; ⑤ 检查动力源

(续)

故障现象	产 生 原 因	排 除 方 法
流量不足	① 油箱液位过低,油液黏度大,过滤器堵塞引起吸油阻力大; ② 液压泵转向错误,转速过低或空转磨损严重,性能下降; ③ 回油管在液位以上,空气进入; ④ 蓄能器漏气,压力及流量供应不足; ⑤ 其他液压元件及密封件损坏引起泄漏; ⑥ 控制阀动作不灵活	① 检查液位,补油,更换黏度适宜的液压油,保证吸油管直径; ② 检查原动机、液压泵及液压泵变量机构,必要时换泵; ③ 检查管路连接及密封是否正确可靠; ④ 检查蓄能器性能与压力; ⑤ 修理或更换; ⑥ 调整或更换
泄漏	① 接头松动,密封损坏; ② 板式连接或法兰连接接合面螺钉预紧力不够或密封损坏; ③ 系统压力长时间大于液压元件或辅件额定工作压力; ④ 油箱内安装水冷式冷却器,如油位高,则水漏入油中,如油位低,则油漏入水中	① 拧紧接头,更换密封; ② 预紧力应大于液压力,更换密封; ③ 元件壳体内压力不应大于油封许用压力,更换密封; ④ 拆修
过热	① 冷却器通过能力小或出现故障; ② 液位过低或黏度不适合; ③ 油箱容量小或散热性差; ④ 压力调整不当,长期在高压下工作; ⑤ 油管过细过长,弯曲太多造成压力损失增大,引起发热; ⑥ 系统中由于泄漏,机械摩擦造成功率损失过大; ⑦ 环境温度高	① 排除故障或更换冷却器; ② 加油或换黏度合适的油液; ③ 增大油箱容量,增设冷却装置; ④ 调整溢流阀压力至规定值,必要时改进回路; ⑤ 改变油管规格及油管路; ⑥ 检查泄漏,改善密封,提高运动部件加工精度,装配精度和润滑条件; ⑦ 尽量减少环境温度对系统的影响
振动	① 液压泵:吸入空气,安装位置过高,吸油阻力大,齿轮齿形精度不够,叶片卡死断裂,柱塞卡死移动不灵活,零件磨损使间隙过大; ② 液压油:液位太低,吸油管插入液面深度不够,油面黏度太大,过滤堵塞; ③ 溢流阀:阻尼孔堵塞,阀芯与阀座配合间隙过大,弹簧失效; ④ 其他阀芯移动不灵活; ⑤ 管道:管道细长,没有固定装置,互相碰击,吸油管与回油管太近; ⑥ 电磁铁:电磁铁焊接不良,弹簧过硬或损坏,阀芯在阀体内卡住; ⑦ 机械:液压泵与电机联轴器不同心或松动,转动零件停止时有冲击,横向缺少阻尼,电动机振动	① 更换进油口密封、吸油口管口至泵吸油口高度应小于500mm,保证吸油管直径,修复或更换损坏零件; ② 加油:吸油管加长浸到规定深度,更换合适黏度液压油,清洗过滤器; ③ 清洗阻尼孔,修配油芯与阀座间隙,更换弹簧; ④ 清洗,去毛刺; ⑤ 增设固定装置,扩大管道间距离及吸油管和回油管距离; ⑥ 重新焊接,更换弹簧,清洗及研配阀芯和阀体; ⑦ 保持泵与电机轴同心度不大于0.1mm,采用弹性联轴器,紧固螺钉,设阻尼或缓冲装置,电动机作平衡处理
冲击	① 蓄能器充气压力不够; ② 工作压力过高; ③ 先导阀、换向阀制动不灵及节流缓冲慢; ④ 液压缸端部没有缓冲装置; ⑤ 溢滤阀故障使压力突然升高; ⑥ 系统中有大量空气	① 给蓄能器充气; ② 调整压力至规定值; ③ 减少制动锥斜角或增加制动锥长度,修复节流缓冲装置; ④ 增设缓冲装置或背压阀; ⑤ 修理或更换; ⑥ 排除空气

习题与思考题

1. 图 8-1 所示 YT4543 型动力滑台液压系统由哪些液压基本回路组成？是如何实现差动连接的？采用行程阀进行快慢速换接有什么特点？

2. 图 8-2 所示的 YA32-200 型四柱万能液压机液压系统由哪些液压基本回路组成？说明阀 11、14 的名称和在该系统中的作用是什么？

3. 如题 3 图所示液压系统是怎样工作的？试按动作循环表中进行阅读，并将该表填写完整。

电气元件动作循环表

动作名称	电气元件							附注
	1YA	2YA	3YA	4YA	5YA	6YA	KP	
定位夹紧								(1) Ⅰ、Ⅱ两回路各自进行独立循环动作，互不约束； (2) 4YA、6YA 中任何一个通电时，1YA 便通电；4YA、6YA 均断电时，1YA 才断电
快 进								
工进卸荷(低)								
快 退								
松开拔销								
原位卸荷(低)								

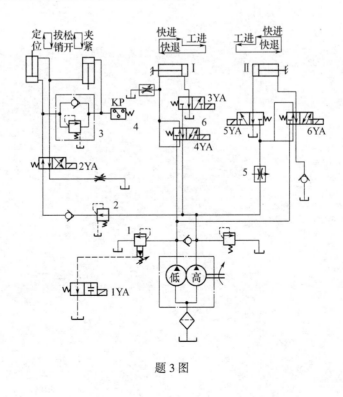

题 3 图

4. 简述复合摇臂、助力器的工作原理。

5. 由两位/三位电磁阀控制减速板或舱门的运动,经常会出现运动速度过快的现象,这样会对结构和系统产生很大冲击,试述如何使用简单的方法改善冲击。

6. 将波音737飞机液压系统示意图转换为符号图。

7. 简述歼击机供压部分的组成。

8. 分析歼击机起落架收放系统的工作过程。

模块九　气压传动技术

□ **模块学习目标**

了解气压传动系统的安装调试和使用维护方法；
掌握气压传动的基本概念和基本知识，能够阅读一般的气压传动系统原理图。

□ **模块学习内容**

气压传动是以压缩空气为动力源，实现各种生产控制自动化的一门技术，其任务是使学生能掌握气压传动的基本概念和基本知识，阅读一般气压传动系统原理图，能根据气压传动系统说明书选择、使用和调节气动元件，并了解气压传动系统的安装调试和使用维护方法。

学习单元一　气压传动系统的组成和工作原理

□ **单元学习目标**

了解气压传动系统的工作原理；
掌握气压传动系统的组成、作用及其特点。

□ **单元学习内容**

气压传动系统的工作原理是利用空气的压力能，在控制元件的控制和辅助元件的配合下，通过执行元件把空气的压力能转变为机械能，从而对外做功。

一、气压传动系统的工作原理

气压传动与液压传动一样都是利用流体作为工作介质，二者在工作原理、系统组成、元件结构及其图形符号等方面都存在较多相似之处，下面以气压传动剪切机为例，介绍气压传动的工作原理。如图 9-1 所示，由空气压缩机 1、后冷却器 2、油水分离器 3、储气罐 4 组成气源部分，为系统提供清洁的高压气体；由分水滤气器 5、减压阀 6、油雾器 7（简称气动三联件）组成气源调节装置，为气压传动设备提供具有润滑作用、压力适当的清洁气体，当该气体经过换向阀 9 时，进入气缸 10 的下腔。气缸 10 上腔的压缩空气通过换向阀 9 排入大气。这时，气缸活塞在气体压力的作用下向上运动，带动剪刃将工料 11 切断。工料剪下后，随即与行程阀 8 脱开，行程阀复位，阀芯将排气通道封死，换向阀 9 的控制腔 A 中的气压升高，迫使换向阀的阀芯上移，气路换向。压缩空气进入气缸 10 的上腔，气缸 10 的下腔排气，气缸活塞向下运动，带动剪刃复位，准备第二次下料。由此不难看出，剪切机构克服阻力切断工料的机械能是由压缩空气的压力能转换后得到的。同时，由于在气路中设置了换向阀9,根据行程阀8的指令不断改变压缩空气的通路,使气缸活塞带动剪切机构实现剪切工料、剪刀复位的动作,此外,还可以根据需要在气路中加入流量控制阀或其他调速装置,控制剪切机构的运动速度。图9-1(b)所示为图形符号绘制的气动剪切机系统原理图。

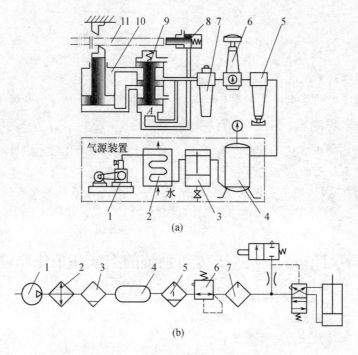

图9-1 气压传动剪切机的工作原理
(a)结构原理;(b)图形符号。
1—空气压缩机;2—后冷却器;3—油水分离器;4—储气罐;5—分水滤气器;
6—减压阀;7—油雾器;8—行程阀;9—换向阀;10—气缸;11—工料。

二、气压传动系统的组成和作用

(1) 气源装置。由空气压缩机及其附件(后冷却器、油水分离器和储气罐等)组成,主体是空气压缩机。它将原动机供给的机械能转换成气体的压力能,作为传动与控制动力源。

(2) 气源处理元件。清除压缩空气中的水分、灰尘和油污,以输出干燥洁净的空气供后续元件使用,如各种过滤器和干燥器等。

(3) 执行元件。它把空气的压力能转化为机械能,以驱动执行机构作往复运动(如气缸)或旋转运动(如气马达)。

(4) 控制元件。控制和调节压缩空气的压力、流量和流动方向,以保证气动执行元件按预定的程序正常地进行工作,如压力阀、流量阀、方向阀和比例阀等。

(5) 辅助元件。解决元件内部润滑、排气噪声、元件间的连接以及信号转换、显示、放大、检测等所需要的各种气动元件,如油雾器、消声器、管接头及连接管、转换器、显示器、传感器、放大器和程序器等。

学习单元二 气压传动的特点

□ 单元学习目标
了解并掌握气压传动的优缺点。

□ 单元学习内容
以空气为介质实现的气压传动具有工作压力低,气体黏度小,管道阻力损失小,便于集中供气和中距离输送,使用安全,无爆炸和电击危险,有过载保护能力的特点。

一、气压传动的优点

(1) 对于传动形式而言,气缸作为线形驱动器可在空间的任意位置组建它所需的运动轨迹,安装维护简单。

(2) 工作介质是取之不尽、用之不竭的空气,空气本身不花钱,排气处理简单,不污染环境,成本低。压力等级低,使用安全。

(3) 气缸动作速度一般为 50mm/s~500mm/s。比液压和电气方式的动作速度快。其间,通过单向节流阀,可使气缸速度无级调节。近代气动技术发展,气缸最低速度可在 3mm/s 平行运动,高速可达 3m/s,甚至高达 17m/s(具有长行程,最新展示指标可达 45m/s)。对于高速气缸必须设有缓冲装置。

(4) 可靠性高,使用寿命长。电器元件的有效动作次数约为数百万次,而进口的一般电磁阀的寿命大于 3000 万次,小型阀超过 1 亿次。

(5) 利用空气的可压缩性,可储存能量,实现集中供气。可短时间释放能量,以获得间歇运动中的高速响应。可实现缓冲。对冲击载荷和过载荷有较强的适应能力。在一定条件下,可使气动装置有自保护能力。

(6) 全气动控制具有防火、防爆、耐潮的能力。与液压方式相比,气动方式可在高温场合使用。

(7) 由于空气损失小,压缩空气可集中供应,远距离输送。

二、气压传动的缺点

(1) 由于空气容易压缩,可压缩性系数大,气缸的动作速度易随载荷变化而变化。
(2) 气缸在低速运行时,由于摩擦力所占比例较大,气缸的低速稳定性不如液压缸。
(3) 虽然在许多应用场合,气缸的输出力能满足工作要求,但其输出力比液压缸小。气压传动与其他传动的性能比较如表 9-1 所列。

表 9-1 气压传动与其他传动的性能比较

控制方式	机械方式	电气方式	电子方式	液压方式	气动方式
驱动力	不太大	不太大	小	大(可达数十万牛顿以上)	稍大(可达数万牛顿)
驱动速度	小	大	大	小	大
响应速度	中	大	大	大	稍大

(续)

控制方式	机械方式	电气方式	电子方式	液压方式	气动方式
特性受载荷的影响	几乎没有	几乎没有	几乎没有	较小	大
构造	普通	稍复杂	复杂	稍复杂	简单
配线、配管	无	较简单	复杂	复杂	稍复杂
温度影响	普通	大	大	小于70℃普通	小于100℃普通
防潮性	普通	差	差	普通	注意排放冷凝水
防腐蚀性	普通	差	差	普通	普通
防振性	普通	差	特差	普通	普通
定位精度	良好	良好	良好	稍良好	稍差
维护	简单	有技术要求	技术要求高	简单	简单
危险性	没有特别问题	注意漏电	没有特别问题	简单	简单
信号转换	难	易	易	难	较难
远程操作	难	易	易	较易	易
动力源出现故障时	不动作	不动作	不动作	若有蓄能器,能短时间应急	有一定应急能力
安装自由度	小	有	有	有	有
无级变速	稍困难	稍困难	良好	良好	稍良好
速度调整	稍困难	容易	容易	容易	稍困难
价格	普通	稍高	高	稍高	普通

学习单元三 气动元件

□ 单元学习目标

了解气动元件的分类和组成;
掌握气动元件的功用、工作原理及应用。

□ 单元学习内容

气压传动系统由气源、气动执行元件、气动控制阀和气动辅件组成。压缩机提供压缩空气;气压传动执行元件把压缩气体的压力能转换为机械能;气动控制阀用来调节气流的方向、压力和流量,相应地分为方向控制阀、压力控制阀和流量控制阀;气动辅件包括:净化空气用的分水滤气器、改善空气润滑性能的油雾器、消除噪声的消声器、管件等。在气压传动中还有用来感受和传递各种信息的气动传感器。

一、气动执行元件

气动执行元件是一种将压缩空气的气压能转换为机械能,实现直线、摆动或回转运动的传动装置。气动执行元件包括气缸和气马达两大类。气缸用于实现直线往复运动,输出力和直线位移。气马达用于实现连续回转运动,输出转矩和角位移。

1. 气缸的分类与工作原理

1) 气缸的分类

气缸主要由缸体、活塞、活塞杆、前后端盖及密封件等组成,图 9-2 所示为普通气缸结构。

气缸的种类很多,分类的方法也不同,一般可按压缩空气作用在活塞端面上的方向、结构特征和安装形式来分类。现将气缸的类型和安装形式分别列于表 9-2 及表 9-3 中。

表 9-2 常见气缸的结构及功能

类别	名称	简图	原理及功用
单作用气缸	活塞式气缸	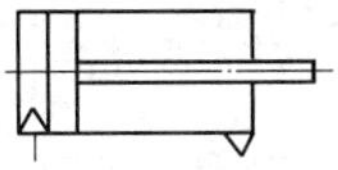	压缩空气驱动活塞向一个方向运动,借助外力复位,可以节约压缩空气,节省能源
	活塞式气缸	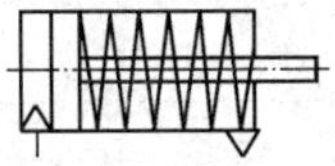	压缩空气驱动活塞向一个方向运动,靠弹簧力复位,输出推力随行程而变化,适用于小行程
	薄膜式气缸	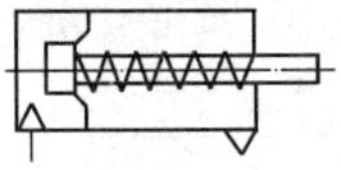	压缩空气作用在膜片上,使活塞杆向一个方向运动,靠弹簧复位,密封性好,适用于小行程
	柱塞式气缸	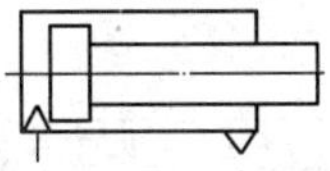	柱塞向一个方向运动,靠外力返回。稳定性较好,用于小直径气缸
双作用气缸	普通式气缸	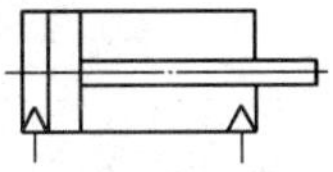	利用压缩空气使活塞向两个方向运动,两个方向输出的力和速度不等
	双出杆气缸	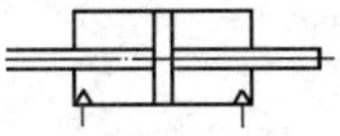	活塞两个方向运动的速度和输出力均相等,适用于长行程
	不可调缓冲式气缸	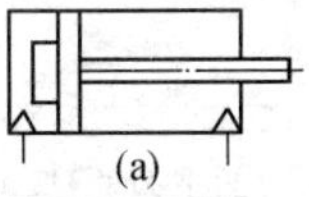 (a) 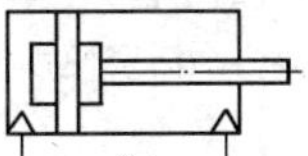 (b)	活塞临近行程终点时,减速制动,减速值不可调整。(a)为单向缓冲,(b)为双向缓冲
	可调式缓冲气缸	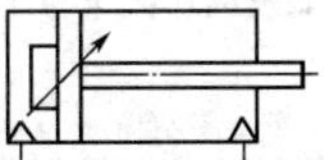 (a) 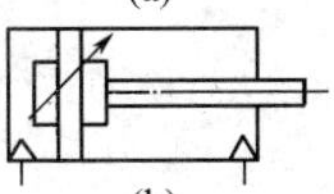 (b)	活塞临近行程终点时,减速制动,可根据需要调整减速值。(a)为单向缓冲,(b)为双向缓冲

(续)

类别	名称	简图	原理及功能
特殊气缸	双活塞气缸	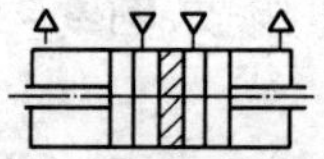	两个活塞同时向相反方向运动,增大行程
	多位气缸	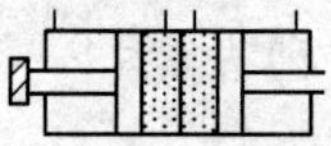	活塞杆沿行程长度方向可在多个位置停留,图示结构有四个位置
	串联气缸	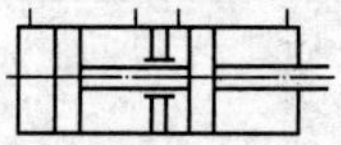	在一根活塞杆上串联多个活塞,可获得和各活塞有效面积总和成正比的输出力
	冲击气缸	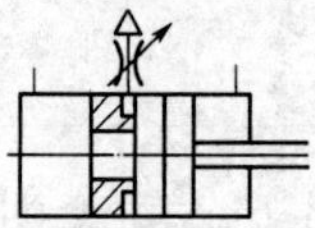	利用突然大量供气和快速排气相结合的方法得到活塞杆的快速冲击运动,用于切断、冲孔、打入工件等
	数字气缸	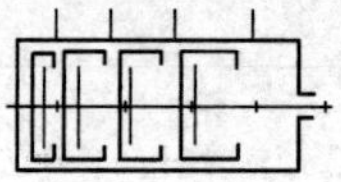	将若干个活塞轴向依次装在一起,其运动行程从小到大按几何级数排列,由输入的气动信号决定输出
	回转气缸	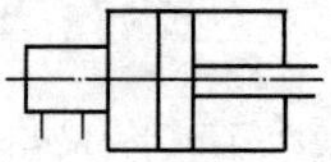	进排气导管和导气头固定而气缸本体可相对转动。用于机床夹具和线材卷曲装置上
	伺服气缸	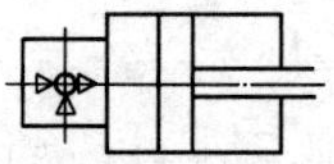	将输入的气压信号成比例地转换为活塞杆的机械位移。用于自动调节系统中
	钢索式气缸	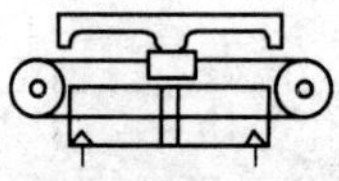	以钢丝绳代替刚性活塞杆的一种气缸,用于小直径,特长行程的场合
	增压气缸	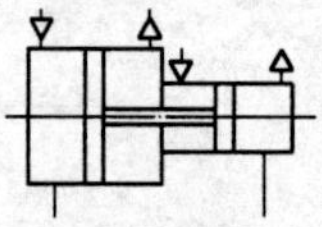	活塞杆面积不相等,根据力平衡原理,可由小活塞端输出高压气体
	气—液增压缸	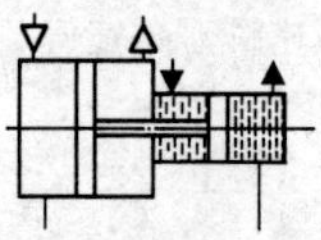	液体是不可压缩的,根据力的平衡原理,利用两两相连活塞面积的不等,压缩空气驱动大活塞,小活塞便可输出相应比例的高压液体
	气—液阻尼缸	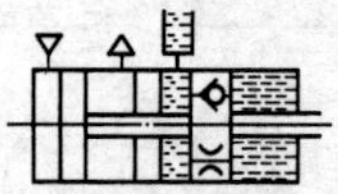	利用液体不可压缩的性能及液体流量易于控制的优点,获得活塞杆的稳速运动
	伸缩气缸	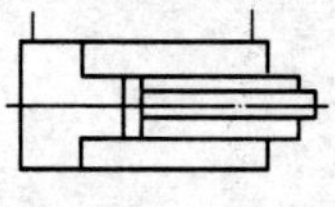	伸缩气缸由套筒构成,可增大行程,推力和速度随行程而变化,适用于翻斗汽车动力气缸

表 9-3 气缸的安装形式

分类		简图	说明
固定式气缸	支座式 轴向耳座	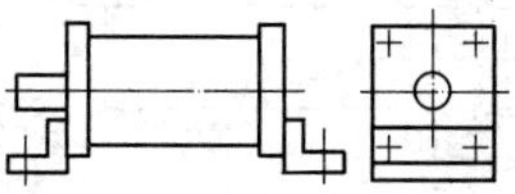	轴向支座,支座上承受力矩,气缸直径越大,力矩越大
	支座式 切向耳座	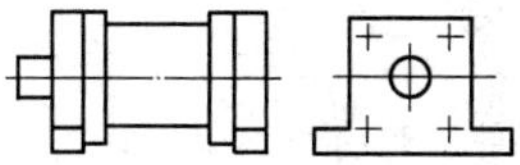	同上
	法兰式 前法兰 MF1	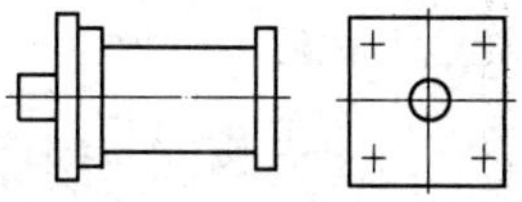	前法兰紧固,安装螺钉受拉力较大
	法兰式 后法兰 MF2	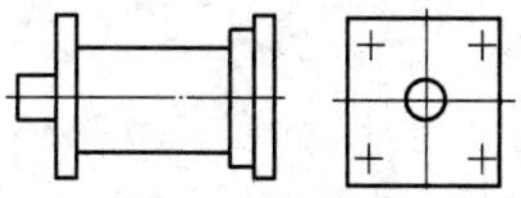	后法兰紧固,安装螺钉受拉力较小
	法兰式 自配法兰	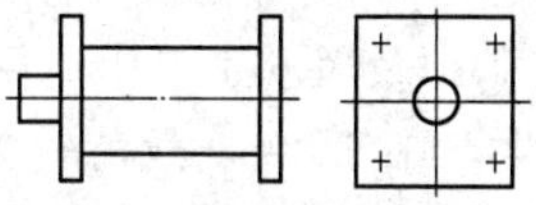	法兰由使用单位视安装条件现配
轴销式气缸	尾部轴销式 单耳轴销 MP4 / 双耳轴销 MP2	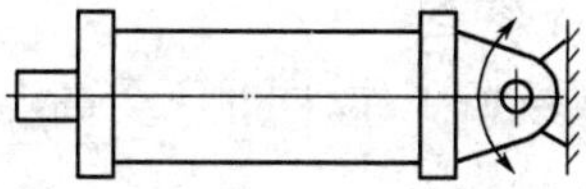	气缸可绕尾轴摆动
	头部轴销	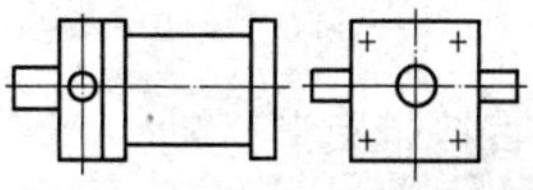	气缸可绕头部轴摆动
	中间轴销 MT4	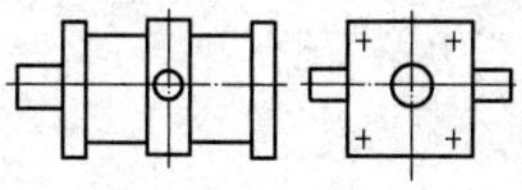	气缸可绕中间轴摆动

2) 气缸的工作原理

以图 9-2 所示双作用气缸为例。所谓双作用是指活塞的往复运动均由压缩空气来推动,通过无杆腔和有杆腔的交替进气和排气,活塞杆伸出和退回,气缸实现往复直线运动。

在单活塞杆气缸中,因活塞右边面积比较大,当空气压力作用在右边时,提供一慢速和较大作用力的工作行程;返回行程时,由于活塞左边的面积较小,所以速度较快而作用力变小。此类气缸的使用最为广泛,一般应用于包装机械、食品机械、加工机械等设备上。

3) 气缸的选用

(1) 根据工作任务对机构运动要求,选择气缸的结构形式及安装方式。

(2) 根据工作机构所需力的大小来确定活塞杆的推力和拉力。

(3) 根据工作机构任务的要求,确定行程。一般不使用满行程。

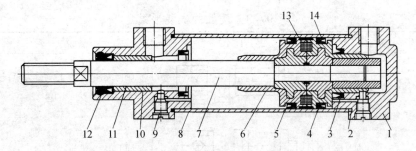

图 9-2 普通双作用气缸

1—后缸盖；2—密封圈；3—缓冲密封圈；4—活塞密封圈；5—活塞；6—缓冲柱塞；7—活塞杆；
8—缸体；9—缓冲节流阀；10—导向套；11—前缸盖；12—防尘密封圈；13—磁铁；14—导向环。

（4）推荐气缸工作速度在 0.5m/s～1m/s，并按此原则选择管路及控制元件。

2．气马达的分类与工作原理

1）气马达的分类及特点

气马达按结构形式可分为：叶片式气马达、活塞式气马达和齿轮式气马达等。最为常见的是活塞式气马达和叶片式气马达。叶片式气马达制造简单，结构紧凑，但低速性能不好，适用于中、小功率的机械，目前，在矿山及风动工具中应用普遍。活塞式气马达在低速情况下有较大的输出功率，它的低速性能好，适宜于载荷较大和要求低速性能好的机械，如起重机、绞车、绞盘、拉管机等。

与液压马达相比，气马达具有以下特点。

（1）工作安全。可以在易燃易爆场所工作，同时不受高温和振动的影响。

（2）可以长时间满载工作而温升较小。

（3）可以无级调速。控制进气流量，就能调节马达的转速和功率。额定转速可从每分钟几十转到几十万转。

（4）具有较高的启动转矩。可以直接带负载运动。

（5）结构简单，操纵方便，维护容易，成本低。

（6）输出功率相对较小，最大只有 20kW 左右。

（7）耗气量大，效率低，噪声大。

2）气马达的工作原理

图 9-3(a)是叶片式气马达的工作原理图。它的主要结构和工作原理与液压叶片马达相似，主要包括一个径向装有 3 个～10 个叶片的转子，偏心安装在定子内，转子两侧有前后盖板（图中未画出），叶片在转子槽内可径向滑动，叶片底部通有压缩空气，转子转动是靠离心力和叶片底部气压将叶片紧压在定子内表面上。定子内有半圆形的切沟，提供压缩空气及排出废气。

当压缩空气从 A 口进入定子内，会使叶片带动转子作逆时针旋转，产生转矩。废气从排气口 C 排出；而定子腔内残留气体则从 B 口排出。如需改变气马达旋转方向，只需改变进、排气口即可。

图 9-3(b)是径向活塞式马达的原理图。压缩空气经进气口进入分配阀（又称配气阀）后再进入气缸，推动活塞及连杆组件运动，再使曲柄旋转。曲柄旋转的同时，带动固定在曲轴上的分配阀同步转动，使压缩空气随着分配阀角度位置的改变而进入不同的缸内，

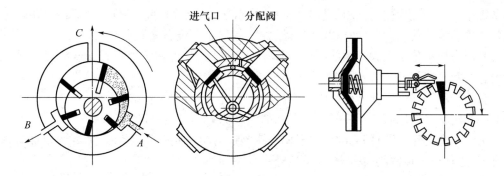

图 9-3 气缸工作原理图
(a) 叶片式；(b) 活塞式；(c) 薄膜式。

依次推动各个活塞运动,由各活塞及连杆带动曲轴连续运转。与此同时,与进气缸相对应的气缸则处于排气状态。

图 9-3(c)是薄膜式气马达的工作原理图。它实际上是一个薄膜式气缸,当它作往复运动时,通过推杆端部的棘爪使棘轮转动。

表 9-4 列出了各种气马达的特点及应用范围,可供选择和使用时参考。

表 9-4 各种气马达的特点及应用范围

形式	转矩	转速	功率	每千瓦耗气量 $q/(m^3 \cdot min^{-1})$	特点及应用范围
叶片式	低转矩	高转速	由零点几 kW～13kW	小型:1.8～2.3 大型:1～1.4	制造简单,结构紧凑,但低速启动转矩小,低速性能不好,适用于要求低或中功率的机械,如手提工具、复合工具传送带、升降机、泵、拖拉机等
活塞式	中高转矩	低速或中速	由零点几 kW～1.7kW	小型:1.9～2.3 大型:1～1.4	在低速时有较大的功率输出和较好的转矩特性。启动准确且启动和停止特性均较叶片式好,适用于载荷较大和要求低速转矩较高的机械,如手提工具、起重机、绞车、绞盘、拉管机等
薄膜式	高转矩	低转速	小于 1kW	1.2～1.4	适用于控制要求很精确、启动转矩极高和转速低的机械

二、控制元件

在气压传动系统中,气动控制元件是控制和调节压缩空气的压力、流量和方向的控制阀,其作用是保证气动执行元件(如气缸、气马达等)按设计的程序正常地进行工作。

1. 压力控制阀
1) 压力控制阀的作用及分类
气动系统不同于液压传动系统,一般每一个液压系统都自带液压源(液压泵);而在气动系统中,一般来说,由空气压缩机先将空气进行压缩,储存在储气罐内,然后经管路输送给各个气动装置使用。而储气罐的空气压力往往比各台设备实际所需要的压力高一些,同时其压力波动值也较大。因此,需要用减压阀(调压阀)将其压力减到每台装置所需的压力,并使减压后的压力稳定在所需压力值上。

有些气动回路需要依靠回路中压力的变化来控制两个执行元件的顺序动作,这时所用的控制阀就是顺序阀。顺序阀与单向阀的组合称为单向顺序阀。

为了安全起见,所有的气动回路或储气罐当压力超过允许压力值时,需要实现自动向外排气,这种压力控制阀叫安全阀(溢流阀)。

2) 减压阀

图 9-4 所示是 QTY 型直动式减压阀结构图。其工作原理是:压力为 P_1 的压缩空气,由左端输入经阀口 10 节流后,压力降为 P_2 输出。P_2 的大小可由调压弹簧 2、3 进行调节。顺时针旋转旋钮 1,压缩弹簧 2、3 及膜片 5 使阀芯 8 下移,增大阀口 10 的开度使 P_2 增大。若反时针旋转旋钮 1,阀口 10 的开度减小,P_2 随之减小。

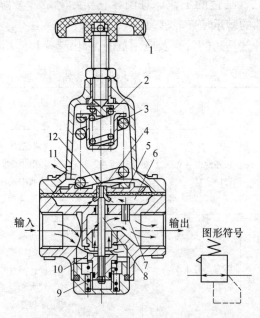

图 9-4 QTY 型减压阀结构图及其职能符号
1—旋钮;2、3—调压弹簧;4—溢流阀座;5—膜片;6—膜片气室;7—阻尼管;
8—阀芯;9—复位弹簧;10—进气阀口;11—排气孔;12—溢流孔。

若 P_1 瞬时升高,P_2 将随之升高,使膜片气室 6 内压力升高,在膜片 5 上产生的推力相应增大,此推力破坏了原来的力平衡,使膜片 5 向上移动,有少部分气流经溢流孔 12、排气孔 11 排出。在膜片上移的同时,因复位弹簧 9 的作用,使阀芯 8 也向上移动,关小进气阀口 10,节流作用加大,使输出压力下降,直至达到新的平衡为止,输出压力基本又回到原来值。若输入压力瞬时下降,输出压力也下降,膜片 5 下移,阀芯 8 随之下移,进气阀口 10 开大,节流作用减小,使输出压力也基本回到原来值。逆时针旋转旋钮 1,使调节弹簧 2、3 放松,气体作用在膜片 5 上的推力大于调压弹簧的作用力,膜片向上鼓起,靠复位弹簧的作用关闭进气阀口 10。再旋转旋钮 1,进气阀芯 8 的顶端与溢流阀座 4 将脱开,膜片气室 6 中的压缩空气便经溢流孔 12、排气孔 11 排出,使阀处于无输出状态。

QTY 型直动式减压阀的调压范围为 0.05MPa~0.63MPa。为限制气体流过减压阀所造成的压力损失,规定气体通过阀内通道的流速在 15m/s~25m/s 范围内。

安装减压阀时,要按气流的方向和减压阀上所示的箭头方向,依照分水滤气器→减压阀→油雾器的安装次序进行安装。调压时应由低向高调,直至规定的调压值为止。阀不用时应把手柄放松,以免膜片经常受压变形。

3) 顺序阀

顺序阀是依靠气路中压力的作用而控制执行元件按顺序动作的压力控制阀,如图 9-5 所示,它根据弹簧的预压缩量来控制其开启压力。当输入压力达到或超过开启压力时,顶开弹簧,于是 P 到 A 才有输出;反之,A 无输出。

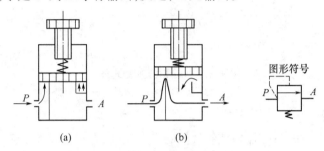

图 9-5 顺序阀工作原理图
(a) 关闭状态;(b) 开启状态。

顺序阀一般很少单独使用,往往与单向阀配合在一起,构成单向顺序阀。图 9-6 所示为单向顺序阀的工作原理图。当压缩空气由左端进入阀腔后,作用于活塞 3 上的气压力超过压缩弹簧 2 的作用力时,将活塞顶起,压缩空气从 P 经 A 输出,如图 9-6(a)所示,此时单向阀 4 在压差所产生的作用力及弹簧力的作用下处于关闭状态。反向流动时,输入侧变成排气口,输出侧压力将顶开单向阀 4 由 T 口排气,如图 9-6(b)所示。

调节旋钮就可改变单向顺序阀的开启压力,以便在不同的开启压力下,控制执行元件的顺序动作。

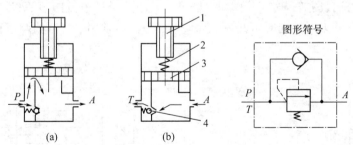

图 9-6 单向顺序阀工作原理图
(a) 关闭状态;(b) 开启状态。
1—调节手柄;2—弹簧;3—活塞;4—单向阀。

4) 安全阀

当储气罐或回路中压力超过某调定值,要用安全阀向外放气,安全阀在系统中起过载保护作用。

图9-7所示是安全阀工作原理图。当系统中气体压力在调定范围内时,作用在活塞3上的压力小于弹簧2的作用力,活塞处于关闭状态,如图9-7(a)所示。当系统压力升高,作用在活塞3上的压力大于弹簧的预定压力时,活塞3向上移动,阀门开启排气,如图9-7(b)所示。直到系统压力降到调定范围以下,阀门又重新关闭。开启压力的大小与弹簧的预压量有关。

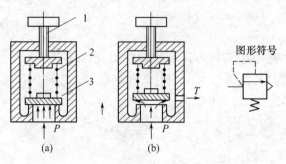

图9-7 安全阀工作原理图
(a) 关闭状态;(b) 开启状态。

2. 流量控制阀

在气压传动系统中,有时需要控制气缸的运动速度,有时需要控制换向阀的切换时间和气动信号的传递速度,这些都需要调节压缩空气的流量来实现。流量控制阀就是通过改变阀口通流截面积来实现流量控制的元件。流量控制阀包括节流阀、单向节流阀、排气节流阀和快速排气阀等。

1) 节流阀

图9-8所示为圆柱斜切型节流阀的结构图。压缩空气由 P 口进入,经过节流后,由 A 口流出。旋转带螺杆的阀芯,就可改变节流口的开度,这样就调节了压缩空气的流量。由于这种节流阀的结构简单、体积小,故应用范围比较广。

2) 单向节流阀

单向节流阀是由单向阀和节流阀并联而成的组合式流量控制阀,如图9-9所示。当气流沿着一个方向,例如, $P \rightarrow A$ 流动时(图9-9(a)),经过节流阀节流;反方向流动(图9-9(b)),由 $A \rightarrow T$ 时单向阀打开,不节流,单向节流阀常用于气缸的调速和延时回路。

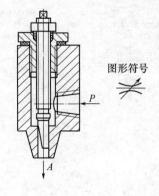

图9-8 节流阀工作原理图

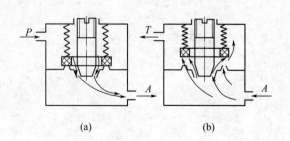

图9-9 单向节流阀的工作原理图
(a) $P-A$ 状态;(b) $A-T$ 状态。

3) 排气节流阀

排气节流阀是装在执行元件的排气口处,调节进入大气中气体流量的一种控制阀。它不仅能调节执行元件的运动速度,还常带有消声器,所以也能起降低排气噪声的作用。

图 9-10 所示为排气节流阀工作原理图。其工作原理和节流阀相似,靠调节节流口 1 处的通流面积来调节排气流量,由消声套 2 来减小排气噪声。

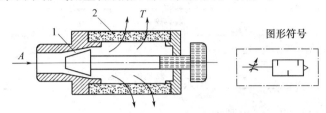

图 9-10 排气节流阀工作原理图
1—节流口;2—消声套。

应当指出,用流量控制的方法控制气缸内活塞的运动速度,采用液压控制比采用气动控制容易。特别是在极低速控制中,要按照预定行程变化来控制速度,用气动很难实现。在外部负载变化很大时,仅用气动流量阀也不会得到满意的调速效果。为提高其运动平稳性,建议采用气液联动。

4) 快速排气阀

图 9-11 所示为快速排气阀工作原理图。进气口 P 进入压缩空气,并将密封活塞迅速上推,开启阀口 2,同时关闭排气口 T,使进气口 P 和工作口 A 相通(图 9-11(a))。图 9-11(b) 是 P 口没有压缩空气进入时,在 A 口和 P 口压差作用下,密封活塞迅速下降,关闭 P 口,使 A 口通过 T 口快速排气。

快速排气阀常安装在换向阀和气缸之间。图 9-12 所示为快速排气阀在回路中的应用。它使气缸排气不用通过换向阀而快速排出,从而加速了气缸往复的运动速度,缩短了工作周期。

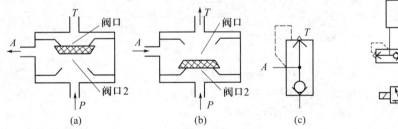

图 9-11 快速排气阀工作原理

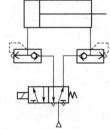

图 9-12 快速排气阀的应用回路

3. 方向控制阀

方向控制阀是气压传动系统中通过改变压缩空气的流动方向和气流的通断来控制执行元件启动、停止及换向的气动元件。

根据方向控制阀的功用、控制方式、结构方式、阀内气流的方向及密封形式等,方向控制阀可分为以下几类,如表 9-5 所列。

表 9-5 方向控制阀的分类

分 类 方 式	形 式
按阀内气体的流动方向	单向阀、换向阀
按阀芯的结构形式	截止阀、滑阀
按阀的密封形式	硬质密封、软质密封
按阀的工作位置数及通路数	二位三通、二位五通、三位五通等
按阀的控制操纵方式	气压控制、电磁控制、机械控制、手动控制

下面介绍几种典型的方向控制阀。

1) 气压控制换向阀

气压控制换向阀是以压缩空气为动力切换气阀,使气路换向或通断的阀类。气压控制换向阀的用途很广,多用于组成全气阀控制的气压传动系统或易燃、易爆以及高净化等场合。

(1) 单气控换向阀。图 9-13 所示为单气控截止式换向阀的工作原理。即图 9-13(a)是无气控信号 K 时的状态(即常态),此时,阀芯 1 在弹簧 2 的作用下处于上端位置,使阀 A 与 T 相通,A 口排气。图 9-13(b)是在有气控信号 K 时阀的状态(即动力阀状态)。由于气压力的作用,阀芯 1 压缩弹簧 2 下移,使阀口 A 与 T 断开,P 与 A 接通,A 口有气体输出。

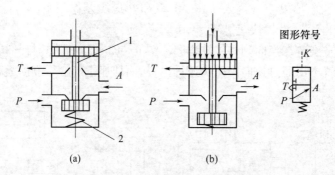

图 9-13 单气控换向阀的工作原理图
(a) 无控制信号状态;(b) 有控制信号状态。
1—阀芯;2—弹簧。

图 9-14 所示为二位三通单气控截止式换向阀的结构图。这种换向阀结构简单、紧凑、密封可靠、换向行程短,但换向力大。若将气控接头换成电磁接头(即电磁先导阀),可变气控阀为先导式电磁换向阀。

(2) 双气控换向阀。图 9-15 所示为双气控滑阀式换向阀的工作原理图。图 9-15(a)所示为有气控信号 K_2 时的状态,此时阀停在左边,其通路状态是 P 与 A、B 与 T 相通。图 9-15(b)所示为有气控信号 K_1 时阀的状态(此时信号 K_2 已不存在),阀芯换位,其通路状态变为 P 与 B、A 与 T 相通。双气控滑阀具有记忆功能,即气控信号消失后,阀仍能保持在有信号时的工作状态。

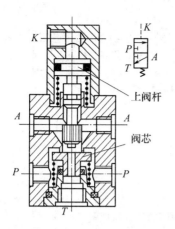
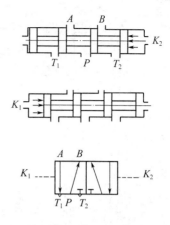

图9-14 二位三通单气控
截止式换向阀的结构图

图9-15 双气控滑阀式
换向阀的工作原理图

2) 电磁控制换向阀

电磁换向阀是利用电磁铁的吸力来实现阀的切换以控制气体的流动方向。常用的电磁换向阀有直动式和先导式两种。

(1) 直动式电磁换向阀。图9-16所示为直动式单电控电磁换向阀的工作原理图。它只有一个电磁铁。图9-16(a)所示为常态情况,即激励线圈不通电,此时阀在复位弹簧的作用下处于上端位置。其通路状态为 A 与 T 相通,A 口排气。当通电时,电磁铁1推动阀芯向下移动,气路换向,其通路为 P 与 A 相通,A 口进气,如图9-16(b)所示。图9-16(c)所示为其图形符号。

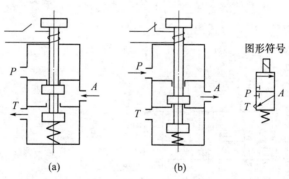

图9-16 直动型电电控电磁换向阀的工作原理图
(a)线圈断电状态;(b)线圈通电状态。

图9-17所示为直动式双电控电磁换向阀的工作原理图。它有两个电磁铁,当线圈1通电、2断电(图9-17(a)),阀芯被推向右端,其通路状态是 P 与 A、B 与 T_2 相通,A 口进气、B 口排气。当线圈1断电时,阀芯仍处于原有状态,即具有记忆性。当电磁线圈2通电、1断电(图9-17(b)),阀芯被推向左端,其通路状态为 P 与 B、A 与 T_1 相通,B 口进气、A 口排气。若电磁线圈断电,气流通路仍保持原状态。图9-17(c)所示为其图形符号。

(2) 先导式电磁换向阀。直动式电磁换向阀是由电磁铁直接推动阀芯移动的,当阀

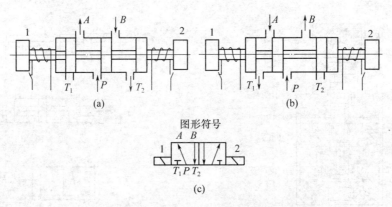

图 9-17 直动式双电控电磁换向阀的工作原理图
(a) 1通电、2断电状态;(b) 1断电、2通电状态。

通径较大时,用直动式结构所需的电磁铁体积和电力消耗都必然加大,为克服此弱点可采用先导式结构。

先导式电磁换向阀是由电磁铁首先控制气路,产生先导压力,再由先导压力推动主阀阀芯,使其换向。

图 9-18 所示为先导式双电控换向阀的工作原理图。当电磁先导阀 1 的线圈通电,而先导阀 2 断电时(图 9-18 (a)),由于主阀的 K_1 腔进气,K_2 腔排气,使主阀阀芯向右移动。此时,P 与 A、B 与 T_2 相通,A 口进气、B 口排气。当电磁先导阀 2 通电,而先导阀 1 断电时(图 9-18(b)),主阀的 K_2 腔进气,K_1 腔排气,使主阀阀芯向左移动。此时,P 与 B、A 与 T_1 相通,B 口进气、A 口排气。先导式双电控电磁换向阀具有记忆功能,即通电换向,断电保持原状态。为保证主阀正常工作,两个电磁阀不能同时通电,电路中要考虑互锁。图 9-18(b)所示为其图形符号。

先导式电磁换向阀便于实现电、气联合控制,所以应用广泛。

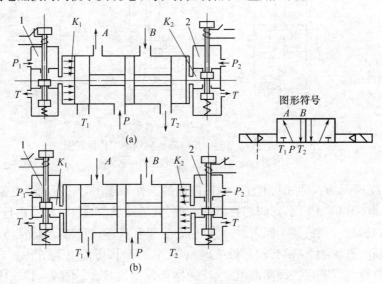

图 9-18 先导式双电控换向阀的工作原理图
(a) 先导阀 1 通电、2 断电时状态;(b) 先导阀 2 通电、1 断电时状态。

3）机械控制换向阀

机械控制换向阀又称行程阀，多用于行程程序控制，作为信号阀使用。常依靠凸轮、挡块或其他机械外力推动阀芯，使阀换向。

图 9-19 所示为机械控制换向阀的一种结构形式。当机械凸轮或挡块直接与滚轮 1 接触后，通过杠杆 2 使阀芯 5 换向。其优点是减少了顶杆 3 所受的侧向力；同时，通过杠杆传力也减少了外部的机械压力。

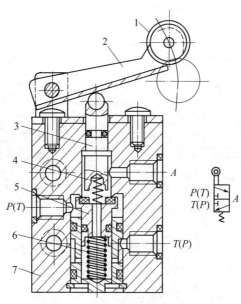

图 9-19 机械控制换向阀

4）人力控制换向阀

这类阀分为手动及脚踏两种操纵方式。手动阀的主体部分与气控阀类似，其操纵方式有多种形式，如按钮式、旋钮式、锁式及推拉式等。

图 9-20 所示为推拉式手动阀的工作原理和结构图。如用手压下阀芯（图 9-20（a）），则 P 与 A、B 与 T_2 相通。手放开，而阀依靠定位装置保持状态不变。当用手将阀芯拉出时（图 9-20（b）），则 P 与 B、A 与 T_1 相通，气路改变，并能维持该状态不变。

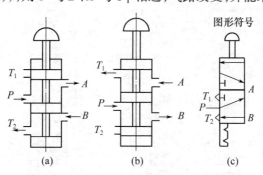

图 9-20 推拉式手动阀的工作原理和结构图
(a) 压下阀芯时状态；(b) 拉起阀芯时状态。

5）时间控制换向阀

时间控制换向阀是使气流通过气阻（如小孔、缝隙等）节流后到气容（储气空间）中，经一定的时间使气容内建立起一定的压力后，再使阀芯换向的阀类。在不允许使用时间继电器（电控制）的场合（如易燃、易爆、粉尘大等），用气动时间控制就显出其优越性。

（1）延时阀。图9-21所示为二位三通常断延时型换向阀。从该阀的结构上可以看出，它由两大部分组成。延时部分包括可调节流阀3、气容2和排气单向阀1，换向部分实际是一个二位三通差压控制换向阀。

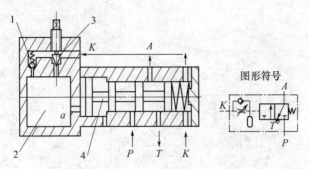

图9-21　二位三通常断延时型换向阀结构图
1—单向阀；2—气容；3—节流阀；4—阀芯。

当无气控信号时，P与A断开，A腔排气。当有气控信号时，从K腔输入，经过可调节流阀3，节流后到气容2内，使气容不断充气，直到气容内的气压上升到某一值时，阀芯由左向右移动，使P与A接通，A有输出。当气控信号消失后，气容内的气压经单向阀从K腔迅速排空。如果将P、T口换接，则变成二位三通延时型换向阀。这种延时阀的工作压力范围为0MPa~0.8MPa，信号压力范围为0.2MPa~0.8MPa。延时时间在0s~20s，延时精度是120%。所谓延时精度是指延时时间受气源压力变化和延时时间的调节重复性的影响程度。

（2）脉冲阀。脉冲阀是靠气流流经气阻、气容的延时作用，使压力输入长信号变为短暂的脉冲信号输出的阀类。

其工作原理如图9-22所示。图9-22（a）所示为无信号输入的状态；图9-22（b）所

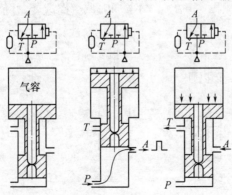

图9-22　脉冲阀工作原理图
（a）无信号输入状态；（b）有信号输入状态；（c）信号输入终了状态。

示为有信号输入的状态,此时滑柱向上,A 口有输出,同时从滑柱中间节流小孔不断向气室(气容)中充气;图 9-22(c)所示为当气室内的压力达到一定值时,滑柱向下,A 与 T 接通,A 口的输出状态结束。

这种阀的信号工作压力范围是 0.2MPa~0.8MPa,脉冲时间为 2s。

6) 梭阀

梭阀相当于两个单向阀组合而成的组合阀。图 9-23 所示为梭阀的工作原理图。

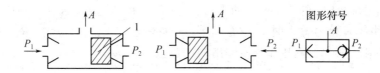

图 9-23 梭阀工作原理图
(a) P_1 进气状态;(b) P_2 进气状态。

梭阀有两个进气口 P_1 和 P_2,一个工作口 A,阀芯 1 在两个方向上起单向阀的作用。其中 P_1 和 P_2 都可与 A 口相通,但 P_1 与 P_2 不相通。当 P_1 进气时,阀芯 1 右移,封住 P_2 口,使 P_1 与 A 相通,A 口进气,如图 9-23(a)所示。反之,P_2 进气时,阀芯 1 左移,封住 P_1 口,使 P_2 与 A 相通,A 口也进气。若 P_1 与 P_2 都进气时,阀芯就可能停在任意一边,这主要看压力加入的先后顺序和压力的大小而定。若 P_1 与 P_2 不等,则高压口的通道打开,低压口则被封闭,高压气流从 A 口输出。

梭阀的应用很广,多用于手动与自动控制的并联回路中。

三、逻辑元件

气动逻辑元件是一种以压缩空气为工作介质,通过元件内部可动部件的动作,改变气体的流动方向,从而实现一定逻辑功能的流体控制元件。气动逻辑元件种类很多,按工作压力可分为高压、低压、微压三种。按结构形式分类,主要包括截止式、膜片式、滑阀式和球阀式等几种类型。本节仅对高压截止式逻辑元件作一简要介绍。

1. 气动逻辑元件的特点

(1) 元件孔径较大,抗污染能力较强,对气源的净化程度要求较低。

(2) 元件在完成切换动作后,能切断气源和排气孔之间的通道,即具有关断能力,无功耗气量较低。

(3) 负载能力强,可带多个同类型元件。

(4) 在组成系统时,元件间的连接方便,调试简单。

(5) 适应能力较强,可在各种恶劣环境下工作。

(6) 响应时间一般在 10ms 以内。

2. 高压截止式逻辑元件

1) "是门"和"与门"元件

图 9-24 所示为"是门"元件及"与门"元件的工作原理图。图中,P 为气源口,A 为信号输入口,S 为输出口。当 A 无信号,阀芯 2 在弹簧及气源压力 P 作用下上移,关闭阀

口,封住 $P\rightarrow S$ 通路,S 无输出。当 A 有信号,膜片 1 在输入信号作用下,推动阀芯 2 下移,封住 S 与排气孔通道,同时接通 $P\rightarrow S$ 通路,S 有输出。即元件的输入和输出始终保持相同状态。

当气源口 P 改为信号口 B 时,则成"与门"元件,即只有当 A 和 B 同时输入信号时,S 才有输出,否则 S 无输出。

2)"或门"元件

图 9-25 所示为"或门"元件的工作原理图。图中,A、B 为信号输入孔,S 为输出孔。当只有 A 信号输入时,阀芯 a 被推动下移,封住信号孔 B,接通 $A\rightarrow S$ 通路,S 有输出。类似地,当只有 B 信号输入时,$B\rightarrow S$ 接通,S 也有输出。显然,当 A、B 均有信号输入时,S 定有输出。显示活塞用于显示输出的状态。

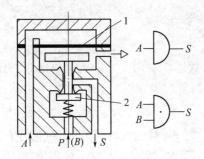

图 9-24 "是门"和"与门"元件
1—膜片;2—阀芯。

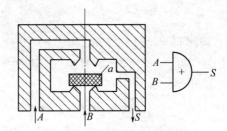

图 9-25 "或门"元件

3)"非门"和"禁门"元件

图 9-26 所示为"非门"及"禁门"元件的工作原理图。图中,A 为信号输入孔,S 为信号输出孔,P 为气源孔。在 A 无信号输入时,阀芯 3 在气源压力作用下上移,开启下阀口,关闭上阀口,接通 $P\rightarrow S$ 通路,S 有输出。当 A 有信号输入时,膜片 2 在输入信号作用下,经阀杆推动阀芯 3 下移,开启上阀口,关闭下阀口,S 无输出。活塞 1 用以显示输出的有无,显然,此时为"非门"元件。若将气源口 P 改为信号 B 口,该元件就成为"禁门"元件。在 A、B 均有信号时,阀杆及阀芯 3 在 A 输入信号作用下封住 B 孔,S 无输出;在 A 无信号输入,而 B 有输入信号时,S 就有输出,即 A 输入信号起"禁止"作用。

"或非"元件是一种多功能逻辑元件,用它可以组成"与门"、"或门"、"非门"、"双稳"等逻辑元件。

4)记忆元件

记忆元件分为单输出和双输出两种。双输出记忆元件称为双稳元件,单输出记忆元件称为单记忆元件。

图 9-27 所示为"双稳"元件工作原理图。当 A 有控制信号输入时,阀芯 a 带动滑块右移,接通 $P\rightarrow S_1$ 通路,S_1 有输出,而 S_2 与排气孔相通,无输出。此时,"双稳"处于"1"状态;在 B 输入信号到来之前,A 信号虽消失,阀芯仍然保持在右端位置。当 B 有输入信号时,阀芯 a 被推向左端位置,则 $P\rightarrow S_2$ 相通,S_2 有输出,S_1 与排气孔相通,此时"双稳"处于"0"状态;B 信号消失后,A 信号未到来前,元件一直保持此状态。

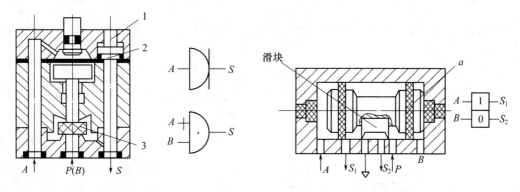

图 9-26 "非门"和"禁门"元件
1—活塞；2—膜片；3—阀芯。

图 9-27 双稳元件

上述逻辑元件的逻辑函数、逻辑符号、气动元件回路及真值表列于表 9-6 中。

表 9-6 各种逻辑元件的表达方式

元件	逻辑函数	逻辑符号	气动元件回路	真 值 表			
与门	$S = a \cdot b$	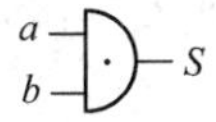	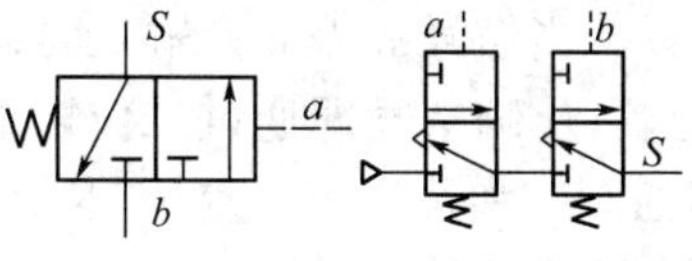 无源　　有源	a	0	0	1	1
				b	0	1	0	1
				S	0	0	0	1
或门	$S = a + b$	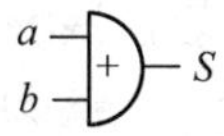	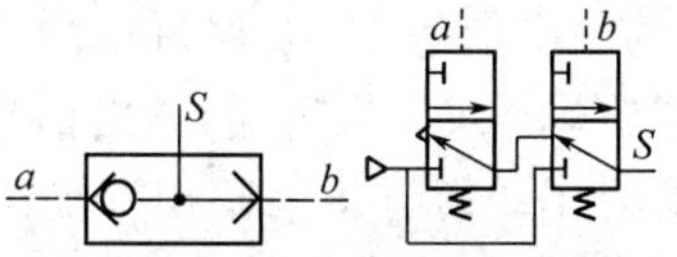 无源　　有源	a	0	0	1	1
				b	0	1	0	1
				S	0	1	1	1
非门	$S = \bar{a}$		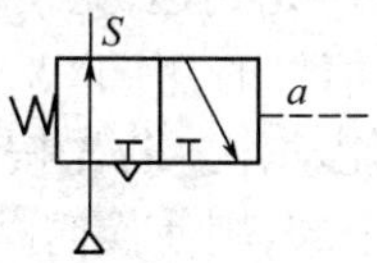	a	0	1
				S	1	0
是门	$S = a$	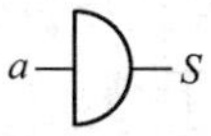	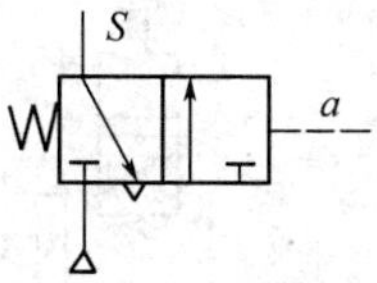	a	0	1
				S	0	1
禁门	$S = \bar{a} \cdot b$	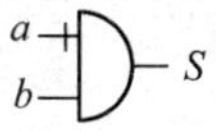	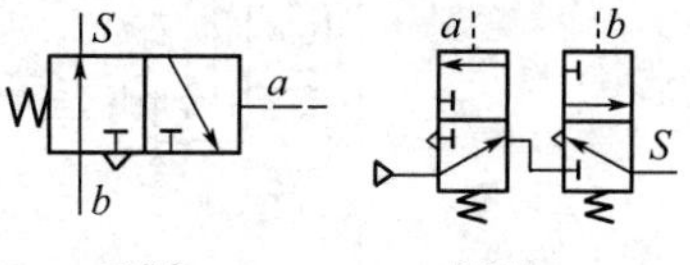 无源　　有源	a	0	0	1	1
				b	0	1	0	1
				S	0	1	0	0

(续)

元件	逻辑函数	逻辑符号	气动元件回路	真值表			
或非门	$S = \overline{a+b}$			a	0	0	1	1
				b	0	1	0	1
				S	1	0	0	0
记忆	$S_1 = K_b^a$ $S_2 = K_a^b$	双稳　单记忆	双稳　单记忆	a	1	0	0	0
				b	0	0	1	0
				S_1	1	1	0	0
				S_2	0	0	1	1

3. 逻辑元件的应用举例

1)"或门"元件控制线路

图 9-28 所示为采用梭阀作"或门"元件的控制回路图。当信号 a 及 b 均无输入时(图示状态),气缸处于原始位置。当信号 a 及 b 有输入时,梭阀 S 有输出,使二位四通阀克服弹簧力作用切换至上方位置,压缩空气即通过二位四通阀进入气缸下腔,活塞上移。当信号 a 或 b 解除后,二位四通阀在弹簧作用下复位,S 无输出,二位四通阀也在弹簧作用下复位,压缩空气进入气缸上腔,使气缸复位。

2) 双手操作安全回路

图 9-29 所示为用二位三通按钮式换向阀和逻辑"禁门"元件组成的安全回路。当两个按钮阀同时按下时,"或门"的输出信号 S_1 要经过单向节流阀 3 进入气容 4,经一定时间的延时后才能经逻辑"禁门"5 输出,而"与门"的输出信号 S_2 是直接输入到"禁门"6 上的。因此,S_2 比 S_1 早到达"禁门"6,"禁门"6 有输出。输出信号 S_4 一方面推动主控制阀 8 换向使缸 7 前进,另一方面又作为"禁门"5 的一个输入信号,由于此信号比 S_1 早到达"禁门"5,故"禁门"5 无输出。如果先按阀 1,后按阀 2,且按下的时间间隔大于回路中延时时间 t,那么,"或门"的输出信号 S_1 先到达"禁门"5,"禁门"5 有输出 S_3 输出,而输出信号 S_3 是作为"禁门"6 的一个输入信号的,由于 S_3 比 S_2 早到达"禁门"6,故"禁门"6 无输出,主控制阀不能切换,气缸 7 不能动作。若先按下阀 1,则其效果与同时按下两个阀的效果相同。但若只按下其中任一个阀,则使换向阀 8 不能换向。

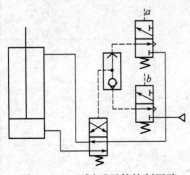

图 9-28 "或门"元件控制回路

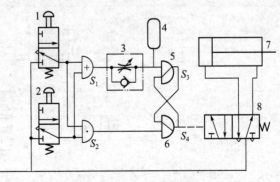

图 9-29 双手操作安全回路

四、气源装置及辅件

气压传动系统中的气源装置是为气动系统提供满足一定质量要求的压缩空气,它是气压传动系统的重要组成部分。由空气压缩机产生的压缩空气,必须经过降温、净化、减压、稳压等一系列处理后,才能供给控制元件和执行元件使用。而用过的压缩空气排向大气时,会产生噪声,应采取措施,降低噪声,改善劳动条件和环境质量。

1. 气源装置

1) 对压缩空气的要求

(1) 要求压缩空气具有一定的压力和足够的流量,以保证执行机构产生足够的推力,满足对执行机构运动速度和程序的要求等。

(2) 要求压缩空气有一定的清洁度和干燥度。清洁度是指气源中含油量、含灰尘杂质的质量及颗粒大小都要控制在很低范围内。干燥度是指压缩空气中含水量的多少,气动装置要求压缩空气的含水量越低越好。一般气动设备所使用的空气压缩机都是属于工作压力较低(小于1MPa),用油润滑的活塞式空气压缩机。它从大气中吸入含有水分和灰尘的空气,经压缩后,空气温度将达到140℃~180℃,这时空气压缩机气缸中的润滑油也部分成为气态,这样油分、水分以及灰尘便形成混合的胶体微尘与杂质混在压缩空气中一同排出。如果将此压缩空气直接输送给气动装置使用,将会产生下列影响。

① 混在压缩空气中的油蒸气可能聚集在储气罐、管道、气动系统的容器中形成易燃物,有引起爆炸的危险;另一方面,润滑油被气化后,会形成一种有机酸,对金属设备、气动装置有腐蚀作用,影响设备的寿命。

② 混在压缩空气中的杂质沉积在管道和气动元件的通道内,减少了通道面积,增加了管道阻力。特别是对内径只有0.2mm~0.5mm的某些气动元件会造成阻塞,使压力信号不能正确传递,整个气动系统不能稳定工作甚至失灵。

③ 压缩空气中含有的饱和水分,在一定的条件下会凝结成水,并聚集在个别管道中。在寒冷的冬季,凝结的水会使管道及附件结冰而损坏,影响气动装置的正常工作。

④ 压缩空气中的灰尘等杂质,对气动系统中作往复运动或转动的气动元件(如气缸、气马达、气动换向阀等)的运动副会产生研磨作用,使这些元件因漏气而降低效率,影响它的使用寿命。

气源装置必须设置一些除油、除水、除尘,并使压缩空气干燥,提高压缩空气质量,进行气源净化处理的辅助设备。

2) 压缩空气站的设备组成及布置

压缩空气站的设备一般包括产生压缩空气的空气压缩机和使气源净化的辅助设备。图9-30所示是压缩空气站设备组成及布置示意图。

在图9-30中,1为空气压缩机,用以产生压缩空气,一般由电动机带动。其吸气口装有空气过滤器以减少进入空气压缩机的杂质。2为后冷却器,用以降温冷却压缩空气,使净化的水凝结出来。3为油水分离器,用以分离并排出降温冷却的水滴、油滴、杂质等。4为储气罐,用以储存压缩空气,稳定压缩空气的压力并除去部分油分和水分。5为干燥器,用以进一步吸收或排除压缩空气中的水分和油分,使其成为干燥空气。6为过滤器,用以进一步过滤压缩空气中的灰尘、杂质颗粒。7为储气罐。储气罐4输出的压缩空气可

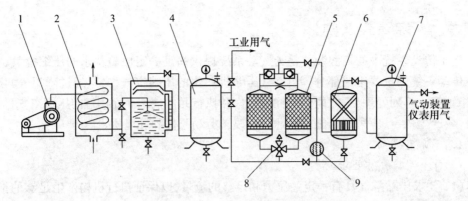

图 9-30 压缩空气站设备组成及布置示意图
1—空气压缩机;2—后冷却器;3—油水分离器;4、7—储气罐;
5—干燥器;6—过滤器;8—四通阀;9—加热器。

用于一般要求的气压传动系统,储气罐 7 输出的压缩空气可用于要求较高的气动系统(如气动仪表及射流元件组成的控制回路等)。

3) 空气压缩机的分类及选用原则

(1) 分类。空气压缩机是一种气压发生装置,按其工作原理可分为容积型压缩机和速度型压缩机。容积型压缩机的工作原理是压缩气体的体积,使单位体积内气体分子的密度增大以提高压缩空气的压力。速度型压缩机的工作原理是提高气体分子的运动速度,然后使气体的动能转化为压力能,以提高压缩空气的压力。

(2) 空气压缩机的选用原则。选用空气压缩机的根据是气压传动系统所需要的工作压力和流量两个参数。一般空气压缩机为中压空气压缩机,额定排气压力为 1MPa。另外,还有低压空气压缩机,排气压力 0.2MPa;高压空气压缩机,排气压力为 10MPa;超高压空气压缩机,排气压力为 100MPa。

输出流量的选择,要根据整个气动系统对压缩空气的需要再加一定的备用余量,作为选择空气压缩机的流量依据。空气压缩机铭牌上的流量是自由空气流量。

4) 空气压缩机的工作原理

气压传动系统中最常用的空气压缩机是往复活塞式,其工作原理如图 9-31 所示。当活塞 3 向右运动时,气缸 2 内活塞左腔的压力低于大气压力,吸气阀 9 被打开,空气在大气压力作用下进入气缸 2 内,这个过程称为"吸气过程"。当活塞向左移动时,吸气阀 9 在缸内压缩气体的作用下而关闭,缸内气体被压缩,这个过程称为压缩过程。当气缸内空

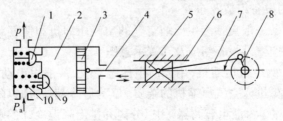

图 9-31 往复活塞式空气压缩机工作原理图
1—排气阀;2—气缸;3—活塞;4—活塞杆;5、6—十字接头与滑道;
7—连杆;8—曲柄;9—吸气阀;10—弹簧。

气压力增高到略高于输气管内压力后,排气阀1被打开,压缩空气进入输气管道,这个过程称为"排气过程"。活塞3的往复运动是由电动机带动曲柄转动,通过连杆、滑块、活塞杆转化为直线往复运动而产生的。图中只表示了一个活塞一个缸的空气压缩机,大多数空气压缩机是多缸多活塞的组合。

2．气动辅助元件

气动辅助元件分为气源净化装置和其他辅助元件两大类。

1) 气源净化装置

压缩空气净化装置一般包括:后冷却器、油水分离器、储气罐、干燥器、过滤器等。

(1) 后冷却器。后冷却器安装在空气压缩机出口处的管道上。它的作用是将空气压缩机排出的压缩空气温度由140℃～170℃降至40℃～50℃。这样可使压缩空气中的油雾和水汽迅速达到饱和,使其大部分析出并凝结成油滴和水滴,以便经油水分离器排出。后冷却器的结构形式有蛇形管式、列管式、散热片式、管套式。其中,蛇管式冷却器最为常用。

(2) 油水分离器。油水分离器安装在后冷却器出口管道上,它的作用是分离并排出压缩空气中凝聚的油分、水分和灰尘杂质等,使压缩空气得到初步净化。油水分离器的结构形式有环形回转式、撞击折回式、离心旋转式、水浴式以及以上形式的组合使用等。图9-32所示是撞击折回并回转式油水分离器的结构形式,它的工作原理是:当压缩空气由入口进入分离器壳体后,气流先受到隔板阻挡而被撞击折回向下(见图9-32中箭头所示流向);之后,又上升产生环形回转,这样凝聚在压缩空气中的油滴、水滴等杂质受惯性力作用而分离析出,沉降于壳体底部,由放水阀定期排出。

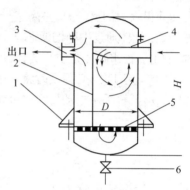

图9-32　撞击折回并回转式油水分离器

为提高油水分离效果,应控制气流在回转后上升的速度不超过0.3m/s～0.5m/s。

(3) 储气罐。储气罐的主要作用如下。

① 储存一定数量的压缩空气,以备发生故障或临时需要应急使用。

② 消除由于空气压缩机断续排气而对系统引起的压力脉动,保证输出气流的连续性和平稳性。

③ 进一步分离压缩空气中的油、水等杂质。

储气罐一般采用焊接结构,以立式居多。

(4) 干燥器。经过后冷却器、油水分离器和储气罐后得到初步净化的压缩空气,已满足一般气压传动的需要。但压缩空气中仍含一定量的油、水以及少量的粉尘。如果用于精密的气动装置、气动仪表等,上述压缩空气还必须进行干燥处理。

压缩空气干燥方法主要采用吸附法和冷却法。

吸附法是利用具有吸附性能的吸附剂(如硅胶、铝胶或分子筛等)来吸附压缩空气中含有的水分,而使其干燥;冷却法是利用制冷设备使空气冷却到一定的露点温度,析出空气中超过饱和水蒸气部分的多余水分,从而达到所需的干燥度。吸附法是干燥处理方法中应用最为普遍的一种方法。吸附式干燥器的结构如图9-33所示。它的外壳呈筒形,其中分层设置栅板、吸附剂、滤网等。湿空气从管1进入干燥器,通过吸附剂14、过滤网13、上栅板12和下部吸附层10后,因其中的水分被吸附剂吸收而变得很干燥。然后,再经过铜丝过滤网9、下栅板8和过滤网7,干燥、洁净的压缩空气便从输出管5排出。

(5) 过滤器。空气的过滤是气压传动系统中的重要环节,其作用是滤除压缩空气的水分、油滴及杂质,以达到气动系统所要求的净化程度。不同的场合,对压缩空气的要求也不同。过滤器的作用是进一步滤除压缩空气中的杂质。常用的过滤器有一次性过滤器(也称简易过滤器,过滤效率为50%~70%)、二次过滤器(过滤效率为70%~99%)。在要求高的特殊场合,还可使用高效率的过滤器(过滤效率大于99%)。

分水滤气器过滤能力较强,属于二次过滤器。它和减压阀、油雾器一起被称为气动三联件,是气动系统不可缺少的辅助元件。普通分水滤气器的结构如图9-34所示,其工作原理如下。压缩空气从输入口进入后,被引入旋风叶子1,旋风叶子上有很多小缺口,使空气沿切线反向产生强烈的旋转,这样夹杂在气体中的较大水滴、油滴、灰尘(主要是水滴)便获得较大的离心力,并高速与水杯3内壁碰撞,而从气体中分离出来,沉淀于存水杯3中,然后气体通过中间的滤芯2,部分灰尘、雾状水被2拦截而滤去,洁净的空气便从输出口输出。挡水板4是防止气体漩涡将杯中积存的污水卷起而破坏过滤作用。为保证分水滤气器正常工作,必须及时将存水杯中的污水通过排水阀5放掉。在某些人工排水不方便的场合,可采用自动排水式分水滤气器。

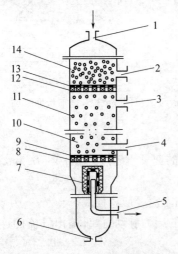

图9-33 吸附式干燥器结构图
1—湿空气进气管;2、3—再生用气排出口;
4—再生用气进气口;5—干空气输出管;6—排水管;
7—毛毡和铜丝过滤网;8、12—下、上栅板;
9、13—铜丝过滤网;10、14—吸附剂。

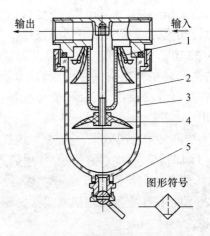

图9-34 普通分水滤气器结构图
1—旋风叶子;2—滤芯;3—存水杯;
4—挡水板;5—手动排水阀。

存水杯由透明材料制成,便于观察工作情况、污水情况和滤芯污染情况。滤芯目前采用铜颗粒烧结而成。发现油泥过多,可采用酒精清洗,干燥后再装上,可继续使用。但是这种过滤器只能滤除固体和液体杂质,因此,使用时应尽可能装在能使空气中的水分变成液态的部位或防止液体进入的部位,如气动设备的气源入口处。

2) 其他辅助元件

(1) 油雾器。油雾器是一种特殊的注油装置,它以空气为动力,使润滑油雾化后,注入空气流中,并随空气进入需要润滑的部位,达到润滑的目的。

图 9-35 所示是普通油雾器(也称一次油雾器)的结构简图。当压缩空气由气流入口 1 进入后,通过喷嘴下端的小孔 2 进入阀座的腔室内,在截止阀 10 的钢球上下表面形成压差。由于泄漏和弹簧的作用,而使钢球处于中间位置,压缩空气进入存油杯 5 的上腔使油面受压,压力油经吸油管 11 将单向阀 6 的钢球顶起,钢球上部管道有一个方形小孔,钢球不能将上部管道封死,压力油不断流入视油器 8 内,再滴入喷嘴中,被主气流管路从上面小孔引射出来,雾化后从气流出口 4 输出。节流阀 7 可以调节流量,使滴油量在 0 滴/min ~ 120 滴/min 变化。

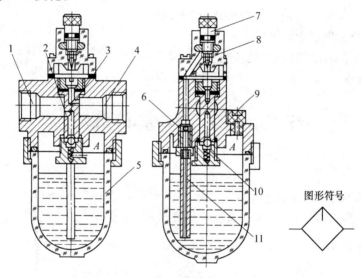

图 9-35 油雾器
1—气流入口;2、3—小孔;4—气流出口;5—存油杯;6—单向阀;
7—节流阀;8—视油器;9—旋塞;10—截止阀;11—吸油管。

二次油雾器能使油滴在雾化器内进行两次雾化,使油雾粒度更小、更均匀,输送距离更远。二次雾化粒径可达 $5\mu m$。

油雾器的选择主要是根据气压传动系统所需额定流量及油雾粒径大小来进行。所需油雾粒径在 $50\mu m$ 左右选用一次油雾器。若需油雾粒径很小可选用二次油雾器。油雾器一般应配置在滤气器和减压阀之后,用气设备之前较近处。

(2) 消声器。在气压传动系统中,气缸、气阀等元件工作时,排气速度较高,气体体积急剧膨胀,会产生刺耳的噪声。噪声的强弱随排气的速度、排量和空气通道的形状而变化。排气的速度和功率越大,噪声也越大,一般可达 100dB ~ 120dB,为了降低噪声,可以在排气口装消声器。

气动元件使用的消声器一般有三种类型:吸收型消声器、膨胀干涉型消声器和膨胀干涉吸收型消声器。常用的是吸收型消声器。这种消声器主要依靠吸音材料消声。其消声原理是:当有压气体通过消声罩时,气流受到阻力,声能被部分吸收而转化为热能,从而降低了噪声强度。

吸收型消声器结构简单,具有良好的消除中、高频噪声的性能。消声效果大于 20dB。在气压传动系统中,排气噪声主要是中、高频噪声,尤其是高频噪声,所以多采用吸收型消声器。

在主要是中、低频噪声的场合,应使用膨胀干涉型消声器。如图 9-36 所示,气流经对称斜孔分成多束进入扩散室 A 后膨胀,减速后与反射套碰撞,然后反射到 B 室,在消声器中心处,气流束互相撞击、干涉。当两个声波相位相反时,使声波的振幅互相减弱达到消耗声能的目的。最后,声波通过消声器内壁的消声材料,残余声能由于与消声材料的细孔相摩擦而变成热能,再达到降低声强的效果。

消声器的选择要注意排气阻力不宜过大,以免影响控制阀切换速度。

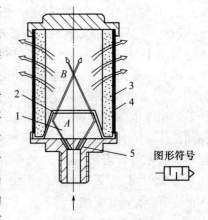

图 9-36 膨胀干涉吸收型消声器
1—扩散室;2—反射套;3—吸音材料;
4—壳体;5—对称斜孔。

学习单元四 气动基本回路

□ 单元学习目标

了解气动基本回路的分类和组成;
掌握气动基本回路的功用、工作原理和应用。

□ 单元学习内容

气动基本回路是气动系统的基本组成部分。由于空气性质与油液性质不同,使气动回路和液压回路相比,有其自己的特点。气动基本回路按其控制目的、控制功用可分为方向控制回路、压力控制回路和速度控制回路、其他回路等几类。

一、方向控制回路

换向回路是利用方向控制阀使执行件(气缸或气马达)改变运动方向的控制回路。

1. 单作用气缸的换向回路

图 9-37(a)所示为二位三通电磁阀控制的换向回路,通电时靠气压使活塞杆上升,断电时靠弹簧作用下降。图 9-37(b)所示为是由三位五通先导式电磁阀(内控式)控制的换向回路,该回路能使活塞在任意位置停止运动。

2. 双作用气缸的换向回路

图 9-38(a)所示为采用小通径手动换向阀来控制二位五通主阀操纵气缸换向的回路。图 9-38(b)所示为采用二位五通双电控阀控制双作用气缸的换向回路。图 9-38(c)所示为采用两个小通径的手动阀与二位五通主阀控制气缸换向的回路。图 9-38(d)所示为采用先导式双电控三位五通阀(内控式)控制的换向回路。该回路可控制中停位置,但要求元件密封性能好,可用于定位要求不高的场合。

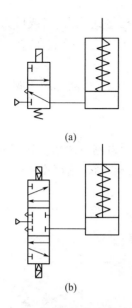
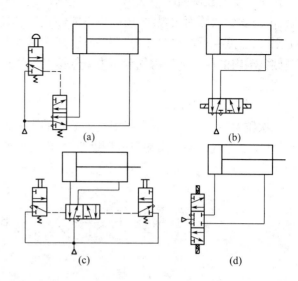

图 9-37 单作用气缸的换向回路
(a) 二位三通电磁阀控制;
(b) 三位五通先导式电磁阀控制。

图 9-38 双作用气缸的换向回路

二、压力控制回路

压力控制回路是使回路中的压力保持在一定范围内,或使回路得到高、低不同压力的基本回路。

1. 一次压力控制回路

图 9-39 所示为一次压力控制回路。这种回路主要用于使储气罐送出的气体压力稳定在一定的压力范围内。通常在储气罐上装一电接触式压力表,一旦罐内气体压力超过规定压力上限时,电接触式压力表内的指针碰到上触点,即控制中间继电器断电,控制电动机停转,空气压缩机停止运转,压力不再上升。当储气罐中气体压力下降到预定下限时,指针碰到下触点,使中间继电器通电,控制电动机启动,压缩机运转,向储气罐供气。电接触式压力表的上、下触点可以调节。

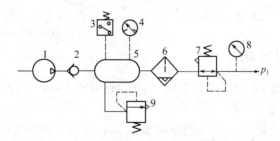

图 9-39 一次压力控制回路
1—空气压缩机;2—单向阀;3—压力继电器;4—电触点压力表;5—储气罐;
6—空气过滤器;7—减压阀;8—压力表;9—安全阀。

用压力继电器可代替电接触式压力表用于小容量压缩机的控制。一般上述两者用其中一个就行了。压力继电器同样可调节压力的上限值和下限值。

在一次压力控制回路中加了一个溢流阀(安全阀)。当电接触式压力表(或压力继电器)或电路发生故障而失灵时,压缩机不能停止运转使储气罐内压力不断上升,在超过预定上限时,溢流阀就靠自身压力打开溢流,从而起到保护作用。

储气罐内的压力又称为气源压力。气源经空气过滤器(分水滤气器)和减压阀后供用户使用。

2. 二次压力控制回路

二次压力控制回路主要是指对气动装置的气源入口处的压力调节回路。如图 9-40 所示,从压缩空气站储气罐输出的压缩空气,经过空气过滤器、减压阀、油雾器后供气动设备使用。

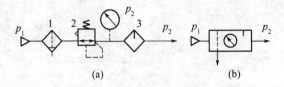

图 9-40 二次压力控制回路
(a) 详图;(b) 简图。

如果回路中需要多种不同的工作压力,则可采用图 9-41 所示回路。

3. 高低压转换回路

如果有些气动设备时而需要高压,时而需要低压,则可采用图 9-42 所示的高低压转换回路。先将气源用减压阀 1 和 2 调至两种不同的压力 p_1 和 p_2,再由二位三通阀 3 把输出转换成 p_1 或 p_2。

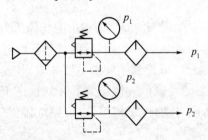

图 9-41 需要不同压力的回路

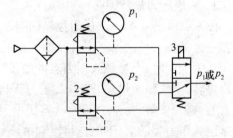

图 9-42 高低压转换回路
1、2—减压阀;3—二位三通阀。

三、速度控制回路

由于气动系统常用于功率不大的场合,因而调速方法主要是节流调速。

1. 单作用气缸的速度控制回路

图 9-43(a)所示为采用左右两个单向节流阀来分别控制活塞杆升降速度的回路。图 9-43(b)所示为能够实现活塞杆向上工作进给,而依靠弹簧力返回时,气缸下腔通过快速排气阀排气的回路。

2. 双作用气缸的速度控制回路

图 9-44(a)所示为采用双作用气缸节流供气调速回路,图 9-44(b)所示为采用双作用气缸节流排气调速回路。

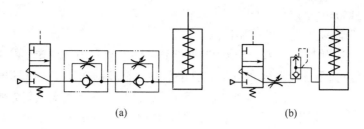

图 9-43 单作用气缸的速度控制回路

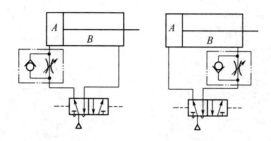

图 9-44 双作用气缸的单向调速回路
(a) 节流供气调速回路;(b) 节流排气调速回路。

图 9-45(a)所示为采用采用单向节流阀的双向节流调速回路。图 9-45(b)所示为采用排气节流阀的双向节流调速回路。由于此时气缸进气阻力小且活塞运动速度受外载变化的影响亦较小,因而比单向节流阀的调速效果好。

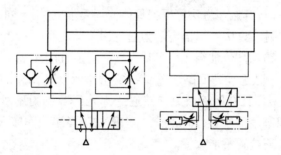

图 9-45 双作用气缸的双向调速回路
(a) 单向节流阀控制;(b) 排气节流阀控制。

3. 缓冲回路

图 9-46 所示为由单向行程节流阀节流的缓冲回路。当活塞向右运动时,气缸右腔的气体经行程阀及三位五通阀排掉;当活塞运动到末端,活塞杆上的挡块碰到行程阀时,气体就只能经节流阀排除,这样活塞运动速度就得到了缓冲。调整行程阀的安装位置就可以改变缓冲的开始时间。此回路适用于活塞惯性力大的场合。

四、其他回路

1. 气液联动回路

在气压回路中,采用气液转换器或气液阻尼缸后,就相当于把气压传动转换为液压传动,这就能使执行件的速度调节更加稳定,运动也比较平稳。若采用气液增压回路,则还能得到更大的推力。气液联动回路装置简单,经济可靠。

1) 采用气液转换器的速度控制回路

图 9-47 所示为采用气液转换器的速度控制回路。它利用气液转换器 1、2 将气压变成液压,利用液压油驱动液压缸 3,从而得到平稳且容易控制的活塞运动速度。调节节流阀的开度,就可以改变活塞的运动速度。这种回路,充分发挥了气动供气方便和液压速度容易控制的特点。必须指出的是,气液转换器中储油量应不小于液压缸有效容积的 1.5 倍,同时需注意气液间的密封,以避免气体混入油中。

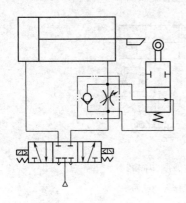
图 9-46 缓冲回路

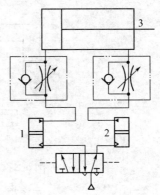
图 9-47 采用气液转换器的速度控制回路
1、2—气液转换器;3—液压缸。

2) 采用气液阻尼缸的速度控制回路

采用气液阻尼缸时,其调速方法可根据具体使用要求,选用不同的方案来实现。

(1) 双向速度控制。图 9-48(a)所示为通过调节节流阀 1 和 2 的开度来获得两个方向无级调速的调速回路。高位油箱 3 用来补充气液阻尼缸的泄漏。

(2) 快进—工进—快退换速回路。图 9-48(b)所示变速回路的工作原理是:当活塞右行到通过 a 孔起,液压缸右腔油液只能被迫从 b 孔经节流阀流回左腔,这时由快进变为工进。若切换换向阀使活塞左行时,液压缸左腔的油经单向阀流入右腔,此时由工进变为快退。此回路的变速位置不能改变。

图 9-48(c)所示为用行程阀换速的回路,此回路只要改变挡铁或行程阀的安装位置,就能改变开始换速的位置。

图 9-48(b)和图 9-48(c)这两个回路均适用于长行程的场合。

(3) 有中位停止的换速回路。图 9-48(d)所示回路是液压阻尼缸与气缸并联的形式,两缸的活塞杆用机械方式固接。借助于阻尼缸活塞杆上的调节螺母 4,可调节气缸由慢进变为快退的转换位置。当三位五通阀处于中间位置时(图示位置),阻尼缸油路被二位二通阀 5 切断,活塞就停止在此位置上。当三位阀被切换至左位时,气源就经三位阀、梭阀输入到阀 5,使阀 5 切换,即油路相通,这时活塞右行,阻尼缸右腔的油液经节流阀、二位二通阀流入左腔。由于阻尼缸两腔的有效容积不等,因而此时蓄能器 6 中的油液也经二位二通阀流入左腔作为补充。当三位阀被切换至右位时,活塞左行,阻尼缸左腔的油液部分经单向阀流入右腔,部分进入蓄能器。此回路采用并联形式,与图 9-48(a)、图 9-48(b)、图 9-48(c)三个图所采用的串联形式比较结构紧凑(即轴向尺寸小),气、油也

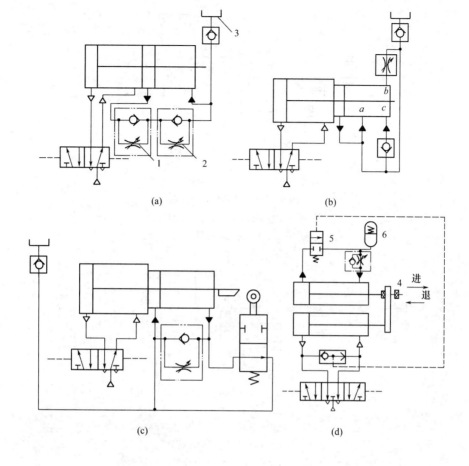

图 9-48 采用气液阻尼缸的速度控制回路

1、2—单向节流阀；3—高位油箱；4—螺母；5—二位二通阀；6—蓄能器。

不易相混。但并联的活塞易产生"憋劲"现象，所以安装时两缸应平行且应考虑导向装置。

3) 气液增压回路

一般气液传送器或气液阻尼缸都只能得到与气压相同的液压压力，在要求推力很大时，将使液压缸结构尺寸庞大。为此，可采用气液增压器来提高油压，以缩小液压缸的结构尺寸。

图 9-49(a)所示是用气液增压器的单向调速回路，该回路是用单向节流阀调节缸 A 的前进(右行)速度。返回时用气压驱动，因通过单向阀回油，因而能快速返回。

图 9-49(b)所示是用气液增压器的双向调速回路。该回路是用增压后的油液驱动液压缸 3 前进(右行)，使液压缸增大推力。返回时用气液转换器 2 输出的油液驱动。回路中用两个单向节流阀分别调节液压缸的往复运动速度。

2. 延时回路

图 9-50 所示为延时回路。图 9-50(a)所示为延时输出回路。当控制信号使阀 4 切换后，压缩空气经单向节流阀 3 向气罐 2 充气。当充气压力经过延时升高至使阀 1 换向时，阀 1 就有输出。

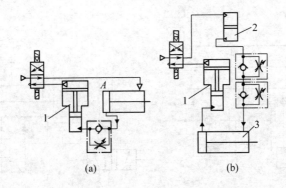

图 9-49 气液增压回路
(a) 单向调速回路;(b) 双向调速回路。
1—气液增压器;2—气液转换器;3—液压缸。

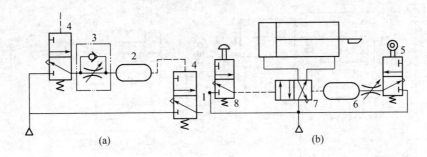

图 9-50 延时回路
(a) 延时输出回路;(b) 延时退回回路。
1、4、5、7—换向阀;2、6—气罐;3—节流阀;8—手动阀。

图 9-50(b)所示为延时退回回路。按下阀 8,则气缸向右伸出,当气缸在伸出行程中压下行程阀 5 后,压缩空气经节流阀到充气罐 6,延时后才将阀 7 切换,气缸退回。

3. 往复动作回路

气动系统中采用往复动作回路,可提高自动化程度。常用的往复动作回路有单往复和连续往复两种。

1) 单往复动作回路

图 9-51 所示为三种单往复动作回路,其中图 9-51(a)所示为行程阀控制的单往复

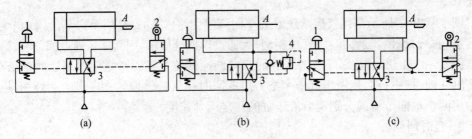

图 9-51 单往复动作回路
(a) 行程阀控制;(b) 压力控制;(c) 时间控制。
1—手动阀;2—行程阀;3—气动换向阀;4—顺序阀。

动作回路。当按下阀 1 的手动按钮后,压缩空气使阀 3 切换至左位,活塞杆向右伸出(前进);当活塞杆上的挡铁碰到行程阀 2 时,阀 3 又被切换到右位,活塞就返回。

图 9‑51(b)所示是压力控制的单往复动作回路。当按下阀 1 的手动按钮后,阀 3 被切换至左位,这时压缩空气进入气缸的无杆腔,使活塞杆伸出(右行),同时气压还作用在顺序阀 4 上;当活塞到达终点后,无杆腔压力升高并打开顺序阀,使阀 3 又切换至右位,活塞杆就缩回(左行)。

图 9‑51(c)所示是利用阻容回路形成的时间控制单往复动作回路。当按下阀 1 的手动按钮后,阀 3 被切换到左位,气缸活塞杆伸出;当压下行程阀 2 后,需经过一定的时间后,阀 3 才能切换到右位,然后活塞杆再缩回。

2) 连续往复动作回路

图 9‑52 所示回路是一连续往复动作回路,它能完成连续的动作循环。当按下阀 1 的按钮后,阀 4 换向,活塞向右运动。这时,由于阀 3 复位而将气路封闭,使阀 4 不能复位,活塞继续前进。前进到行程终点时压下行程阀 2,使阀 4 控制气路排气,在弹簧作用下阀 4 复位,气缸返回,返回到终点时压下阀 3,在控制压力作用下阀 4 又被切换至左位,活塞再次前进,完成新的工作循环,实现连续往复动作。只有当提起阀 1 的按钮后,阀 4 复位,活塞返回而停止运动。

4. 同步动作回路

当要利用两个气缸的推力,同时推动同一执行件时,就要采用同步回路。

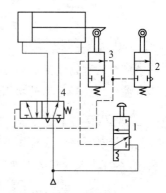

图 9‑52 连续往复动作回路
1—手动阀;2、3、4—换向阀。

图 9‑53(a)所示为简单的同步回路。使 A、B 两缸同步的措施是采用刚性零件 C 连接两缸的活塞杆,并且使两缸的有效面积相等。调整两个节流阀的开度,可分别调节活塞的升降速度。此回路的缺点是,当负载作用位置偏心过大时,两活塞易产生"憋劲"现象。

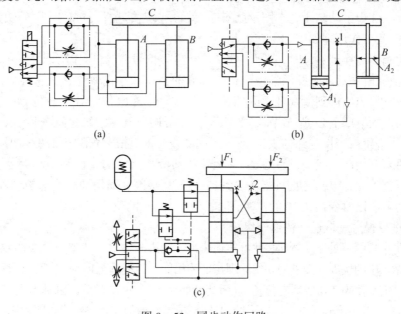

图 9‑53 同步动作回路

图9-53(b)所示是使 A 缸的有效面积 A_1 与 B 缸的有效面积 A_2 相等,以保证两缸上升(或下降)速度相等的回路。回路中1接放气装置,以放掉混入油中的空气。该回路可得到较高的同步精度。

图9-53(c)所示的同步回路能克服由于负荷 F_1、F_2 不等而产生的不利影响。图中,当三位五通换向阀处于中位时,弹簧式蓄能器自动地通过补给回路对液压缸补充漏油,如果该阀处于其余两个位置时,则弹簧式蓄能器的补给油路将被切断,此时靠油缸内部交叉循环,保证两缸同步运动。回路中1、2接放气装置,用以放掉混入油中的空气。

学习单元五 气压传动系统

□ 单元学习目标

了解气压传动系统的特点和分析方法;
掌握气压传动系统的功用和工作原理。

□ 单元学习内容

气压传动技术是实现工业自动化和半自动化的方式之一,其应用遍及国民经济的各个领域,本章主要介绍其在机械和航空行业的应用实例。

一、气压传动系统实例

1. 气液动力滑台气压传动系统

气液动力滑台是采用气—液阻尼缸作为执行元件,在机械设备中用来实现进给运动的部件,图9-54所示为气液动力滑台气压传动系统的原理图。该气—液动力滑台能完成两种工作循环,下面对其作以简单介绍。

1) 快进→慢进(工进)→快退→停止

当图9-54中手动阀4处于图示状态时,就可实现快进→慢进(工进)→快退→停止的动作循环,其工作原理如下。

当手动阀3切换到右位时,实际上就是给予进刀信号,在气压作用下气缸中活塞开始向下运动,液压缸中活塞下腔的油液经行程阀6的左位和单向阀7进入液压缸活塞的上腔,实现了快进;当快进到活塞杆上的挡铁 B 切换行程阀6(使它处于右位)后,油液只能经节流阀5进入活塞上腔,调节节流阀的开度,即可调节气—液缸运动速度,所以活塞开始慢进(工作进给);当慢进到挡铁 C 使行程阀2复位时,输出气信号使阀3切换到左位,这时气缸活塞开始向上运动,液压缸活塞上腔的油液经阀8的左位和手动阀4中的单向阀进入液压缸下腔,实现了快退;当快退到挡铁 A 切换阀8而使油液通道被切断时,活塞便停止运动。所以改变挡铁 A 的位置,就能改变"停止"的位置。

2) 快进→慢进→慢退→快退→停止

把手动阀4关闭(处于左侧)时,就可实现快进→慢进→慢退→快退→停止的双向进给程序,其动作循环中的快进—慢进的动作原理与上述相同。当慢进至挡铁 C 切换行程阀2至左位时,输出气信号使阀3切换到左位,气缸活塞开始向上运动,这时液压缸活塞上腔的油液经行程阀8的左位和节流阀5进入活塞下腔,亦即实现了慢退(反向进给);慢退到挡铁 B 离开阀

6的顶杆而使其复位(处于左位)后,液压缸活塞上腔的油液就经阀6左位而进入活塞下腔,开始了快退;快退到挡铁A切换阀8而使油液通路被切断时,活塞就停止运动。

图9-54中带定位机构的手动阀1、行程阀2和手动阀3组合成一个组合阀块,阀4、5和6为一组合阀,补油箱10是为了补偿系统中的漏油而设置的,一般可用油杯来代替。

2．工件夹紧气压传动系统

图9-55所示为机械加工自动线、组合机床中常用的工件夹紧的气压传动系统原理图。其工作原理是:当工件运行到指定位置后,气缸A的活塞杆伸出,将工件定位锁紧后,两侧的气缸B和C的活塞杆同时伸出,从两侧面压紧工件,实现夹紧,而后进行机械加工,加工完成后各夹紧缸退回,将工件松开。其气压系统的动作过程如下。

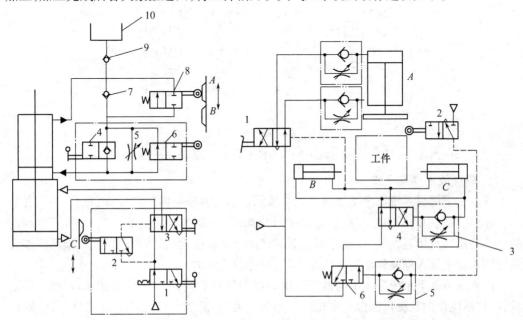

图9-54 气—液动力滑台气压传动系统　　图9-55 气—液动力滑台气压传动系统

当用脚踏下脚踏换向阀1(在自动线中往往采用其他形式的换向方式)后,压缩空气经单向节流阀进入气缸A的无杆腔,夹紧头下降至锁紧位置后使行程阀2换向,压缩空气经单向节流阀5进入单气控换向阀6的右侧,使阀6换向,压缩空气经阀6通过主控阀4的左位进入气缸B和C的无杆腔,两气缸同时伸出。与此同时,压缩空气的一部分经单向节流阀3调定延时后使主控阀换向到右侧,则两气缸B和C返回。在两气缸返回的过程中,有杆腔的压缩空气使脚踏阀1复位,则气缸A返回。此时,由于行程阀2复位(右位),所以单气控换向阀6也复位,由于阀6复位,气缸B和C的无杆腔通大气,主控阀4自动复位,由此完成了一个动作循环。

二、飞机气压传动系统简介

1．飞机气压传动概述

飞机气压传动能源系统的组成原理如图9-56所示。将地面气源接到充气嘴,打开各分路开关,压缩空气通过气滤、单向阀进入各路储气瓶储存。当各路充气达到规定压力时,关闭各路充气开关。

当液压系统发生故障时,利用应急气动系统放下襟翼和起落架并进行应急刹车,以保证飞机安全着陆。

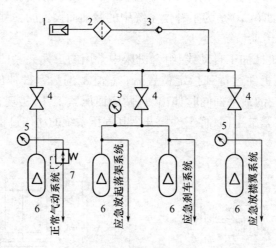

图 9-56 气动能源系统

1—气源;2—气滤;3—单向阀;4—充气选择开关;5—气压表;6—气瓶;7—减压器。

2. 应急放下襟翼系统

应急放下襟翼系统原理图如图9-57所示。当打开座舱内的襟翼应急放下手动开关时,应急储气瓶中的压缩空气经过此开关分成两路:一路到应急排油活门6,断开作动筒的回油路使其直接通大气,以使襟翼放下时将回油油液排出机外;另一路经转换活门5和液压锁4分别进入襟翼作动筒3的放下腔,将襟翼应急放下。

襟翼应急放下系统采用了与液压系统共用的管路和附件,其执行动作均利用液压附件,冷气系统仅向其提供能源并实现应急操纵。因此,除襟翼应急放下开关外,其他附件均是液压附件。其原理、结构和安装见液压系统说明。

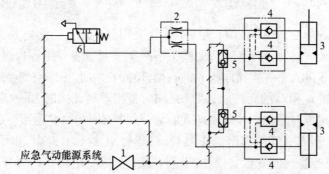

图 9-57 应急放下襟翼系统

1—应急放下开关;2—等量协调活门;3—襟翼作动筒;4—液压锁;5—应急转换阀;6—应急排油活门。

3. 应急放下起落架

应急放下起落架系统原理图如图9-58所示。当打开座舱内的起落架应急放下手动开关时,应急储气瓶中的压缩空气经过此开关分成两路:一路到应急排油活门6,断开作动筒的回油路,以便使起落架放下时将回油油液排出机外;另一路经 6 个转换活门 2、舱门和起落架的上位锁作动筒、分别进入舱门作动筒 6 和起落架 8 的放下腔,将起落架应急放下。

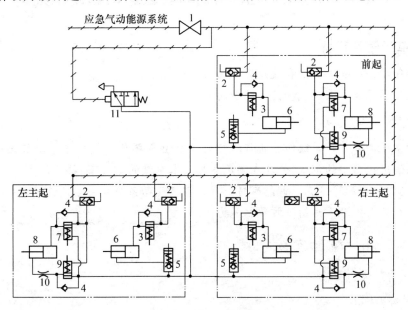

图 9-58 应急放下起落架系统

1—应急放下开关;2—应急转换阀;3—舱门锁;4—单向阀;5—协调阀;6—舱门作动筒;
7—起落架上位锁;8—起落架收放作动筒;9—起落架下位锁;10—限流阀;11—应急排油阀。

起落架应急放下系统采用了与液压系统共用的管路和附件,其执行动作均利用液压附件,冷气系统仅向其提供能源并实现应急操纵。因此,除起落架应急放下开关外,其他附件均是液压附件。其原理、结构和安装见液压系统说明。

4．应急刹车系统

应急刹车系统原理图如图 9-59 所示。使用应急刹车时,驾驶员操纵仪表板上的应急刹车手柄,通过连杆压通气压刹车阀,经过适当减压,通过控制手柄的拉力大小控制进入机轮内刹车作动筒的压力,进行刹车。松开手柄后,已进入机轮的冷气,通过气压刹车阀与大气接通,实现松开刹车。

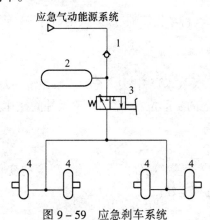

图 9-59 应急刹车系统

1—单向阀;2—气瓶;3—应急刹车阀;4—机轮。

253

*学习单元六　气动系统的安装调试和使用维护

□ **单元学习目标**

了解气动系统安装调试和使用维护的内容；

掌握气动系统安装调试和使用维护的方法。

□ **单元学习内容**

气动系统的安装是系统能否正常运行的一个重要环节。气压系统安装完成后，都要对气压系统进行必要的调试，使其在满足各项技术参数的前提下，按实际生产要求进行必要的调整，即使在加载情况下也能运转正常。掌握气动系统主要元件故障的分析与排除，以进一步提高对气动系统的日常维护能力。

一、气动系统的安装调试

1. 气动系统的安装

1) 管道的安装

(1) 安装前要彻底清理管道内的粉尘及杂物。

(2) 管子支架要牢固，工作时不得产生振动。

(3) 接管时要充分注意密封性，防止漏气，尤其注意接头处及焊接处。

(4) 管路尽量平行布置，减少交叉，力求最短，转弯最少，并考虑到能自由拆装。

(5) 安装软管要有一定的弯曲半径，不允许有拧扭现象且应远离热源或安装隔热板。

2) 元件的安装

(1) 应注意阀的推荐安装位置和标明的安装方向。

(2) 逻辑元件应按控制回路的需要，将其成组地安装在底板上，并在底板上开出气路，用软管接出。

(3) 移动缸的中心线与负载作用力的中心线要同心，否则引起侧向力，使密封件加速磨损，活塞杆弯曲。

(4) 各种自动控制仪表、自动控制器、压力继电器等，在安装前应进行校验。

2. 气动系统的调试

1) 调试前的准备

(1) 要熟悉说明书等有关技术资料，力求全面了解系统的原理、结构、性能和操作方法。

(2) 了解元件在设备上的实际位置，需要调整元件的操作方法及调节旋钮的旋向。

(3) 准备好调试工具等。

2) 空载运行

空载运行一般不少于2h，注意观察压力、流量、温度的变化，如发现异常应立即停车检查，待排除故障后才能继续运转。

3) 负载试运转

负载试运转应分段加载，运转一般不少于4h，分别测出有关数据，记入试运转记录。

二、气动系统的使用维护

1. 气动系统使用的注意事项

(1) 设备使用前后要放掉系统中的冷凝水。

(2) 定期给油雾器注油。

(3) 设备使用前检查各调节手柄是否在正确位置,机控阀、行程开关、挡块的位置是否正确、牢固,对导轨、活塞杆等外露部分的配合表面进行擦拭。

(4) 随时注意压缩空气的清洁度,对空气过滤器的滤芯要定期清洗。

(5) 设备长期不用时,应将各手柄放松,防止弹簧永久变形而影响元件的调节性能。

2. 压缩空气的污染及防止方法

压缩空气的质量对气动系统性能的影响极大,它如被污染将使管道和元件锈蚀、密封件变形、堵塞喷嘴,使系统不能正常工作。压缩空气的污染主要来自水分、油分和粉尘三个方面,其污染原因及防止方法如下。

1) 水分

空气压缩机吸入的是含水分的湿空气,经压缩后提高了压力,当再度冷却时就要析出冷凝水,侵入到压缩空气中致使管道和元件锈蚀,影响其性能。

防止冷凝水侵入压缩空气的方法是:及时排除系统各排水阀中积存的冷凝水,经常注意自动排水器、干燥器的工作是否正常,定期清洗空气过滤器、自动排水器的内部元件等。

2) 油分

这里是指使用过的因受热而变质的润滑油。压缩机使用的一部分润滑油成雾状混入压缩空气中,受热后引起汽化随压缩空气一起进入系统,将使密封件变形,造成空气泄漏,摩擦阻力增大,控制阀和执行元件动作不良,而且还会污染环境。

清除压缩空气中油分的方法是:较大的油分颗粒,通过除油器和空气过滤器的分离作用同空气分开,从设备底部排污阀排除;较小的油分颗粒,则可通过活性炭吸附作用清除。

3) 粉尘

大气中含有的粉尘、管道内的锈粉及密封材料的碎屑等侵入到压缩空气中,将引起元件中的运动件卡死、动作失灵、堵塞喷嘴、加速元件磨损降低使用寿命,导致故障发生,严重影响系统性能。

防止粉尘侵入压缩机的主要方法是:经常清洗空气压缩机前的预过滤器,定期清洗空气过滤器的滤芯,及时更换滤清元件等。

3. 气动系统的日常维护

气动系统日常维护的主要内容是冷凝水的管理和系统润滑的管理。对冷凝水的管理方法在前面已讲述,这里仅介绍对系统润滑的管理。

气动系统中从控制元件到执行元件,凡有相对运动的表面都需润滑。如润滑不当,会使摩擦阻力增大导致元件动作不良,因密封面磨损会引起系统泄漏等危害。

润滑油的性质直接影响润滑效果。通常,高温环境下用高黏度润滑油,低温环境下用低黏度润滑油。如果温度特别低,为克服起雾困难可在油杯内装加热器。供油量是随润滑部位的形状、运动状态及负载大小而变化。供油量总是大于实际需要量。一般以每 $10m^3$ 自由空气供给 $1ml$ 的油量为基准。

还要注意油雾器的工作是否正常,如果发现油量没有减少,需及时检修或更换油雾器。

4. 气动系统的定期检修

定期检修的时间间隔,通常为 3 个月。其主要内容如下。

(1) 查明系统各泄漏处,并设法予以解决。

(2) 通过对方向控制阀排气口的检查,判断润滑油是否适度,空气中是否有冷凝水。如果润滑不良,考虑油雾器规格是否合适,安装位置是否恰当,滴油量是否正常等。如果有大量冷凝水排出,考虑过滤器的安装位置是否恰当,排除冷凝水的装置是否合适,冷凝水的排除是否彻底。

如果方向控制阀排气口关闭时,仍有少量泄漏,往往是元件损伤的初期阶段,检查后,可更换受磨损元件以防止发生动作不良。

(3) 检查安全阀、紧急安全开关动作是否可靠。定期检修时,必须确认它们动作的可靠性,以确保设备和人身安全。

(4) 观察换向阀的动作是否可靠。根据换向时声音是否异常,判定铁芯和衔铁配合处是否有杂质。检查铁芯是否有磨损,密封件是否老化。

(5) 反复开关换向阀观察气缸动作,判断活塞上的密封是否良好。检查活塞杆外露部分,判断前盖的配合处是否有泄漏。

上述各项检查和修复的结果应记录下来,以作为设备出现故障查找原因和设备大修时的参考。

气动系统的大修间隔期为一年或几年。其主要内容是检查系统各元件和部件,判断其性能和寿命,并对平时产生故障的部位进行检修或更换元件,排除修理间隔期间内一切可能产生故障的因素。

三、气动系统主要元件的常见故障及其排除方法

气动系统主要元件的常见故障及其排除方法列于表 9-7~表 9-12。

表 9-7 减压阀的常见故障及其排除方法

故　障	原　因	排除方法
出口压力升高	① 阀弹簧损坏; ② 阀座有伤痕,或阀座橡胶剥离; ③ 阀体中夹入灰尘,阀导内部分黏附异物; ④ 阀芯导向部分和阀体的 O 型密封圈收缩、膨胀	① 更换阀弹簧; ② 更换阀体; ③ 清洗、检查滤清器; ④ 更换 O 型密封圈
压力降很大(流量不足)	① 阀口径小; ② 阀下部积存冷凝水,阀内混入异物	① 使用口径大的减压阀; ② 清洗、检查滤清器
溢流口总是漏气	① 溢流阀座有伤痕(溢流式); ② 膜片破裂; ③ 二次压力升高; ④ 二次侧背压增高	① 更换溢流阀座; ② 更换膜片; ③ 参看"出口压力升高"栏; ④ 检查二次侧背压装置、回路
阀体漏气	① 密封件损伤; ② 弹簧松弛	① 更换密封件; ② 张紧弹簧

(续)

故障	原因	排除方法
异常振动	① 弹簧的弹力减弱,弹簧错位; ② 阀体的中心,阀杆的中心错位; ③ 因空气消耗量周期变化使阀不断开启、关闭,与减压阀引起共振	① 把弹簧调整到正常位置,更换弹力减弱的弹簧; ② 检查并调整位置偏差; ③ 和制造厂协商

表9-8 溢流阀的常见故障及其排除方法

故障	原因	排除方法
压力虽上升,但不溢流	① 阀内部的孔堵塞; ② 阀芯导向部分进入异物	清洗
压力虽没有超过设定值,但在二次侧却溢出空气	① 阀内进入异物; ② 阀座损伤; ③ 调压弹簧损坏	① 清洗; ② 更换阀座; ③ 更换调压弹簧
溢流时发生振动(主要发生在膜片式阀,启闭压力差较小)	① 压力上升速度很慢,溢流阀放出流量多,引起阀振动; ② 因从压力上升到溢流阀之间被节流,阀前部压力上升慢而引起振动	① 出口侧安装针阀微调溢流量,使其与压力上升量匹配; ② 增大压力上升源到溢流阀的管道口径
从阀体和阀盖向外漏气	① 膜片破裂(膜片式); ② 密封件损伤	① 更换膜片; ② 更换密封件

表9-9 方向阀常见故障及其排除方法

故障	原因	排除方法
不能换向	① 阀的滑动阻力大,润滑不良; ② O型密封圈变形; ③ 粉尘卡住滑动部分; ④ 弹簧损坏; ⑤ 阀操纵力小; ⑥ 活塞密封圈磨损	① 进行润滑; ② 更换密封圈; ③ 清除粉尘; ④ 更换弹簧; ⑤ 检查阀操纵部分; ⑥ 更换密封圈
阀产生振动	① 空气压力低(先导型); ② 电源电压低(电磁阀)	① 提高操纵压力,采用直动型; ② 提高电源电压,使用低电压线圈
交流电磁铁有蜂鸣声	① 活动铁芯密封不良; ② 粉尘进入铁芯的滑动部分,使活动铁芯不能密切接触; ③ 活动铁芯的铆钉脱落,铁芯叠层分开不能吸合; ④ 短路环损坏; ⑤ 电源电压低; ⑥ 外部导线拉得太紧	① 检查铁芯接触和密封性,必要时更换铁芯组件; ② 清除粉尘; ③ 更换活动铁芯; ④ 更换固定铁芯; ⑤ 提高电源电压; ⑥ 引线应宽裕

(续)

故障	原因	排除方法
电磁铁动作时间偏差大,或有时不能动作	① 活动铁芯锈蚀,不能移动;在湿度高的环境中使用气动元件时,由于密封不完善而向磁铁部分泄漏空气; ② 电源电压低; ③ 粉尘等进入活动铁芯的滑动部分,使运动恶化	① 铁芯除锈,修理好对外部的密封,更换坏的密封件; ② 提高电源电压或使用符合电压的线圈; ③ 清除粉尘
线圈烧毁	① 环境温度高; ② 快速循环使用时; ③ 因为吸引时电流大,单位时间耗电多,温度升高,使绝缘损坏而短路; ④ 粉尘夹在阀和铁芯之间,不能吸引活动铁芯; ⑤ 线圈上残余电压	① 按产品规定温度范围使用; ② 使用高级电磁阀; ③ 使用气动逻辑回路; ④ 清除粉尘; ⑤ 使用正常电源电压,使用符合电压的线圈
切断电源,活动铁芯不能退回	粉尘夹入活动铁芯滑动部分	清除粉尘

表 9-10 气缸的常见故障及其排除方法

故障	原因	排除方法
外泄漏(活塞杆与密封衬套间漏气;气缸体与端盖间漏气;从缓冲装置的调节螺钉处漏气)	① 衬套密封圈磨损; ② 活塞杆偏心; ③ 活塞杆有伤痕; ④ 活塞杆与密封衬套的配合面内有杂质; ⑤ 密封圈损坏	① 更换衬套密封圈; ② 重新安装,使活塞杆不受偏心负荷; ③ 更换活塞杆; ④ 除去杂质,安装防尘盖; ⑤ 更换密封圈
内泄漏(活塞两端串气)	① 活塞密封圈损坏; ② 润滑不良,活塞被卡住; ③ 活塞配合面有缺陷,杂质挤入密封面	① 更换活塞密封圈; ② 重新安装,使活塞杆不受偏心负荷; ③ 缺陷严重者更换零件,除去杂质
输出力不足,动作不平稳	① 润滑不良; ② 活塞或活塞杆卡住; ③ 气缸体内表面有锈蚀或缺陷; ④ 进入了冷凝水、杂质	① 调节或更换油雾器; ② 检查安装情况,消除偏心; ③ 视缺陷大小再决定排除故障办法; ④ 加强对空气过滤器和除油器的管理,定期排放污水
缓冲效果不好	① 缓冲部分的密封圈密封性能差; ② 调节螺钉损坏; ③ 气缸速度太快	① 更换密封圈; ② 更换调节螺钉; ③ 研究缓冲机构的结构是否合适

表 9-11 空气过滤器的常见故障及其排除方法

故障	原因	排除方法
压力过大	① 使用过细的滤芯； ② 滤清器的流量范围太小； ③ 流量超过滤清器的容量； ④ 滤清器滤芯网眼堵塞	① 更换适当的滤芯； ② 换流量范围大的滤清器； ③ 换大容量的滤清器； ④ 用净化液清洗（必要时更换）滤芯
从输出端逸出冷凝水	① 未及时排出冷凝水； ② 自动排水器发生故障； ③ 超过滤清器的流量范围	① 养成定期排水习惯或安装自动排水器； ② 修理（必要时更换）； ③ 在适当流量范围内使用或者更换大容量的滤清器
输出端出现异物	① 滤清器滤芯破损； ② 滤芯密封不严； ③ 用有机溶剂清洗塑料件	① 更换机芯； ② 更换机芯密封，紧固滤芯； ③ 用清洁的热水或煤油清洗
塑料水杯破损	① 在含有有机溶剂的环境中使用； ② 空气压缩机输出某种焦油； ③ 压缩机从空气中吸入对塑料有害的物质	① 使用不受有机溶剂侵蚀的材料（如使用金属杯）； ② 更换空气压缩机的润滑油，或使用无油压缩机； ③ 使用金属杯
漏气	① 密封不良； ② 因物理（冲击）、化学原因使塑料杯产生裂痕； ③ 泄水阀,自动排水器失灵	① 更换密封件； ② 参看"塑料杯破损"栏； ③ 修理（必要时更换）

表 9-12 油雾器的常见故障及其排除方法

故障	原因	排除方法
油不能滴下	① 没有产生油滴下落所需的压差； ② 油雾器反向安装； ③ 油道堵塞； ④ 油杯未加压	① 加上文丘里管或换成小的油雾器； ② 改变安装方向； ③ 拆卸，进行修理； ④ 因通往油杯的空气通道堵塞，需拆卸修理
油杯未加压	① 通往油杯的空气通道堵塞； ② 油杯大、油雾器使用频繁	① 拆卸修理； ② 加大通往油杯空气通孔,使用快速循环式油雾器
油滴数不能减少	油量调整螺丝失效	检修油量调整螺丝

(续)

故障	原 因	排除方法
空气向外泄漏	① 油杯破损； ② 密封不良； ③ 观察玻璃破损	① 更换； ② 检修密封； ③ 更换观察玻璃
油杯破损	① 用有机溶剂清洗； ② 周围存在有机溶剂	① 更换油杯,使用金属杯或耐有机溶剂油杯； ② 与有机溶剂隔离

习题与思考题

1. 简述气源装置的组成及各部分的主要作用。
2. 画简图说明活塞式空气压缩机的工作原理及其选择。
3. 气动系统对压缩空气质量有哪些要求？主要依靠哪些设备来保证相应的要求？
4. 说明气动三联件的组成部分、连接顺序及各部分的作用、工作原理和特性。
5. 说明气动马达与液压马达在特性上的不同。
6. 说明气动方向控制阀与液压方向控制阀的相同之处与不同之处。
7. 说明梭阀与双压阀的工作原理及其应用。
8. 说明快速排气阀的快速排气原理及使用安装时应注意的问题。
9. 气动换向阀、逻辑阀中哪些阀具有记忆功能？
10. "是"门与"非"门逻辑元件结构上有什么不同？
11. 气动系统中为什么需要增力回路？增力方法有哪些？
12. 为什么气动系统中一般均采用排气节流调速而不采用进气节流调速？在什么情况下要采用气液联动调速回路？
13. 如何实现气缸在运动中任意位置停止？哪种方法能保证停止更精确？
14. 气动系统中实现多缸同步运动为何比液压系统更困难？哪些措施可提高同步精度？
15. 如题15图所示的双手操作回路,能否实现气缸往复运动？为什么？如不能正常工作,应如何改进？
16. 题16图所示为双手操作回路,只有当操作者双手同时按下两按钮阀1、2,气缸活塞杆才能伸出。若阀1、2中任一阀的弹簧折断会有什么后果？试改进该回答。

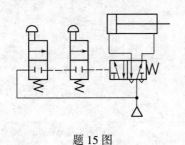

题15图

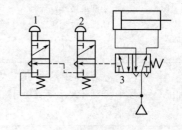

题16图

17. 设计能实现气缸"快进—慢进—快退"的气动回路,并说明工作原理。

18. 试分析题18图所示气动回路的工作过程,说明属于什么回路及各元件的名称。

19. 试分析题19图所示位置控制回路的工作过程,说明分别单独按下手动阀1、2、3时气缸如何动作?气缸能有几个控制位置?如果改为缸体固定、两活塞杆运动,情况如何?

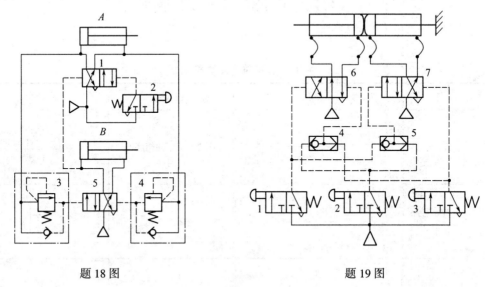

题18图　　　　　　　　　　题19图

20. 应急气动系统是通过应急转换阀与液压系统交联的,试简述该阀的工作原理。

21. 当使用气动系统应急放下起落架和襟翼时,需要将作动筒收上腔的油液通过应急排油阀排出机体外,试简述该阀的工作原理。

261

附录　常用液压与气动元件图形符号
（GB/T 786.1—93 摘录）

表1　基本符号、管路及连接

名　称	符　号	名　称	符　号
工作管路	——	管端连接于油箱底部	
控制管路 泄漏管路	--------	密闭式油箱	
连接管路		直接排气	
交叉管路	+	带连接排气	
柔性管路		带单向阀快换接头	
组合元件线	-·-·-·-	不带单向阀快换接头	
管口在液面以上的油箱		单通路旋转接头	
管口在液面以下的油箱		三通路旋转接头	

表2 泵、马达和缸

名　称	符　号	名　称	符　号
单向定量液压泵		定量液压泵、马达	
双向变量液压泵		变量液压泵、马达	
单向变量液压泵		液压整体式传动装置	
双向变量液压泵		摆动马达	
单向定量马达		单作用弹簧复位缸	
双向定量马达		单作用伸缩缸	
单向变量马达		双作用单活塞杆缸	
双向变量马达		双作用双活塞杆缸	
单向缓冲缸		双作用伸缩缸	
双向缓冲缸		增压器	

表3 控制机构和控制方法

名　称	符　号	名　称	符　号
按钮式人力控制		单向滚轮式机械控制	
手柄式人力控制		单作用电磁控制	
踏板式人力控制		双作用电磁控制	
顶杆式机械控制		电动机旋转控制	
弹簧控制		加压或泄压控制	
滚轮式机械控制		内部压力控制	
外部压力控制		电液先导控制	
气压先导控制		电气先导控制	
液压先导控制		液压先导泄压控制	
液压二级先导控制		电反馈控制	
气液先导控制		差动控制	

表4 控制元件

名　称	符　号	名　称	符　号
直动型溢流阀		溢流减压阀	
先导型溢流阀		先导型比例电磁式溢流阀	
先导型比例电磁溢流阀		定比减压阀	
卸荷溢流阀		定差减压阀	
双向溢流阀		直动型顺序阀	
直动型减压阀		先导型顺序阀	
先导型减压阀		单向顺序阀(平衡阀)	
直动型卸荷阀		集流阀	
制动阀		分流集流阀	
不可调节流阀		单向阀	
可调节流阀		液控单向阀	

(续)

名　称	符　号	名　称	符　号
可调单向节流阀		液压锁	
减速阀		或门型梭阀	
带消声器的节流器		与门型梭阀	
调速阀		快速排气阀	
温度补偿调速阀		二位二通换向阀	
旁通型调速阀		二位三通换向阀	
单向调速阀		二位四通换向阀	
分流阀		二位五通换向阀	
三位四通换向阀		四通电液伺服阀	
三位五通换向阀			

表 5 辅助元件

名　称	符　号	名　称	符　号
过滤器		气罐	
磁性芯过滤器		压力计	
污染指示过滤器		液面计	
分水滤水器		温度计	
空气过滤器		流量计	
除油器		压力继电器	
空气干燥器		消声器	
油雾器		液压源	
气源调节装置		气压源	
冷却器		电动机	
加热器		原动机	
蓄能器		气—液转换器	

参考文献

[1] 雷天觉.液压工程手册.北京:机械工业出版社,2000.
[2] 路甬祥.液压气动技术手册.北京:机械工业出版社,2002.
[3] 李培滋,王占林.飞机液压传动和伺服系统.北京:国防出版社,1979.
[4] 简引霞.液压传动技术.西安:西安电子科技大学出版社,2006.
[5] 官忠范.液压传动系统.北京:机械工业出版社,1989.
[6] 姜佩东.液压与气动技术.北京:高等教育出版社,2000.
[7] 左键民.液压与气动技术.北京:机械工业出版社,2000.
[8] 章宏甲,等.液压与气压传动.北京:机械工业出版社,2000.
[9] 李芝.液压传动.北京:机械工业出版社,2001.
[10] 李笑.液压与气压传动.北京:国防工业出版社,2006.
[11] 明仁雄,万会雄.液压与气压传动.北京:国防工业出版社,2003.
[12] 王永熙.飞机设计手册(12)液压系统设计.北京:航空工业出版社,2003.
[13] 刘新德.袖珍液压气动手册.北京:机械工业出版社,2004.
[14] 徐永生.气压传动.北京:机械工业出版社,1999.
[15] 马振福.液压与气动.北京:机械工业出版社,2002.